集成电路科学与工程丛书

电子电路版图设计基础

[德] 杨斯·利尼格 (Jens Lienig)　著
于尔根·舍布尔 (Juergen Scheible)

雷鑑铭　王真　译

U0240792

机械工业出版社

本书涵盖了版图设计的基本知识，涉及物理设计（通常应用于数字电路）和模拟版图。这些知识提供了版图设计师必须具备的批判思维和洞察力，以便将电路设计期间产生的结构描述转换为用于 IC/PCB 制造的物理版图。本书介绍了将硅转化为功能器件的技术诀窍，以了解版图所涉及的技术（第 2 章）。以这些核心技术知识为基础，后续章节深入探讨物理设计的特定约束和具体技术，例如接口、设计规则和库（第 3 章）、设计流程和模型（第 4 章）、设计步骤（第 5 章）、模拟设计细节（第 6 章），最后是可靠性测量（第 7 章）。本书适合电路设计人员阅读，也可作为高等院校集成电路科学与工程、电子科学与技术、微电子学与固体电子学等专业的高年级本科生和研究生的教材和参考书。

First published in English under the title:

Fundamentals of Layout Design for Electronic Circuits

By Jens Lienig, Juergen Scheible, edition:1

Copyright © Springer Nature Switzerland AG 2020

This edition has been translated and published under licence from Springer Nature Switzerland AG.

图书在版编目（CIP）数据

电子电路版图设计基础 /（德）杨斯·利尼格（Jens Lienig），（德）于尔根·舍布尔（Juergen Scheible）著；雷鑑铭，王真译 . —北京：机械工业出版社，2024.5（2025.5 重印）
（集成电路科学与工程丛书）
书名原文：Fundamentals of Layout Design for Electronic Circuits

ISBN 978-7-111-75578-4

Ⅰ.①电…　Ⅱ.①杨…②于…③雷…④王…　Ⅲ.①电子电路–电路设计　Ⅳ.① TN710.02

中国国家版本馆 CIP 数据核字（2024）第 072086 号

机械工业出版社（北京市百万庄大街 22 号　邮政编码 100037）
策划编辑：刘星宁　　　　　　　责任编辑：刘星宁　闫洪庆
责任校对：杨　霞　李　婷　　　封面设计：马精明
责任印制：常天培
河北虎彩印刷有限公司印刷
2025 年 5 月第 1 版第 2 次印刷
184mm × 240mm · 15.5 印张 · 363 千字
标准书号：ISBN 978-7-111-75578-4
定价：109.00 元

电话服务　　　　　　　　　网络服务
客服电话：010-88361066　　机 工 官 网：www.cmpbook.com
　　　　　010-88379833　　机 工 官 博：weibo.com/cmp1952
　　　　　010-68326294　　金 书 网：www.golden-book.com
封底无防伪标均为盗版　　　机工教育服务网：www.cmpedu.com

译 者 序

21世纪以来，"后摩尔时代"持续推动电子电路，尤其是集成电路（IC）行业的创新与发展。电子电路版图设计是实现电子电路微纳制造所必不可少的设计环节，它不仅关系到电子电路的功能设计是否正确，而且也会严重影响电子电路的性能、成本与功耗。本书融合了作者多年教学电子电路版图设计的成果及在进入学术界之前获得的工业经验。为了将作者的20多年电子电路版图设计工程经验及思维方式传授给广大的电子电路版图设计工程师，在机械工业出版社的大力支持下，华中科技大学集成电路学院在电子电路设计领域长期从事一线科研及教学研究的教师们精心翻译了本书。

电子电路版图设计是一门技术，也是一门艺术，需要设计工程师具有电子电路原理和微纳制造工艺方面的基础知识，更需要设计工程师的空间想象力、创新思维和工程定力。需要设计工程师在项目经验及工程技术实践方面的积累。本书以面向工程应用的视角为每个版图设计工程师介绍了电子电路理论概念和工程技术知识，同时从半导体材料和电子电路微纳制造工艺开始，全流程介绍了微纳电子器件和集成电路与集成系统制造工艺。本书适合集成电路设计与集成系统、微电子科学与工程等集成电路科学与工程及电子科学与技术等学科领域的技术人员阅读，也可作为高等院校相关专业领域研究生及高年级本科生的专业参考书。

本书由华中科技大学集成电路学院副院长雷鑑铭教授负责组织并完成主要翻译工作，参与本书翻译工作的还有华中科技大学集成电路学院及华中科技大学国家集成电路产教融合创新平台王真工程师。武汉工商学院人工智能学院李莉老师，华中科技大学硕士研究生欧阳阁、邝勇錡等对本书翻译工作也做出了重要贡献。本书在翻译过程中得到了华中科技大学集成电路学院邹雪城教授、刘冬生教授等诸多老师的帮助及支持，在此一并表示感谢。特别感谢文华学院外语学部英语系肖艳梅老师的审校。

译 者

原 书 序

　　随着科技的进步和摩尔定律的延续，如今我们可以制造比人类细胞更小的晶体管。我们还可以将数万亿个这样的晶体管集成在一个芯片中，并期望所有这些晶体管每秒同步开关数十亿次。计算机科学家和数学家的聪明才智，以及构建这些错综复杂富有创造力系统的工程师使这一工程壮举成为现实。在 CAD 程序中生成万亿晶体管电路的示意图非常困难，因为在物理设计过程中，要使电路在真正的硅中完美工作，这是我们当前面临的真正挑战。

　　近 20 年来，我一直在给计算机科学和电气工程专业的学生教授物理设计（版图级设计）课程。我一直不得不小心翼翼地走这条把理论教学和实践分开的紧绳。难点之一是找到一本在理论和实际设计之间得以平衡的教科书。一方面，当前和未来的工程师需要了解设计算法以及如何处理日益增加的晶体管；另一方面，他们需要知道如何制造 IC 以及由于晶体管尺寸不断缩小而存在的限制。为此推出了本书：它以实用的、面向应用的方式为每个版图工程师介绍了理论概念和技术知识。本书从硅材料和 IC 制造，以及如何处理硅材料以制造微电子器件和工作电路开始。然后，本书又回到了硅材料，原因是电路工作发生了变化。所有这些主题都以真实的案例呈现，并通过大量的演示来巩固这些概念。

　　本书能够将设计自动化的理论世界与电子电路版图生成的客观世界联系起来。本书侧重于集成电路（IC）的物理 / 版图设计，但也包括重要的印制电路板（PCB）。它带领读者经历一段从如何将硅转化为可靠器件的旅程，讨论了我们如何能够实现这样的工程壮举，以及在这一过程中的重要实际问题。然后，本书探讨了如何将这些庞大而复杂的物理结构最好地表示为数据以及如何将这些数据转换回物理结构。在进入模拟 IC 版图设计的特殊要求之前，通过探讨物理设计的模型、样式和步骤来全面了解这些设计是如何制作的。最后，本书讨论了扩展电路可靠性的实际考虑因素，360° 无死角为设计者和工程师呈现了物理设计过程。

　　多年来，我通过 Jens Lienig 的工作和书籍而认识了他。在他的书中，他首先通过给出一个全景、举例和类比来吸引读者的注意力，从而使读者对即将到来的主题有直观的了解。只有这样，才能深入研究细节，提供设计高性能系统所需的知识深度。通过这种组合，读者能够理解材料、记住细节，并利用它们创造新的想法和概念。为此，加上他对读者的真诚关怀及其在领域的广博知识和实践经验，Lienig 教授是撰写本书的理想人选，并且他找到了一位完美的搭档：Juergen Scheible，在设计商业化电路方面拥有丰富的理论和实践经验。他是德国博世（Bosch）集团集成电路版图部门的主管，他的丰富经验意味着他不仅负责包括智能电源芯片、传感电路和射频设计在内的一系列芯片的版图设计，还负责创造新的设计流程，以适应不断变化的技术。

谈到设计，Scheible 教授深谙多年工业经验所带来的所有窍门——在给定的工艺框架中绘制版图时必须考虑的众多规则和约束。这两位作者的经验和知识结合在一起，构建了一幅理论和实践的锦绣，因此，本书是每一位版图工程师的必读之书。

我很高兴能为本书撰写序言，不仅因为我对两位作者都非常尊敬，还因为我迫不及待地想用本书作为教材来教授物理设计。作者的专业知识及他们对理论和实践、全局和细节、例证和文本的关注，使本书成为学生和工程师的最佳资料。

Laleh Behjat

加拿大卡尔加里大学电气与计算机工程系教授

原书前言

当伦敦邮局的一位工程师厌倦了在连接器之间整理数百根缠结的电缆时，他在1903年申请了一项名为"电缆的改进或连接以及电缆的对接"的专利，但很可能没有预见到"层压在绝缘板上的扁平箔导体"的广泛影响。于是，印制电路板（PCB）诞生了，并获得了工程上的成功。第一块电路板需要极高的制造技能——电子器件被固定在弹簧之间，并通过Pertinax铆钉进行电气连接。铜层压绝缘层于1936年问世，引领了可靠的大规模生产PCB的技术路径。这些电路板使人们能够制造价格低廉的电子设备，如收音机，从此成为每个人家中不可或缺的物品。

1942年微型真空管的发明开创了第一代现代电子技术。最早的大型计算设备，电子数值积分器和计算机（ENIAC）都包含了可观的20000个真空管。

1948年，晶体管的发明启动了第二代计算设备。经验证，这些晶体管比其前身的真空管更小、发热更低、更可靠，从而实现了真正的便携式电子设备，如小型晶体管收音机。

20世纪60年代见证了第三代电子产品的曙光，迎来了集成电路(IC)的发展。与半导体存储器一起，使系统设计变得越来越复杂和小型化。随后，在1971年，我们目睹了第一个微处理器的诞生，随后不久又取得了一系列技术突破，其影响在今天仍然显而易见。1973年，摩托罗拉开发了第一个原型移动电话，1976年苹果电脑推出了Apple I，1981年IBM推出了IBM PC。这些发展预示着iPhone和iPad在21世纪之交变得无处不在，随后是智能、基于云计算的电子产品，它们充实、促进和改善了我们今天的生活。如今，即使是最便宜的智能手机中的晶体管也比银河系中的恒星更多！

这一工程领域的巨大成功依赖于一个关键步骤：将抽象但日益复杂的电路描述转化为详细的几何版图，随后可以"真实"地制造而无瑕疵。这一步，称为版图设计或物理设计，它在业界也被称为在每个电子电路设计流程的后端（在本书中使用的术语）。在该步骤中必须生成制造PCB和IC所需的所有说明。本质上，抽象电路描述中的所有元件（包括器件符号和它们之间的接线）都被转换为描述几何对象的格式，例如线迹和钻孔（对于PCB）或包括数十亿个矩形形状的掩模版图图案（对于IC）。然后，在IC制造过程中，用这些设计图在硅片表面"神奇地创建"物理电气网络，当电子通过系统发送时，IC执行与初始电路描述中设想的功能完全相同的功能。如果没有这个物理设计阶段，我们甚至连最简单的收音机都不会有，更不用说笔记本电脑、智能手机或我们今天设想的无数电子设备了。

物理设计曾经是一个相当简单的过程。从描述逻辑电路元件和互连的网表、工艺文件和器件库开始，电路设计师将使用平面布局图来确定不同电路模块应放置在何处，然后以所谓的布局和布线步骤来排列和连接单元和器件。任何电路和时序问题都可以通过局部迭代改进版图来解决。

时代飞速向前；如果前几代电路设计复杂性类似于城镇和村庄，那么现代设计就涵盖了整个国家。例如，如果当今的一个集成电路（例如智能手机中的集成电路）中的线路按照常规街道尺寸进行布局，则最终芯片的面积将覆盖美国和加拿大的总和！因此，今天的数十亿晶体管电路和异构堆叠的 PCB 需要一个更复杂的物理设计流程。首先划分电路描述，以分解复杂性并允许并行设计。一旦我们在布局规划时安排好分区的模块和接口，这些模块就可以独立处理了。第一步是器件布局，紧随其后的是布线连接。物理验证检查、执行时序和其他约束以及多个措施应用于布局后处理，以确保 IC 和 PCB 版图的可制造性。

物理 / 版图设计领域已经远远超出了一个人可以处理的所有流程。版图生成过程中要考虑的约束变得极其复杂。风险很高：可靠性检查的一次缺失可能会使数百万美元的设计变得无用。生产单个工艺节点的制造设备花费很容易超过 10 亿美元。研究论文描述了大量这些问题的解决方案；然而，其庞大的体量使得工程师无法跟上最新的发展。

考虑到高风险和难以置信的复杂程度，迫切需要暂时放缓快速发展的势头，而考虑这个极其广泛和复杂的设计阶段的基础。学生需要学习和理解今天的复杂版图背后的基本步骤"为什么"和"如何"，而不仅仅是"什么"。随着新技术的应用日益激烈的竞争，工程师和专家都需要更新他们的知识，拓宽他们的视野。由于摩尔定律，持续的等比例缩放被新技术和异构技术所取代，新的物理设计方法进入了该领域。要成功地掌握这些挑战，需要对物理设计的基本方法、约束、接口和设计步骤有充分的了解。这就是本书的价值所在。

在第 1 章对通用电子设计进行了全面的基础学习之后，我们在第 2 章介绍了基本的工艺知识。这些知识为理解物理设计在当今成为如此复杂过程并具有多重约束和要求奠定了基础。第 3 章着眼于"从外部"生成版图——它的接口是什么，我们如何以及为什么需要设计规则和外部库？第 4 章介绍了物理设计作为一个完整的端到端过程及其各种方法和模型。第 5 章接着深入到生成版图所涉及的各个步骤，包括其多种验证方法。第 6 章向读者介绍了模拟设计所需的独特的版图技术，第 7 章阐述了提高生成版图可靠性这一日益重要的主题。

本书是两位作者多年教学版图设计的成果，并结合了在进入学术界之前获得的工业经验。第 1～7 章结构合理，可以教授两个学期的版图/物理设计课程。为了在一个学期的课堂上使用，第 1 章（引言）和第 2 章（工艺）可以安排自学，教学从第 3 章（接口）开始，然后是设计方法（第 4 章）和设计步骤（第 5 章）。或者第 4 章也可以作为一个有效的起点，随后是第 5 章的详细设计步骤，间歇性地扩展来自第 3 章中介绍的相应接口、设计规则和库中的材料。

一本领域及深度如此广泛的书需要许多人的支持。作者谨向所有帮助出版本书的人表示诚挚的感谢。我们要特别感谢 Martin Forrestal，他在撰写正确的英文版手稿方面起到关键作用。特别感谢 Mike Alexander 博士，他在英文文本的编写过程中给予了极大的帮助。感谢他对本书主题知识的贡献。感谢 Andreas Krinke 博士、Kerstin Langner、Daniel Marolt 博士、Frank Reifegerste 博士、Matthias Schweikardt、Mathias Thiele 博士、Yannick Uhlmann 和 Tobias Wolfer 等的众多贡献。诚挚感谢 Springer 公司 Petra Jantzen 对我们的支持，即使不在她的职责范围内，她也协助解决了我们的请求。

未来几年，版图设计将继续快速发展，也许有这本不起眼的书的一些读者贡献了一点力量。作者总是感谢您对这个主题的未来发展的任何评论或想法，并祝您事业顺利。

Jens Lienig
Juergen Scheible

目　　录

版图设计（或物理设计，如工业界众所周知和全书中所提到的）是电子电路设计过程中的最后一步。它旨在生成制造工艺所需的所有信息。为了实现这一点，逻辑设计的所有组件，如单元及其互连，必须生成几何格式（通常为矩形集合），用于在制造工艺中创建微观器件和连接。

本章对用于设计电子电路版图的技术、任务和方法进行了详细介绍。以该基本设计知识为基础，在随后的章节将深入研究物理设计的具体约束及各个方面，如半导体技术（第 2 章）、接口、设计规则和库（第 3 章）、设计流程和模型（第 4 章）、设计步骤（第 5 章）、模拟设计规范（第 6 章）和最终可靠性度量（第 7 章）。

在 1.1 节中，我们介绍了几种最常见的电子系统制造技术。本书的中心主题是集成电路（又名芯片、IC）的物理设计，但也考虑了混合技术和印制电路板（PCB）。在 1.2 节中，我们更详细地研究了现代电子学（也称为微电子学）这一相关分支的意义和特点。随后在 1.3 节中，我们考虑集成电路和 PCB 的物理设计，特别强调其主要设计步骤。在这些起始章节之后，在 1.4 节中介绍我们编写本书的动机并描述后续章节的组织结构来结束本章。

1.1　电子技术

整个电子电路包括电子器件（晶体管、电阻器、电容器等）和器件彼此实现电连接的金属互连。但是，有多种不同的制造技术来物理实现此类电子器件；这些技术可以分为三大类：

- 印制电路板技术，可分为：
  - 通孔技术（THT）；
  - 表面安装技术（SMT）。
- 混合技术，通常分为：
  - 厚膜技术；
  - 薄膜技术。
- 半导体技术，细分为：
  - 分立半导体器件；
  - 集成电路。

为这些技术中的每一种都添加了无数额外的功能和针对不同应用场景的定制设计。以汽车电子产品为例,其需要非常高的鲁棒性;对于手机,其极高的紧凑性是关键要求。接下来,我们将进一步详细研究这些技术中最重要的技术。

1.1.1　印制电路板技术

印制电路板(PCB)是电子封装中使用最广泛的技术。它以机械方式支撑并且通常以焊接的方式实现电子器件的电连接。

1. 电路板

基本元件是绝缘电路板,称为基板,通常由玻璃纤维增强环氧树脂制成。每个人都曾在某个时候见过这个绿板。用酚醛树脂固定的纸张也是一种选择(在电子产品的早期,这种方法特别普遍)。纸质电路板只适用于规格非常低的应用,现在很少使用,本书不再进一步介绍。

电路板有两个主要功能:①提供电子器件物理安装的底板;②提供可在其上构建用于器件电连接的互连的表面。

互连线是从已经施加到衬底表面的金属层刻蚀出来的。金属层由铜制成,可以施加在电路板的一侧,也可以施加在两侧。铜是首选材料,因为它具有以下几个优点:①极好的导体,②适合刻蚀,③容易焊接。(器件焊接在板上的适当位置,同时芯片引脚通过焊接连接到板上实现互连。)

2. 制造互连

图 1.1 所示为互连是如何加工制造的,步骤说明如图中步骤 a～i 所示。板子基板有时也称为载体衬底,因为它"承载"(此处为"保留")电子器件和互连。

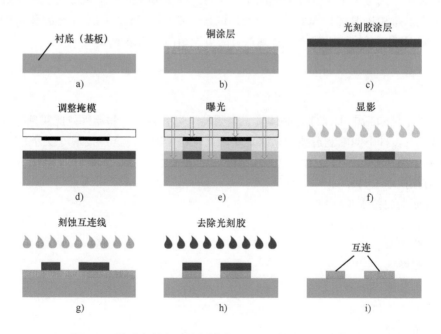

图 1.1　通过光刻和后续刻蚀在 PCB 上创建互连的截面图

基板首先镀铜，然后旋涂一层光刻胶（图 1.1a ~ c）。光刻胶有一个特殊的性质，即光照后，它可以用一种叫作显影剂的流体溶解。下一步工艺中，我们使用掩模，该掩模是（透明的）玻璃板，所需互连的图像已作为不透明层施加到玻璃板的底表面（图 1.1d 中黑色所示）。

然后将该掩模定位在 PCB 上（图 1.1d）并曝光（图 1.1e 中的黄色照明区域和灰色阴影区域）。阴影区域在 PCB 上产生所需互连的图像。因此，暴露区域处的抗蚀剂变得可溶解（图 1.1f 中的浅蓝色区域）；然后，该暴露的抗蚀剂可以溶解并用显影剂冲走。未曝光的部分保留着抗蚀剂，其保护下面的铜层在下一步骤（图 1.1g）中免受刻蚀，使得刻蚀剂仅去除未受保护区域上的铜。我们说抗蚀剂"遮盖"了刻蚀。刻蚀后，铜仅在先前的未曝光区域保留；剩余的光刻胶用合适的流体冲洗掉（图 1.1h）。通过此工艺过程，我们基于铜层创建了掩模上图案化的互连结构（图 1.1i）。

当只需要少量几个 PCB 时，例如对于原型验证板，互连有时不是通过刻蚀形成的，而是通过机械铣削金属层来形成的。

3. 多层印制电路板（PCB）

有些电路板可以由多层堆叠的基板构成，在这种情况下称为多层 PCB。图 1.2 展示了一种多层板的示例，它由三个基板和六个布线层（三个基板的顶部和底部）组成。衬底用粘合剂粘合在一起，粘合剂还充当相邻基板的相对铜层之间的电隔离器，以防止短路。

然后使用称为通孔的镀铜触点来电连接不同的布线层。通孔是在制造工艺开始时通过在基板上钻孔来实现的。通孔壁随后涂有铜以使其导电。根据孔的位置，这些孔被标记为埋孔、盲孔和通孔（见图 1.2）。

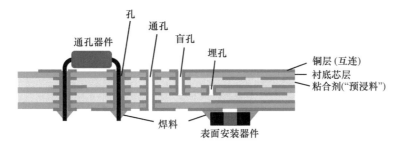

图 1.2　具有六个布线层的多层板的截面图

4. 安装技术

两种不同的技术主要用于在 PCB 上安装组件：

·　通孔技术（THT）；
·　表面安装技术（SMT）。

THT 用于具有引线的器件进而实现电接触。这些引线插入通孔，并焊接在适当的位置（见图 1.2 的左部）。利用 SMT，该器件具有用于连接到板表面的金属垫（图 1.2 中的黑色部分）。与这些安装技术（THT 和 SMT）相关的分别是通孔器件（THD）和表面安装器件（SMD）。

两种安装技术也可以混合使用。与 THD 相比，组件贴片机可以更轻松地处理 SMD。此外，SMD 可以实现更高的封装密度，因为它们更小并且可以安装在 PCB 的两侧。这些优点使 SMT

成为当今应用更广泛的技术。

除了分立器件，集成电路（IC）也可以安装在 PCB 上。但是通常它们必须"封装"在外壳中。未封装的 IC（裸片）有时直接安装在 PCB 上；但是，在这种情况下，由于半导体材料和电路板的热膨胀系数不同，连接的稳定性至关重要。

1.1.2　混合技术

混合技术即其中一些电子元件是物理上分离的器件，然后将其安装在载体基板上，而其他元件在制造期间直接在载体基板中创建。因此，我们得到了"混合技术"的名字。

混合技术中使用了多种载体基板来构建基板芯；通常使用陶瓷、玻璃和石英。SMD 可以安装在这些载体基板上，不能安装 THD，因为在这些基板上没有钻用于安装的通孔。

在混合技术基板上产生的互连迹线与在 PCB 上制作的布线不同。通常使用厚膜技术和薄膜技术这两种技术。厚膜技术中，导电膏应用于丝网印刷过程，然后烧制。在薄膜技术中，导电材料被蒸发或溅镀[⊖]到衬底上。随后使用光刻工艺形成互连，这与上述 PCB 的工艺非常相似。

沉积层的电导率可以在较大范围内调节，基于沉积技术能让电阻器与互连一起制备。可以使用激光对电阻值进行微调；可以通过修调垂直于电流方向沉积互连的外部区域来增加电阻，直到达到期望的电阻值。

也可以实现互连交叉和电容器，例如通过交替堆叠导电层和绝缘层。还可以通过在金属层内缠绕梳状互连来创建电容器。印刷电容器的示例如图 1.3 所示。

示例：LTCC（低温共烧陶瓷）技术

LTCC 技术是一种广泛使用的厚膜混合材料的变体。LTCC 的制造工艺就是许多其他技术变体，我们将在下面讨论。LTCC 制造工艺如图 1.3a ~ h 所示。

LTCC 技术不使用制备好的陶瓷基板。相反，制造从薄膜开始，其中粉末状的陶瓷块与其他物质结合。这些薄膜被称为坯片（图 1.3a）。正如图 1.3 所示，这些薄膜将在随后的加工步骤中变得坚硬，以生产出一块电路板，将成为更大系统中的一个组件。首先，在板上冲压通孔（图 1.3b）。然后用导电膏填充（图 1.3c）。在丝网印刷工艺中用导电膏形成互连几何结构（图 1.3d）。然后将生坯片叠在一起，通过稍微加热进行层压。它们因此结合在一起（图 1.3e）。然后将叠层按所需尺寸切割，压在一起，并在烤箱中烧制和烧结（图 1.3f）。在该工艺过程中，一些添加剂从片材堆中逸出，混合材料收缩并烧结成陶瓷板，该陶瓷板芯中可以包含几个互连层。在烧制和烧结过程中，压力继续施加到叠层上，因此收缩效应几乎完全在 z 轴上，横向尺寸不受影响。然后，将用于接触 SMD 和 IC 的电阻器和导电面印刷到表面上并烧制（图 1.3g）。

最后，SMD 和 IC 安装（图 1.3h）。SMD 使用导电胶或回流焊连接固定到位。由于载体基板（陶瓷）和硅的热膨胀系数相似，这些 IC 可以在未封装的情况下作为裸片安装。它们通过从 IC 上的接触表面，即所谓的焊盘，连接到载体上的接触面。

与印制电路技术相比，混合技术的优势包括：①更高的机械稳定性（例如，当汽车受到极端冲击和振动时）；②更高的封装密度（由于使用裸片）；③更好的散热性能。

⊖　溅镀是通过高能离子轰击固体，固体材料的微观颗粒从其表面喷出的物理过程。

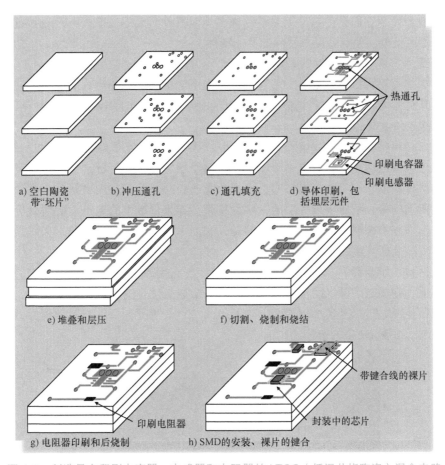

图 1.3 制造具有印刷电容器、电感器和电阻器的 LTCC（低温共烧陶瓷）混合电路

散热主要通过 LTCC 实现，在热沉上混合安装以最大化整个混合表面上的热耦合。通过部署热通孔（这些热通孔是专门设计用于传输热量的电镀连通接触），可以进一步改善从混合电路顶部到底部的良好散热。

尽管混合技术具有如上所述的优点（例如，更好的机械稳定性、封装密度和散热性能），但与 PCB 相比，其更高的制造成本则是它的缺点。

1.1.3 半导体技术

到目前为止我们讨论的技术，电子器件必须全部或部分从外部来添加。另一方面，利用半导体技术，可以将整个电子电路构建为单个单元。所有电子器件和所有电连接都是在制造工艺中生产。这种电路是完全集成的，是集成电路（IC）名称的起源，就是单片半导体裸片。主要由硅组成的单个小扁平片也被称为"芯片"。

我们还可以使用半导体技术来制备纯分立（即单个）电子器件。典型的例子是二极管和有源器件，例如用于在电力电子中驱动非常大电流的晶体管和晶闸管。如果我们更细致地研究这些器件，我们会发现它们是由芯片上并联的许多类似器件组成的。保护电路通常也集成在芯片中，隐藏于不可见处，但具备保护器件的性能特性。

1. 什么是半导体——半导体材料的物理特性

虽然半导体材料可以传导电流，但它们在室温下的电阻率也相当高。然而，它们的电导率随着温度的升高呈指数增长。这种热特性与标准互连（金属）非常不同，是半导体的关键特性。我们现在将深入研究其底层物理。

电流需要自由移动的电荷载流子。在固体中，这些电荷载流子是电子。因此，问题是："我们如何在半导体中获得足够的'自由'电子？"电子围绕原子核运行，它们的能级随着远离原子核而增加。事实上它们只能具有被称为壳层（电子壳层）的某些能量状态，在许多原子的星座中扩展成所谓的带。物质中最外层的带称为价带。如果价带中的电子（所谓的价电子）能够被充分激发，使它们能够跳到下一个更高的带，它们可以在那里自由移动，从而提高材料的导电性。因此，该带也被标记为导带。

在导电材料（如金属）中，价带和导带特别靠近；它们甚至会重叠（图 1.4 中的橙色区域）。在这种情况下，许多电子可以跃迁到导带。因此，金属是优良的导体。另一方面，对于绝缘体而言，价带和导带之间的能隙 ΔE（带隙或带距）非常大，几乎是无法逾越的阈值，并且导带中实际上没有电子（图 1.4 中的蓝色区域）。

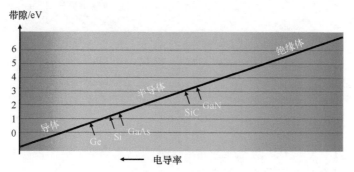

图 1.4 "导体""半导体"和"绝缘体"各类材料的价带和导带之间带隙的函数。给出了典型半导体材料在 300K 下的值（SiC 的值为 2.4 ~ 3.3eV，取决于形成的晶格。图示为晶格"6H"的值）

半导体的主要特性是它们的带隙位于这两个极端情形之间（图 1.4 中的中心绿色区域）。一方面，由于带隙很大，在室温下，价带中只有极少数电子有足够的能量到达导带。另一方面，导带足够近，高于室温几百开尔文的温度能提供增加自由电子数量的足够能量，从而使电导率增加多个数量级。

电导率的增加不仅是因为导带中的自由电子增加，还因为在价带中形成了电子空穴对（缺陷电子或空穴）。这些空穴可以很容易地被来自相邻原子的价电子填充；然后空穴消失，在"电子输运"原子中产生新的空穴。然后，由于价电子的这种链运动，可以产生称为空穴输运的电流。但是，通过热方法产生自由电荷载流子（电子和空穴）并不是我们在这里关注的主要问题，而是我们要强调基础物理学，以更好地理解我们的主要目的。

现在让我们以硅作为一个典型的例子（见图 1.5）。对于硅，导带 E_C 的下边缘和价带 E_v 的上边缘之间的带隙由 $\Delta E = E_C - E_V = 1.1\text{eV}$ 给出。硅是 4 价的，也就是说硅原子的价带包含四个电子。如果我们用 5 价元素（如磷、砷或锑）的原子取代硅原子，多余的电子将无法"嵌入"周围硅晶体的价带。它的能级 E_D 略低于硅导带；它非常接近这个带，以至于在室温下它有足够的能量让它进入这个导带（见图 1.5 左图）。因此，在硅中引入 5 价杂质原子可以提高其导电性。

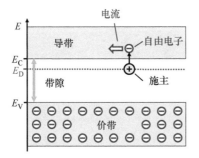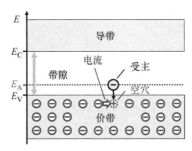

图 1.5　产生自由电荷载流子，从而在半导体（硅）中产生电流。左图显示了用施主掺杂而产生的自由电荷载流子；右图显示了受主掺杂，导致电子（左）和空穴（右）传导

除了掺入 5 价杂质原子，我们还可以掺入 3 价杂质原子（如硼、铟或铝）以增加导电性。在这种情况下，杂质原子处于能级 E_A，刚好略高于硅的价带边缘 E_V；因此，这个杂质原子可以很容易地接受来自相邻硅原子的第四个电子（见图 1.5 右图）。因此，硅价带中的空穴数量增加。这些空穴可以被视为可用于电流流动的正电荷载流子，因为它们可以自由移动。

将杂质注入基底称为掺杂。5 价杂质原子被称为施主，因为它们释放一个电子（进入导带）。它们在元素周期表中硅的右边一列。3 价杂质原子被称为受主，因为它们能够接受来自相邻原子的价电子。它们在元素周期表中硅的左边一列。

含有施主杂质的半导体称为 n 型掺杂，含有受主杂质的半导体则称为 p 型掺杂。在 n 型和 p 型掺杂区域，额外的电子被额外的空穴俘获，称它们为复合。施主和受主在这里有效中和。

任何残留的施主或受主都是半导体导电性的关键。当施主过剩时，半导体被称为n型半导体，因为电流主要是由于电子，即负电荷载流子的定向移动产生的。当存在多余的受主时，半导体被称为 p 型半导体，因为这里主要是可以被视为正电荷载流子的空穴定向移动而产生电流。更多的电荷载流子称为多数载流子，简称多子；而相对较少的电荷载流子称为少数载流子，简称少子。

2. 半导体的用途

生产集成电路需要极纯的单晶半导体材料。所有原子在物理上必须排列成连续的规则结构。这种结果不会自然发生，所以必须人工制造。它以晶锭的形式制造，然后被加工成非常薄的薄片或晶圆，用于芯片制造。一个晶圆可以容纳大量芯片，根据芯片和晶圆的大小，可以容纳数百到数万个芯片；芯片都在晶圆上一起制造。在制造过程结束时，从晶圆上切下单个矩形芯片或裸片。

图 1.6 显示了显微镜下的成品晶圆。模具已彼此分开，并由粘合箔（"蓝带"）固定到位。

半导体工业中使用最广泛的材料是硅。其他半导体材料用于工业中的特殊用途。典型的例子包括：RF 电路中的砷化镓（GaAs）和硅锗（SiGe）；电力电子中的氮化镓（GaN）和碳化硅（SiC）。SiC 和 SiGe 中结合了两种 4 价元素；3 价元素与 GaAs 和 GaN 中的 5 价元素结合。所得晶体结构再次表现为 4 价元素。

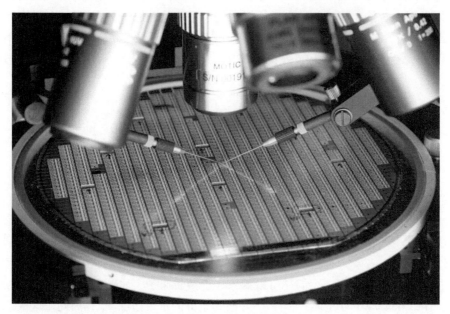

图 1.6   显微镜下的晶圆；两个探针接触一个芯片进行测试

3. 集成器件和互连迹线

通过以不同方式连续掺杂晶圆来制造集成器件。掺杂操作可以通过以下方式改变：①不同的杂质（通常有几种不同类型的施主和受主）；②不同浓度（每单位体积的杂质原子数）；③穿透深度（可达几 μm）；④掺杂位置。

集成器件可以使用有不到 10 种掺杂操作的简单生产过程。在更复杂的工艺中，可以有 20 多种掺杂过程。例如，在掺杂杂质原子之间，通常在晶圆表面上沉积一层额外的基材。（此过程称为外延。）

掺杂工艺在概念上类似于 1.1.1 节中 PCB 的光刻工艺，因为掩模再次用于选择性地改变区域表面的组成。对于 PCB，我们掩蔽区域以创建互连迹线（使用后续刻蚀等）。在这里，我们也使用掩模，但更详细，特征尺寸在纳米量级，以选择性地在晶圆表面沉积原子，有效地实现不同的掺杂区域。

不同类型的电子器件，如晶体管、二极管和电阻器，可以通过不同的掺杂区域来实现。然而，需要注意，当我们谈论芯片上的"器件"时，我们应该意识到，我们所谈论的只是单片半导体裸片的不同部分。以这种方式设计，每个部分掺杂区域中的电相互作用产生了所需电子器件的特性。与 PCB 上的器件不同，芯片上的器件从不相互隔离。这使得芯片上的器件总会发生交互。设计流程中必须考虑这些相互作用，第 7 章将对此进行详细讨论。

图 1.7 显示了芯片的截面图。晶圆的厚度略小于 1mm。然而，电活性部分位于两个芯片表面之一的非常薄的层中。图 1.7 描绘了这个区域 1% ~ 2% 的晶圆厚度；该图还显示了制造阶段，下面将对此进行解释。

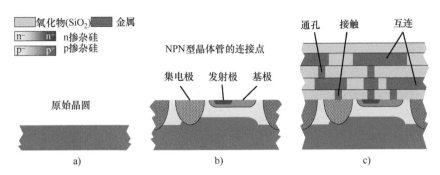

图 1.7　在半导体工艺中，典型 NPN 型晶体管的 IC 芯片的截面图。a）在工艺开始时，b）在"前道工艺"（FEOL）之后，c）在"后道工艺"（BEOL）之后。n 掺杂区用蓝色表示，p 掺杂区用红色表示。金属层为棕色，绝缘层为赭色

首先，使用掺杂工艺在晶圆表面上构建电子器件。半导体制造从原始晶圆开始（见图 1.7a）。所有掺杂都在 IC 制造的"前道工艺"（FEOL）[a]部分中进行，如果需要，还可以施加外延层。图 1.7b 中用 NPN 型晶体管[b]举例说明了结果。掺杂区域以颜色显示。在本书中，我们总是用蓝色表示 n 导电区，用红色表示 p 导电区。颜色表明原始晶圆（图 1.7a）最初是 p 掺杂的，外延层（图 1.7b，在原始晶圆的顶部）是 n 掺杂的。

其次，通过构造金属层和绝缘层来互连电子器件。这个过程通常被称为"后道工艺"（BEOL）。这里也使用涉及掩模的光刻工艺来创建互连。这一过程在概念上也与 PCB 上创建互连的方式相似（见 1.1.1 节），但这里的掩模更详细，具有纳米尺寸的特征。绝缘层（赭色）和金属层（棕色）交替堆叠在彼此的顶部，并在制造的 BEOL 部分中结构化。在该步骤中形成互连和贯通接触。

两个互连层的 BEOL 结果如图 1.7c 所示。器件通过底部绝缘层中的接触孔（触点）电连接在硅表面上。相邻金属层之间的贯通接触被称为 IC 芯片和 PCB 中的通孔。（注：用术语"直通接触"来标记层之间的任何垂直连接。关于 IC，我们进一步区分将器件连接到（第一）金属层的接触和连接（两个）金属层的通孔。）

如图 1.7 所示，光刻用于在芯片上创建所有结构，无论是在 FEOL 中描绘掺杂区域，还是在 BEOL 中形成通孔和互连。光刻技术在制造中起着关键作用，正如在 1.1.1 节中我们所看到的 PCB 的制造。我们将在第 2 章详细介绍半导体制造的工艺步骤。

---

[a]　术语"前道工艺"（FEOL）是指对单个器件进行图案化的任何 IC 制造的第一部分，"后道工艺"（BEOL）包括金属互连层的后续沉积。第 2 章中讨论了两者。

[b]　晶体管是一种工作依赖于两种电荷载流子（电子和空穴）的器件。我们将在第 6 章更全面地介绍这些器件及其操作。

1.2   集成电路

1.2.1   重要性和特点

自从 20 世纪 60 年代第一个集成电路（IC）出现以来，微电子技术以惊人的速度发展。它早已成为我们所有科技进步的关键技术。它将长期对我们所有人的生活产生巨大的影响。这种巨大的创造力背后的驱动因素是什么？我们现在将更深入地研究驱使这些发展的 IC 重要特性，并试图回答这个问题。

在一块半导体材料上集成电子电路的想法在 20 世纪 50 年代末首次由 Jack Kilby[3] 和 Robert Noyce[5] 各自独立提出。第一个商用半导体芯片于 1961 年生产：它是一个逻辑存储元件（称为触发器），有四个晶体管和五个电阻器 [1]。

这是微电子的诞生和现代计算时代的开始。从那时起，半导体技术不断发展壮大，伴随着 IC 的小型化。这种小型化是一系列相互支持的效应的驱动力，而这些效应的累积效应，经过更仔细的观察，继续令人惊讶。

单个器件不断减少的体积意味着芯片使用更小的功率，运行更快，并且可以适应越来越多的功能，单个器件可以封装得更密集。这些都是合乎逻辑的发展，很容易理解。然而，为什么额外的功能应该更便宜并不那么容易理解。我们可以解释如下。随着微型化的增加，半导体技术和芯片空间变得更加昂贵。尽管如此，由于微型化，单个功能需要较少的芯片空间，因此额外的成本超过了补偿。随着每一代新芯片的推出，你将获得更多的回报——"以相同的价格获得更多的功能"。

还有另一个不太明显的影响，但却是芯片成功故事的一个非常重要的方面。芯片中不断增加的集成密度对电子系统的可靠性有着非常积极的影响：焊点数量的每一次增量减少以及不需要的每一个分立器件都会降低系统故障的概率。就停机风险而言，整个芯片只是单个器件（回想一下，集成器件本质上只是半导体芯片的一部分）。因此，半导体芯片代表单个器件和单个故障点；因此，使用半导体芯片构建的系统具有更少的可能故障点，导致了更高的可靠性。

让我们试着想象一下这些影响的含义：如果你将现代移动电话中的电子器件拆分成分立的（即单个的）电子元件，并将它们放置在 PCB 上，你将需要一座巨大的工业建筑来容纳它们。这种巨大的"设备"不仅笨重，因此毫无用处，而且价格昂贵，极不可靠。如果这个假想系统中的单个器件或连接出现故障，系统也会出现故障。它可能会永久关闭，但也意味着（好的一面）至少你不需要整个发电厂来运行它！

让我们再次列出这六个影响：微电子技术的不断改进使电子系统变得更小、更快、更经济、更智能、更便宜、更可靠⊖。通常情况下，这些性能特征不可能一起得到改善，比如在其他技术领域，如汽车行业。它们通常相互阻碍，工程师必须为每个案例找到最佳的折中方案。相比之下，所有这

⊖　我们应该在这里提到，半导体制造工艺向更高技术节点的等比例缩放已经到了老化效应变得越来越临界的地步。其中一个更严重的问题是迁移效应导致的互连退化，在迁移效应中，流过集成电路的电流会慢慢侵蚀微纳物理结构。特别是在物理设计流程中，需要针对这些影响采取预防措施。我们将在第 7 章中全面讨论该主题。

些性能特征在微电子领域都得到了一致的改善，这解释了其持久和可持续性发展的成功之道。

1.2.2　模拟、数字和数模混合电路

如今的芯片非常复杂。首先要注意的是，它们大多都包含数字和模拟电路。这两种类型的电路不仅在操作上完全不同，而且在适用于现有设计流程和半导体技术方面也有很大的不同。

让我们先看看数字电路。它们只处理离散信号值，因此在技术上比它们的模拟同行更容易接受。这些信号通常是二进制信号，只有两个可区分的值，通常被解释为两个二进制数字 "1" 和 "0"，或逻辑值 "true" 和 "false"。

数字逻辑可以用两个（任意）电压电平实现。这些给定电压只能在给定范围内达到。在逻辑状态之间定义一个范围，以便可以清楚地划分它们。通过等待足够长的时间以确保所有逻辑状态都已稳定在定义值，可以实现完美的操作。（这是通过相应地设置时钟速率来实现的。）因此，这些器件（通常是单极 CMOS 晶体管⊖）切换逻辑状态的要求可能很低。

数字电子中的现代 IC 将众多核心和必要的外围设备直接集成在芯片本身上。2020 年，这些芯片可以包含超过 100 亿个晶体管。图 1.8 展示了 2014 年的 Intel® "i7 Haswell-E™" 作为一个（历史性的）例子。该芯片是在一个 22nm 的节点上制造的，表面积为 $355mm^2$。包含 8 个内核，共有 26 亿个晶体管[6]。这些芯片通常看起来像从环绕地球的卫星上拍摄的城市图像；令人惊讶的是，它的复杂程度与一座巨大的城市相似（覆盖整个大陆！），它是在一块指甲大小的硅上精确制造的。

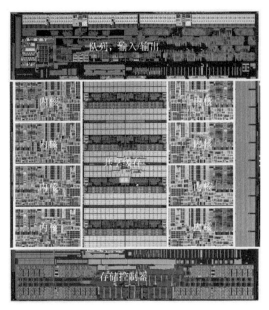

图 1.8　22nm 技术节点、8 个内核的英特尔微处理器

除了数字电路，电子系统也需要模拟电路器件。它们在抽象的数字数据处理和我们的现实世界之间起着中介作用，其无数物理参数的值和周期性与离散的数字状态相比不断变化。这种 "任务共享" 类似于生物有机体。在这里，除了用于信息处理的大脑之外，每个生物体都需要①感觉器官来扫描环境、②内部能量供应以及③附属肢体来对环境的物理行动。类似地，在任何机电或电子系统中，都需要模拟电路来支持其固有的数字信息处理。这些系统①扫描模拟传感器输入并将其转换为数字数据，②向系统提供电流和电压，以及③根据计算的数据来控制外部显示器、扬声器、阀门、电动机等。执行所有这些任务的电路有一个共同点：处理和产生模拟信号。

⊖　CMOS 是 "互补金属氧化物硅" 的英文缩写。CMOS 技术包含两个互补的 n 型和 p 型单极晶体管，它们被制造为金属氧化硅层。我们将在第 2 章详细介绍它们。

应当注意，数字电路中使用的 CMOS 技术也可以用于许多模拟电路。另外，在许多应用中，需要具有特殊性能特性的器件。在这些定制设计的器件中，有双极晶体管，其特点是高截止电压、鲁棒性、使用温度依赖性，以及在"导通"状态下电阻非常低且能够传导非常大电流的特殊功率晶体管。在半导体早期时代，这些定制电路使用不同的独立芯片实现。它们是使用为各个器件量身定制的半导体工艺制造而成的。

近年来情况发生了变化。自 20 世纪 90 年代半导体技术问世以来，集成系统所需的所有类型的器件都可以在单个芯片上制造。这些"混合技术"的例子是 BICMOS（双极晶体管和 CMOS）和 BCD（双极晶体管、CMOS 和 DMOS$^{\ominus}$）。

由于今天的高度集成，电路芯片的数字和模拟部分的组合是标准做法。现在大多数芯片是数模混合芯片；它们根据规格以 CMOS 或 BICMOS 制造。如果它们也包括功率晶体管，那么它们被称为采用上述 BCD 技术制造的智能功率集成电路。

图 1.9 显示了 2018 年 Robert Bosch GmbH® 汽车控制单元的智能电源芯片。所有系统功能都集成在这个单一芯片中：用于传感器扫描的模拟电路（"Sense"）；内部电源（"Supply"）；执行机构控制的功率级（"Act"）；用标准单元$^{\ominus}$实现的数字信息处理（"Think"）。包含所有这些不同类型电子模块的芯片称为 SOC（片上系统）[2]。图 1.9 所示的芯片采用 BCD 技术在 130nm 节点上制造，表面积为 34mm^2，模拟电路部分包含 164000 个器件，数字电路部分包含约 300 万个晶体管（黄色方框）。外部电源为 14V，芯片击穿电压$^{\ominus}$为 60V。

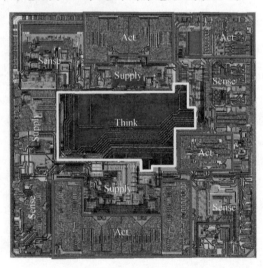

图 1.9　采用 130nm BCD（双极晶体管、CMOS 和 DMOS）
技术，用于汽车电子产品的博世智能功率芯片

　　$\ominus$　DMOS 代表"双扩散金属氧化物硅"。这是一种用于在电力电子中切换大电流的单极晶体管的制造技术。我们可以用 DMOS 晶体管实现 mΩ 级的极低导通电阻。

　　$\ominus$　使用标准单元进行设计是一种非常有效的，也因此是流行的 IC 设计流程。我们将在第 4 章介绍和讨论标准单元和设计流程。

　　$\ominus$　正如我们在第 6 章和第 7 章中进一步解释的那样，绝缘材料的击穿电压定义为材料在不击穿（即不传导一定量的电）的情况下所能承受的最大电场。

1.2.3　摩尔定律和设计差异

我们已经看到，半导体规模的缩小，对芯片更小结构的不懈推动，是微电子进化的核心。所谓的技术节点（也称为工艺节点）根据可以在晶圆上可靠且可重复地实现的最小结构尺寸进行分类。然而，这里并没有一个普遍接受的有关比例尺寸的定义。确定和指定此特征尺寸因制造商而异。例如，通孔、最小允许线宽或单极晶体管的最小允许有效长度（定义为晶体管源极和漏极之间的距离）是芯片上发现的一些最小结构。然而，我们至少可以根据最小特征尺寸规格估计这些尺寸的近似尺寸。

半导体的制造工艺非常复杂，我们尽一切努力避免对既定的生产工艺进行胡乱修补。减小特征尺寸是一项艰巨的任务。因此，微型化不是一个持续的过程，而是在特定的步骤进行。经验表明，如果每单位表面积的可制造器件的数量可以大约增加一倍，那么过渡到更小的结构尺寸在经济上是可行的。这意味着设备的表面积必须减半，而不损失其功能。

如上所述，数字电路中使用的 CMOS 晶体管具有最低的功能要求，这也是这种类型的晶体管非常适合微型化的原因。自 20 世纪 70 年代末（CMOS 技术成熟）以来，CMOS 晶体管的表面积已成功地每 2 ~ 3 年减半，而其内部结构保持不变⊖。

因此，经济的微型化步骤通常是通过将结构缩小 $1/\sqrt{2}$ 倍来实现的。这个过程也称为收缩。自 "1μm 工艺"（即允许 1μm 结构尺寸的工艺）首次出现以来，技术节点大致以这种方式进行了扩展。如前所述，这些技术里程碑被称为 "工艺节点" 或 "技术节点"。

图 1.10 显示了自 1970 年以来，不同半导体工艺的技术节点在对数尺度上的演变。CMOS 技术（棕红色点）显然是这些进步的主要驱动因素。该图基于第一个微控制器芯片在各个特征尺寸中可用的时间。其他应用的半导体工艺（以蓝色显示）以不同的时间间隔遵循这种 "前沿技术"。所有曲线均根据实际数据绘制平均长期趋势图。这些图并不是为了提供关于日期和特征大小的精确信息，而是作为趋势的指南。

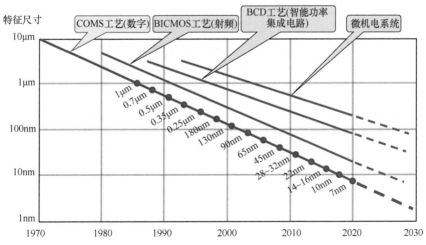

图 1.10　不同技术节点随时间变化的最小可制造特征尺寸图。标记点表示典型的 "工艺节点"

⊖　该说法适用于大于约 20nm 的结构尺寸。对于较小的尺寸，单极晶体管需要不同的内部结构。在这种情况下使用了超出本书范围的 FinFET。

正如我们所看到的，图 1.10 所示的微型化为在单个芯片上集成越来越多的器件铺平了道路，因此也为越来越多的功能铺平了路。这一进展也如图 1.11 所示，同样始于 20 世纪 70 年代。图中展示了集成在芯片上的器件数量的指数增长（黑色曲线，左刻度）⊖。

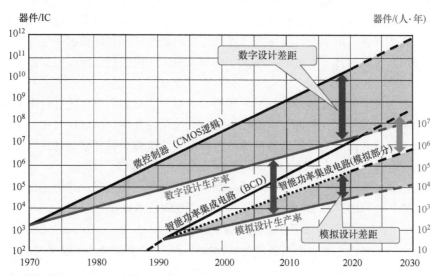

图 1.11　数字芯片（上）及包含模拟和数字部件的智能功率集成电路（下）的每个 IC 的器件近似增长率（黑色，左刻度）和每人每年的器件设计生产率（红色，右刻度）。还显示了数字设计差距、模拟设计差距以及模拟和数字设计生产率之间的差距（红色垂直箭头）

仙童半导体公司的研发总监戈登·摩尔在芯片微型化一开始就表示，芯片上的器件数量每年翻一番，他在 1965 年的一张类似的图表中绘制了他的观察结果 [4]。他在出版物中也预测，这一趋势将持续到可预见的未来。20 世纪 70 年代初，这一指数趋势随后被命名为"摩尔定律"，当时第一批微控制器出现了，这一趋势显然已经确立（1975 年，摩尔将预测修改为每两年翻一番，年复合增长率为 41.4%）。

在 1.2.1 节，我们讨论了微型化的惊人影响，这些影响使摩尔定律至今仍然适用。到目前为止，我们已经在终端用户和芯片制造商的背景下讨论了所有这些问题。但有一个重要的方面我们还没有触及，这就引出了本书的主题：在这些令人惊叹的小芯片能够制造并最终使用之前，还有很多工作要做，首先要做的是设计！

设计 IC，即布局其特定的物理尺寸，是一项巨大的挑战。第一个用于开关逻辑门的数字芯片是在电路图中绘制的，它们的光掩模是手动设计的，或者是用简单的绘图软件设计的。这种手动设计在 20 世纪 80 年代很快被取代，因为它的效率太低了。随着微电子技术复杂性呈指数增长，学术界和工业界为 IC 设计师提供强大的软件工具，并为创新设计技术做了大量工作。该领域被称为电子设计自动化（EDA）。

⊖　我们使用"器件 /IC"，而不是像其他大多数作者一样，使用"晶体管 /IC"作为规模单位，因为除了晶体管之外，许多其他类型的器件也都用于混合工艺。不过，"晶体管 /IC"和"器件 /IC"的数据对于逻辑芯片几乎相同。

　　EDA 可以显著提高数字 IC 设计师的效率。尽管集成逻辑电路的设计过程目前高度自动化（许多步骤通常由软件程序执行），但设计逻辑芯片所涉及的工作仍在不断增加。这个难题可以通过考虑芯片上的器件数量和以每人每年为单位的开发所需的总工作量，然后计算两者的商来量化和可视化。这个指标称为设计生产率。它在图 1.11 中以红色绘制，并参考右侧的刻度。尽管设计生产率的增长也是呈指数增长的，但增长率远远低于摩尔定律。换言之，平均 IC 复杂度和设计生产率不断偏离。这种现象被称为设计差距。

　　数字逻辑设计中的设计差距已被广泛报道。图 1.11 中上部阴影区域和棕色垂直箭头显示了这一现象，这是微电子技术中最棘手和最紧迫的问题之一。随着 IC 开发成本的上升，设计差距的一个主要影响是，从事芯片设计的设计师人数必须不断增加，因为由于市场压力，设计交付周期无法延长。如今，一个典型的项目团队需要多达 1000 名工程师，他们通常分布在全球各地，才能在市场上推出一款新的计算机芯片。

　　我们现在想解决另一个类似的问题——模拟设计差距。这个差距在世纪之交开始显现。现在，这是一个影响所有具有数字和模拟电路的芯片的关键问题。如前所述，这些数模混合和智能功率集成电路，构成了当前大部分芯片设计。这些集成电路也符合摩尔定律，尽管绝对器件数量的增长滞后于数字（逻辑）芯片，但增长速度相似。

　　器件数量的增加主要是由于这些数模混合电路设计中的数字电路不断增长。智能功率集成电路的情况如图 1.11 中较低的实线所示。现代智能功率集成电路中 90% 以上的器件是数字的。为数字设计量身定制的高度自动化 EDA 流程（由图 1.11 中的上方红线表示）非常适合设计这些数字部分。

　　相比之下，模拟电路器件的设计情况则截然不同：它们的数量也在增长，但速度较慢（见图 1.11 中的虚线）。如 1.2.2 节所述，模拟信号是连续振幅和时间的信号，必须尽可能不失真。IC 设计师必须考虑多种噪声源对其设计的影响：噪声会干扰模拟信号并导致故障。设计师使用模拟设计方法，并在物理版图设计中采取措施以尽可能地抑制噪声。由于存在多种不同的干扰源，因此他们必须全面考虑物理相互作用，并应用所有可用的设计选项。这个设计挑战非常复杂，以至于很难进行数学建模。因此，迄今为止，寻找自动解决方案并不成功。时至今日，设计模拟 IC 主要基于设计师的经验，并且仍然是一项主要的人工任务。

　　数模混合电路和智能功率集成电路的整个开发成本中，约 90% 是由模拟部分引起的，尽管根据其所含器件的数量，这些部分在芯片中仅占极小的百分比（通常 <10%，见图 1.11 中的灰色垂直箭头）。这意味着模拟设计生产率比数字设计生产率低 2 ~ 3 个数量级。图 1.11 中红线之间的距离（红色垂直箭头）清楚地显示了这一点。

　　数模混合电路和智能功率集成电路的模拟电路设计已成为瓶颈，需要采取紧急措施改进模拟设计流程，以防止模拟设计差距进一步扩大（见图 1.11 下方阴影区域和棕色垂直箭头）。我们将在第 4 章末尾提出一些措施来解决物理设计中的这个问题。

1.3 物理设计

1.3.1 主要设计步骤

图 1.12 给出了电子系统设计流程的简化示意图。它从一个规格说明开始，其中列出了预期任务所需的系统功能和性能特征。除了标准信号的时域和频域表示外，还包括文本、图形、表格等其他表示方法，以尽可能准确和全面地指定设计目标。该规格描述了系统的目的，重点是输入和输出；例如，规格的一部分可能是："系统应有两个数字输入，使用引脚 0 ~ 7 和 8 ~ 15，频率为 1.2GHz，并在不超过 5 个时钟周期内将其产生的乘积以 16 位数字在引脚 16 ~ 31 输出。"规格描述了要执行的任务，但未说明如何执行（系统如何提供或执行所需功能将在后续步骤中作为设计过程的一部分确定）。

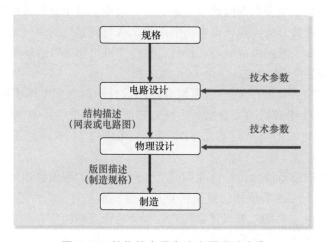

图 1.12　简化的电子电路主要设计步骤

一般来说，电子系统的设计分为两个主要步骤，下面将对这两个步骤进行概述。

1. 电路设计

在电路设计期间，功能规格用于创建正确实现所需功能的电路。对于数字电路，该设计过程可能包括多个层次的自上而下分解，其中较高层次的功能被迭代分解为越来越简单的较低层次的功能，每个功能最终可以由一个功能单元 [例如，加法器（与）、比较器或寄存器] 实现。该设计过程的结果被捕获在电子系统的结构描述中。

因此，作为电路设计的输出，产生了诸如 IC 的电子系统的结构描述。结构描述中列出了电路的所有必需电气功能单元及其之间的电连接（网络）。每个网络都表示电连接，一条导线本质上是将第一功能单元的输出连接到一个或多个第二功能单元的输入。由于现代电子系统的复杂性，这种所谓的"网表"通常以分层树结构组织。因此，它包含标准电子器件形式的功能单元，以及所谓的电路模块或功能模块，电路模块或功能模块将电路的部分指定为集成系统的子集。

　　在电路设计过程中生成的结构描述作为下一个主要步骤（电路的物理设计）的输入数据。结构描述可以是文本形式的网表，也可以是图形形式的电路图（也称为原理图）。

　　电路图是网表的图形表示，其中功能单元表示为符号，网络表示为线。图 1.13 右侧的示例绘制了一个简单的电路图。该电路包括四个基本电子器件（两个电阻器 R1、R2，两个电容器 C1、C2）和一个功能模块（一个运算放大器，为三角形符号）。电路图和网表实际上是结构描述的等效表示。使用哪种格式取决于手头的应用程序。

　　电路图由原理图编辑器中基于图形的数据输入生成，主要采用手动设计，通常用于模拟 IC 或 PCB。存储在符号库中的电阻器、晶体管等的符号被加载并布局在电路图上；然后连接器件（图 1.13 的右图）。电路结构作为网表存储在设计工具中。

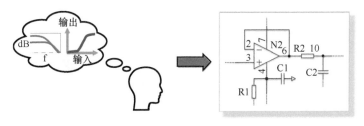

图 1.13　电路设计：从规格（左图）到电路图（右图）

　　在高度自动化的设计风格中，例如数字 IC 设计，电路设计数据通过合成程序生成，并作为网表输出。在这些情况下，通常不需要电路图。

　　2. 物理设计

　　物理设计（也称为版图设计）的目的是根据电路的结构描述制定制造规格。然后，根据该规格制造电路（即物理实现电路）。从结构描述到制造规格（"版图"）的转换必须满足优化目标和给定边界条件。接下来我们将讨论这些问题。

　　这些边界条件可分为工艺和项目特定条件。工艺特定边界条件描述了实施制造技术的选项和边界。它们包含在图 1.12 的技术数据中，必须在给定制造技术下实现的所有设计中加以考虑。另一方面，项目特定边界条件仅适用于正在开发的产品。它们是在电路设计期间产生的，作为对结构描述的补充，通常称为约束。它们是 IC 设计师关于电路正常运行或所需可靠性的说明。在第 4 章中，我们将研究不同设计模型和设计风格背景下的优化目标和约束条件。

　　除了制造规格外，物理设计的结果还确定了外观，特别是设计的电子系统及其部件的尺寸。因此，设计结果也称为版图，因为它是（物理）解释或版图（抽象）的结构描述。因此，物理设计也称为版图设计。

1.3.2　集成电路的物理设计

　　众所周知，在半导体技术中，所有结构都是使用光刻技术在晶圆上构建的。光刻工艺的核心是掩模，掩模用于在晶圆上反复创建微观结构，使用 FEOL 工艺创建单个电子器件，使用 BEOL 工艺创建多层互连，如前面参考图 1.7 所述。掩模包含要在晶圆上构建结构的生产模板。IC 物理设计的目的是生成这些几何结构，随后这些几何结构用于创建掩模。

物理设计过程的结果是 IC 版图——待制造芯片的完整图像，由这些掩模图像的堆叠或分层组成。该 IC 版图定义了 IC 芯片上所有电路元素的物理实现。这些元素包括①器件的内部结构，②器件在芯片上的布局或排布，③互连，④接触和通孔，以及⑤用于与环境电连接的键合焊盘（位于芯片边缘）。

图 1.14 的右图显示了芯片布局的一小部分，它将出现在版图设计中使用的图形编辑器中。每个图形元素被分配给所谓的层，该层通常对应于掩模。设计师在图形编辑器中使用特定于图层的颜色、线条粗细和填充图案来表示图形元素，以帮助区分哪些元素属于哪个图层。例如，图 1.14 中的黄色"接触"层展示了用于在直接位于硅表面上方的底部绝缘层中打孔的掩模特征。这些孔用金属填充，以在硅表面和底部金属层之间形成电连接（另见图 1.7c）。这些连接位于硅中的电子器件必须电接触的位置；这也是这些孔被称为触点或接触孔的原因。

数字和模拟 IC 电路的物理设计有很大不同，如下所述。

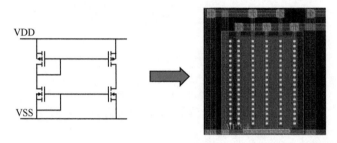

图 1.14　集成电路的物理设计（版图设计）可视化：将电路的结构描述（在本例中为电路图，左图）转换为几何数据，这是生成掩模（版图，右图）的基础

考虑到数字电路的物理设计，具有不可变内部结构的标准元件作为单元存储在库中。这些单元，如逻辑门和存储器，提供标准功能，其版图已经产生。更复杂的逻辑块通常作为宏单元存储在库中，基本上更大的单元提供更高级的功能，例如加法器或乘法器，或者甚至更高级的应用特定组件，例如实现通信协议的组件。在物理设计第一步布局中，这些单元器件放置在未占用的表面区域上。在下一个布线步骤中，将设计构成单元器件之间电连接的互连。这两个步骤几乎都是完全自动的，这就是为什么它们被称为版图合成。此处使用适合作为软件程序输入数据的网表。我们将在第 4 章中更详细地研究（数字）版图合成的过程及其应用。

模拟电路的物理设计情况完全不同：如 1.2.2 节所述，到目前为止，大部分设计工作仍由人工完成。具体而言，电路的功能在很大程度上取决于单个器件的设计以及器件之间的物理位置[⊖]。版图工程师必须了解电路及其工作原理，以便对器件的物理设计和布局做出正确的决定。因此，在设计模拟 IC 时，应起草结构描述的电路图。这种电路结构允许设计师更容易地理解电气关系（电路拓扑），从而理解电路实现的功能。

设计物理模拟电路的第一步是实现这些器件。在此步骤中，根据电路图中的电气参数确定每个器件的尺寸，并根据特定案例的其他结构标准进行调整。生成器可用于此任务，这些脚本

———————————
⊖　匹配——一种用于模拟芯片版图的技术在这里起着关键作用。我们将在第 6 章充分讨论这个非常重要的话题。

可以使用各种参数自动生成不同的版图变体。其中一些参数由电路图确定。版图工程师可通过进一步调用自动调整来确定其他参数。

在布局步骤中，这些（模拟）器件被布置在芯片上以便于后续布线。由于任务的复杂性和需要考虑的需求，放置几乎完全由图形编辑器手动执行。自动布线软件在实践中也没有广泛用于后续布线步骤，因为版图布局的某些关键部分通常需要版图设计师的专业知识。我们将在第6 章更深入地探讨模拟电路的物理设计。

对于数字和模拟物理设计，完成的版图存储为图形文件，并用于生成掩模，通常为每层单独的掩模。关于这一主题的更多信息将在第 3 章中给出。

一旦物理设计完成，在接下来的制造过程中将设计用硅制造之前，必须验证其正确性。许多自动验证算法可用于检查物理设计（版图）结果。其中两种算法是强制性的，因为它们验证了芯片开发中的关键质量要求。事实上，如果没有它们，就不可能完美地制造现代高度复杂的IC。首先，通过设计规则检查（DRC）检查版图是否符合指定设计规则的技术约束。该验证技术证实了芯片布局的可制造性。其次，电气验证 [也称为布局与原理图检查（LVS）] 验证了结构描述中包含的规格是否在版图中正确实现。具体而言，LVS 可检查出①器件是否正确电连接；②版图中的器件类型是否正确；③器件是否被正确地参数化。我们将在第 3 和 5 章中研究这些和其他验证工具的操作和使用。

1.3.3　印制电路板的物理设计

在 1.3.2 节我们专注于芯片的物理设计，然后将这些芯片安装在印制电路板（PCB）上并互连以实现最终系统。因此，PCB 的物理设计侧重于用于安装和电子器件电连接的布线基板的设计。与 IC 芯片设计不同，这些器件不是电路技术制造过程的一个组成部分，而是从外部来源独立提供的。

如 1.1.1 节中的图 1.2 所示，PCB 由许多通孔连接的导电层和非导电层组成。这些层以与IC 物理设计类似的方式映射到设计工具中的相应数据结构里。除了用于连接器件的这些层之外，还需要更多的层用于制造，例如阻焊剂和焊膏掩模或放置印记。所有这些层中图形结构的设计被称为"PCB 物理设计"或"PCB 版图设计"。

PCB 版图设计的输入数据由电路图指定。生成 PCB 版图需要以下步骤：

1）指定器件的放置位置。

2）定义电路板的大小和布线层数。

3）指定互连（导线）在布线基板上的位置（布线步骤）并安排通孔位置。

用于在 PCB 上物理连接和电连接器件的所有必要结构统称为封装，有时也称为焊盘图案。封装将焊盘（接触表面）和放置印记描述为多边形；它还包含必要的孔（用于 THD）和通孔。封装存储在封装库中。

为 PCB 创建版图文件是布局过程的第一步。在这里，从电路图中提取器件，并从封装库中加载匹配的封装。然后放置封装，换言之就是确定其在 PCB 上的位置（见图 1.15）。

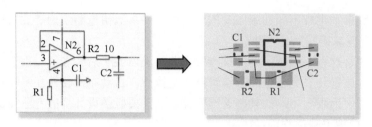

图 1.15　PCB 版图设计过程的第一步：从电路图（左图）中指定器件在 PCB 上的位置

器件之间的电连接（互连）的物理路径尚未确定。它们象征性地显示为"橡皮筋"（见图 1.15 右图）。接下来，布线步骤中定义了互连迹线的形状和位置以及它们所属的层（见图 1.16）。

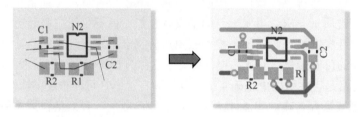

图 1.16　PCB 版图设计过程的第二步：确定互连布线，包括安排通孔位置和层分配

在放置器件和布线步骤之后，则为验证版图设计。具体而言，检查版图是否存在短路 [电气规则检查（ERC）] 以及是否符合正常运行和制造所需的约束条件 [例如，设计规则检查（DRC）]。

然后导出所需的制造数据。与 IC 版图（整个成品布局存储在一个图形文件中）不同，PCB 制造需要不同的文件和格式。制造数据由一组 Gerber 文件组成，这些文件描述了各个层的导体轨迹、阻焊剂和焊膏掩模以及由多边形组成的放置印记。还需要包含 PCB 中所有钻孔直径和坐标的钻孔文件。最后，生成包含器件位置和对齐的"拾取和放置文件"，以便在装配过程中自动放置器件。

1.4　本书的动机和结构

如本章所述，在物理（版图）设计期间，设计组件被实例化为几何表示。换言之，所有电子器件、单元、门、晶体管等都以固定的形状和尺寸、指定的位置（布局）实现，并且具有在金属层中完成的正确的导线连接（布线）。版图设计的结果是一组制造规格，必须在实际制造过程之前进行验证。

物理版图直接影响电路性能、面积、可靠性、功耗和成品率。因此，无论是 IC 还是 PCB，版图设计的质量都会显著影响所得到的电子电路的质量。

持续的微型化导致越来越多的设计问题，这些问题必须由版图设计师来解决，包括不断恶化的寄生干扰和越来越多的技术限制。因此，对有经验的版图设计师的需求持续增长。同时，版图设计中对新方法和新工具的需求也在增加。

本书解决了所有这些挑战。它从一开始就介绍了版图设计的基本知识，从技术约束到可靠性要求。本书分章讲述了版图设计师必须具备的意识，将电路设计过程中产生的结构描述转换为芯片或电路板表面上晶体管、单元、器件和导线的物理版图。

虽然涵盖了版图设计的所有相关方面（数字和模拟、IC 和 PCB 版图），但读者会注意到在某些部分中对模拟版图设计的关注。这是由于在模拟设计中更需要手动工作：在这里，实际版图设计师的专业知识比通常完全自动化的数字设计流程更为重要。尽管如此，本书旨在提供物理设计的基础知识，无论其具体应用如何，因为所有抽象层的基本知识都是相同的。

本章提供了设计电子电路版图所需的技术、任务和方法的基础和介绍。

接下来的第 2 章详细介绍了将硅转化为器件，进而转化为集成电路的工程技术。这个知识对于任何 IC 版图设计师来说都是至关重要的，因为在版图设计期间必须考虑的边界条件直接来自随后应用于制造电子电路的特定半导体技术。该章应使读者对版图所针对的技术有必要的了解。

第 3 章描述了版图设计的数据接口。版图设计师必须意识到这些"通往技术的桥梁"的含义。在该章中，我们首先介绍电路和版图数据结构，如网表、层和多边形。我们还研究了版图设计和目标技术之间存在的特殊联系，如掩模数据、设计规则和库。特别强调布局后处理流程。在这里，我们解释了将 IC 的版图数据转换为掩模数据（IC 制造规格）所需的所有步骤，包括芯片精加工、掩模版图和图形处理过程，以实现图形数据与制造要求的一致性。

在介绍了技术和设计过程与技术的接口方式之后，第 4 章将讨论物理设计。这里介绍了当今最先进的物理设计的流程、约束和策略。我们研究了各种类型的约束、设计模型和风格，并讨论了模拟数字设计的差距。该章还详细介绍了模拟设计的细节，包括其前景。总之，该章提供了任何工程师必须具备的物理设计方法的基本知识。

由于其高度复杂性，物理设计分为几个主要步骤。这些将网表转换为优化版图数据的步骤在第 5 章中逐一讨论。我们首先概述了如何通过在数字设计中使用硬件描述语言或通过在模拟设计中常见的原理图中来生成网表。然后详细介绍了物理设计步骤，如分区、布局规划、布局和布线。

物理设计完成后，必须对版图进行充分验证，以确保正确的电气和逻辑功能。如果物理验证过程中发现一些对芯片产量的影响微不足道的问题，则可以容忍。在其他情况下，必须修改版图，但这些更改必须最小，不应引入新问题。第 5 章也讨论了版图验证的这些选项。我们还涉及可能影响物理设计的布局后处理方法，如分辨率增强技术（RET）。

虽然迄今为止提出的物理设计步骤是通用的，但模拟电路需要额外的版图技术。任何模拟版图设计师都必须充分了解这些模拟设计技术，因此我们在第 6 章中介绍了最常见的模拟器件、单元生成器、对称性和匹配原理。

随着电路的可靠性越来越受到关注，第 7 章总结了与版图设计相关的可靠性方面。我们首先介绍可能导致临时电路故障的可靠性问题。在该章中，我们讨论了硅块、硅表面和互连层中的寄生效应。之后，我们将应对不断增长的挑战，以防止 IC 受到不可逆转的损害。这需要研究过电压事件和迁移过程，如电迁移、热迁移和应力迁移。该章的目的是总结可靠性设计和相关缓解措施的最新技术。电路设计者可以应用该知识来提高所生成版图的可靠性。

参 考 文 献

1. L. Berlin, *The Man Behind the Microchip: Robert Noyce and the Invention of Silicon Valley* (Oxford University Press, 2005), ISBN 978-019516343-8. https://doi.org/10.1093/acprof:oso/9780195163438.001.0001
2. R. Fischbach, J. Lienig, T. Meister, From 3D circuit technologies and data structures to interconnect prediction, in *Proceedings of 2009 International Workshop on System Level Interconnect Prediction (SLIP)* (2009), pp. 77–84. https://doi.org/10.1145/1572471.1572485
3. J. Kilby, Patent No. US3138743: Miniaturized electronic circuits. Patent filed Feb. 6, 1959, published June 23, 1964
4. G.E. Moore, Cramming more components onto integrated circuits. *Electronics* **38**(8), 114–117 (1965). https://doi.org/10.1109/N-SSC.2006.4785860
5. R.N. Noyce, Patent No. US2981877: Semiconductor device and lead structure. Patent filed June 30, 1959, published April 25, 1961
6. https://en.wikipedia.org/wiki/Transistor_count. Accessed 1 Jan 2020

第 2 章

专业知识：从硅到器件

正如我们在第 1 章中看到的，物理设计的目的是产生制造电子电路所需的所有数据。例如，如果我们将此任务与机械产品的设计进行比较，则相当于机械设计工程师的工作。显然，机械工程师需要非常熟悉可以使用的制造技术的选项（或缺陷选项），以产生良好的结果。

因此，我们将在本章中讨论 IC 芯片的制造技术。我们的目标不是全面描述非常复杂、最先进的半导体技术；读者能在文中引用的技术文献中找到关于此主题的详细信息。相反，我们将重点关注主要的工艺步骤，尤其是那些对理解它们如何影响（在某些情况下驱动）IC 版图特别重要的方面。本章中的所有分析都将以硅为基础材料；所获得的原理和理解也可以应用于其他衬底。

在简要介绍了 IC 制造的基本原理（2.1 节）及其使用的基础材料，即硅（2.2 节）之后，我们讨论了 2.3 节中所有结构化工作所采用的光刻工艺。然后我们将在 2.4 节中介绍关于 IC 制造中遇到的典型现象的一些理论开场白。这些现象的知识对于理解我们在 2.5 ~ 2.8 节中介绍的工艺步骤非常有用。我们在 2.9 节分析了一个简单的范例流程并观察现代集成电路中最重要的器件场效应晶体管是如何产生的。为了把主要问题说清楚，我们从版图设计的角度出发，通过讨论相关的物理设计方面，在每节末尾对每个主题进行回顾。

2.1 集成电路制造基础

用于制造集成电路（IC）的半导体材料以薄单晶片的形式制备，即所谓的晶圆（2.2 节）。每个晶圆同时生产表面上排列成行和列的许多 IC。在工艺结束时，单个 IC 被"分割"，这是通过用彼此垂直的垂直切口切割晶圆来实现的。由此产生的 IC 是小矩形板，这就是为什么它们也被称为芯片。根据晶圆尺寸和所需电路，一个晶圆可以生产数百到数万个芯片（见第 1 章中的图 1.6）。

处理晶圆需要许多（通常是几百个）单独的制造步骤，这些步骤是串联执行的。在晶圆制造工厂（简称晶圆厂）中制造可能需要数月时间。这些步骤可分为三类：①掺杂、②沉积和③去除材料。所涉及的工艺通常会重复多次，从而导致数百个步骤。这些工艺可以通过结构化限制在晶圆特定区域。接下来我们将讨论这些工艺。

掺杂。在这个过程中，掺杂剂（受主或施主）被植入晶圆中。这里确定 p 或 n 电导率的范围。掺杂剂通常是"选择性"引入的。换言之，该工艺的执行使得其仅影响晶圆表面的某些部分。我们将在 2.6 节中了解这些工艺。这些工艺的结果是所需的（横向结构化的）掺杂区域和垂直掺杂分布。

沉积。作为工艺的一部分,在晶圆表面上沉积额外的层(例如,二氧化硅、金属)。晶圆表面被称为随着沉积而"生长"。大多数情况下,整个晶圆表面都会受到影响,但局部氧化等例外情况除外(2.5.4 节)。

去除。材料通常通过化学方法刻蚀去除。在许多情况下,通过刻蚀来构造层。如果材料要整个去除,则可以仅通过刻蚀或通过机械活化去除工艺进行刻蚀。前者被称为光亮刻蚀。在后者中,晶圆表面通过所谓的 CMP(化学机械抛光,2.8.3 节)整平。

结构化。当必须选择性地应用上述操作以产生横向结构时,需要结构化。通过该工艺,操作的效果可以被限制在期望的区域。这些操作被称为掩模工艺。这意味着某些区域受到"保护",不受操作的影响。上述内容适用于所有上面三种工艺,即靶向掺杂、选择性沉积和选择性去除材料。掩模的结构通过光刻法产生(2.3 节)。

2.2 硅基材料

硅(Si)被用作绝大多数芯片的基础材料。如本章开头所述,我们在此只介绍这一材料。硅之所以被广泛使用,是因为它具有许多有用的特性:

- 对于大多数电路应用,硅具有 1.1eV⊖ 的理想带隙。该值如此之高,以至于硅中的本征导电直到超过 200℃(392°F)才会触发。因此,它被广泛使用,因为在大多数技术应用中遇到的典型温度低于该温度。另一方面,该值足够低,使得可以使用硅容易地制造具有非常低阈值电压的场效应晶体管。

- 二氧化硅(SiO₂)是一种非常稳定的本征氧化物,具有良好的绝缘性能,易于制造。SiO₂ 用作互连之间的绝缘体以及电容器和场效应晶体管的电介质。

- 硅是一种良好的热导体。这是微型化的一个重要先决条件,在微型化过程中,必须迅速消除微小结构尺寸造成的功率损失,以防止过热(从而防止本征导电或灾难性损坏)。

- 硅可以很容易地生长成大单晶,然后可以切割成晶圆。单晶中的原子以绝对规则性和无断裂的方式排列在各个方向。这是在 IC 制造中使用硅作为基底材料的关键前提条件,否则晶格不规则(晶界和晶格缺陷)可能会导致不必要的电流路径。

硅是一种自然资源,只有在氧化和不纯状态下才能获得,主要是普通的沙子。因此,它首先必须从键合氧中释放出来,并清除杂质。然后它被"生长"成单晶。这是通过熔化硅实现的,保持温度仅略高于其熔融温度 1414℃(2577°F)。然后将一个小的硅单晶放在熔融体的表面上。一旦晶种与熔融体接触,熔融体中的硅原子就会附着在其上。然后这些硅原子稍微冷却,形成与晶种相同的结构。通过使晶种非常缓慢地远离熔融体,这种单晶进一步生长。在该操作期间,也可以通过向熔融体中添加掺杂剂来掺杂硅。

图 2.1 示意性地显示了晶体生长的两种最常见的技术,即捷克拉斯基法⊜ 和区域熔化。在

⊖ 一个电子沿 1V 的电势梯度吸收 1eV 的动能。

⊜ 以波兰科学家 Jan Czochralski 的名字命名,他于 1915 年在研究金属的结晶率时发明了该方法。

捷克拉斯基法中，硅单晶是从硅熔体中抽出的，因此它绕着拉力作用的轴旋转。实际上，硅单晶在垂直拉伸时从底部"生长"出来。相比之下，在区域熔化法中，非常薄的条带多晶棒由环形加热器熔化。在这个操作过程中，原子排列在这条薄带中。加热器和熔化区沿着棒缓慢移动。杆的两个刚性部分绕其轴线以相反方向旋转。因此，得到的单晶实际上是就地生产的。

图 2.1 所示的方法必须在真空或惰性气氛中进行。单晶在这两个过程中形成为圆棒。通过内径锯（IDS）从棒上切下约 1mm 厚的晶圆。这些晶圆作为基底材料被送往晶圆制造厂，用于 IC 制造。典型的晶圆直径在 200～450mm 之间。

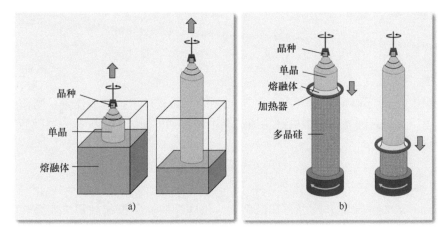

图 2.1　制造高纯度单晶硅的方法：a）捷克拉斯基法，b）无坩埚区域熔化法

2.3　光刻

2.3.1　基础原理

如开头所述，在所有结构化工艺步骤中使用光刻。其目的是将所需结构的二维图像转印到晶圆表面上，以便后续工艺（例如，注入、刻蚀）可以应用于受限区域。

首先在晶圆上涂覆一层薄的辐射敏感膜，称为光刻胶或抗蚀剂。然后将光掩模曝光，在光刻胶上投射所需结构的黑白图像。光刻胶的溶解度随着一种叫作显影剂的特殊液体在暴露于光的区域发生变化。在显影过程中，用这种液体从晶圆上去除光刻胶的可溶区域。光刻胶的不溶部分保留下来。

图 2.2 显示了这一过程，详见 2.3.2 节。所需结构现在存在于光刻胶中。这个结构作为真正晶圆加工步骤的掩模。

掩模可以通过两种方式执行：

· 在某些工艺步骤中，（剩余的）光刻胶本身充当掩模。在这些情况下，掩模被称为抗蚀剂掩模。

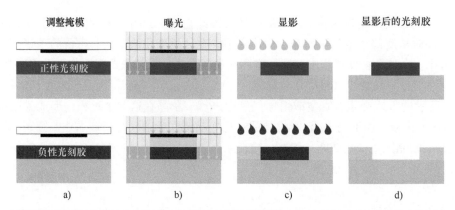

图 2.2　正抗蚀剂光刻示意图（上图），其中去除了暴露区域；负抗蚀剂光刻示意图（下图），其中保留了暴露区域

• 　在其他工艺步骤中，如果（剩余的）光刻胶不能直接承担掩模任务，则需要一个中间步骤。在这里，显影后的光刻胶中的结构通过刻蚀转移到下面的一层。这一层随后充当实际工艺流程中的掩模。

2.3.2　光刻胶

光刻胶通过自旋涂层的方式沉积在晶圆上。液体涂层材料被施加到快速旋转的晶圆的中心。离心力使流体分布在晶圆上。用于设定流体中黏度的溶剂蒸发以产生恒定厚度的层。有时使用的另一种方法是将抗蚀剂喷涂到晶圆上。

光刻胶是辐射反应性聚合物。有正性、负性光刻胶两种。在正性光刻胶的情况下，由于暴露于光导致的分子链的重建和分解，溶解度大大增加。与正性光刻胶的效果相反，在负性光刻胶中，暴露会导致分子链更大的交联，进而大大降低溶解度。光刻胶只能在特定的、严格限定的波长范围内改变其溶解度。

曝光特性（波长、强度、持续时间）、光刻胶特性（层厚度、感光度）和显影剂特性必须精心调整。在正性光刻胶的情况下，暴露区域被去除，而未暴露区域在抗蚀剂显影时保留（见图 2.2 上图）。在负性光刻胶的情况下，暴露区域保留，未暴露区域被去除（见图 2.2 下图）。在每种情况下，剩余的光刻胶用作下一工艺步骤的掩模。

2.3.3　光掩模和曝光

光掩模用于曝光晶圆。光掩模是一块玻璃，在其上，将待加工结构的黑白图像涂在由铬制成的不透明层上。当该光掩模曝光时，在曝光的晶圆上投射阴影以产生所需的图像。曝光有两种类型：直接曝光和投影曝光。

1. 直接曝光

直接曝光时，光掩模放置在晶圆上方并靠近晶圆，或直接接触光刻胶（接触曝光），或靠近光刻胶（接近式曝光）。原理与图 2.2b 所示相似。在这两种情况下，结果都是通过简单的阴影生成 1:1（全比例）的图像。因此，光掩模上的结构尺寸必须与晶圆上的结构相对应（所谓的"1× 光掩模"）。

接触曝光不适合批量生产，因为它可能会导致抗蚀剂和光掩模损坏和污染。接近式曝光的不同之处在于光掩模和抗蚀剂之间没有接触。然而，在接近式曝光中，掩模和抗蚀剂之间的距离不能无限缩短，必须在 10 ~ 40μm 之间，这可能会导致分辨率下降。

如果被成像的结构的尺寸与曝光波长相近，则可能发生显著的衍射现象。因此，直接曝光接近其在该数量级成像的结构尺寸的极限。近距离曝光的极限甚至更大（约 3μm）。因此，在最先进的半导体技术中小于该值的结构尺寸不能通过直接曝光成像。因此，现在不再使用此工艺。

2. 投影曝光

投影曝光是为了克服上述直接曝光问题而开发的。如图 2.3 所示，通过透镜将光掩模上的图案投影到涂有光刻胶的晶圆上。该系统带来两个基本优点：①光掩模和晶圆物理分离；②投影过程中图像可以通过光学减小图像的尺寸，从而提高成像精度。最常用的光掩模是 4×、5× 和 10× 掩模，换句话说，光掩模的成像比为 4∶1、5∶1 和 10∶1。

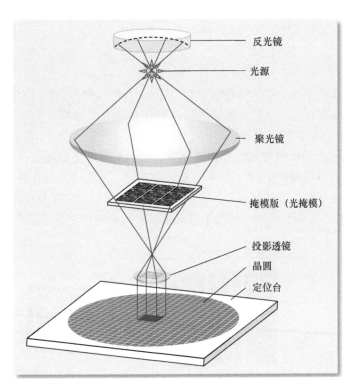

图 2.3　用分步重复技术曝光晶圆。使用掩模版，多次曝光，以覆盖整个图案区域

由于掩模和透镜的尺寸有限，这种方法一步只能曝光晶圆的一小部分 $^{\ominus}$。

因此，光掩模具有用于一个或几个芯片的结构。这些类型的光掩模被称为掩模版。（掩模

───────────

$^{\ominus}$ 为了仅在一个步骤中用 5× 光掩模曝光 200mm 晶圆，掩模直径必须为 1m。这同样适用于所需的光学器件。从技术和商业角度来看，这些尺寸的光掩模和光学器件都是不可行的。

版是一种特殊类型的光掩模，其中只显示了部分最终曝光区域的数据。然而，由于最先进的光掩模很少为整个晶圆设计，因此术语"掩模版"已成为"光掩模"的同义词。）

在所谓的"分步重复技术"中，晶圆在许多单个步骤中被曝光。晶圆在投影光学器件下方的定位台上传输。这种曝光设备被称为晶圆步进曝光机或简称步进曝光机。图2.3显示了步进曝光机的工作原理。

紫外光用于更高的光学分辨率。曝光和光掩模技术正在不断发展以提高成像精度，这些创新已经突破了光刻技术的边界，因此大约10nm的特征尺寸可以用广泛使用的193nm的曝光波长（氟化氩激光）来绘制。当我们谈论具有如此小特征尺寸的芯片时，我们正在进入纳米电子学领域。

除了这些发展，还有其他缩小结构尺寸的方法。通过使用较短波长的紫外光可以进一步提高光学分辨率。由于可用于透镜的材料越来越不透明，因此需要使用波长较短的光进行投影。

除了这种方法之外，还使用了用电子束直接曝光晶圆的系统。然而，这是一个非常耗时的工艺，因为所有结构都是单独"写"在晶圆上的。尽管如此，对于小批量生产来说，这是一种经济的技术，因为不需要生产昂贵的光掩模。

2.3.4 对齐和对准标记

集成器件在一系列相互作用的结构化步骤中逐步构建。这意味着给定层的掩模版（即光掩模）的位置必须始终与已经在晶圆上的结构精确对准。例如，当器件已经实现时，接触孔必须准确地放置在器件的连接区域所在的位置。

在分步重复工艺的每次曝光之前，必须调整晶圆相对于曝光掩模版的位置和姿态。为此，通过光学装置自动检测掩模版上的对准标记（见图2.4）。这些标记是几何图形，例如十字形，其与掩模版上的所有其他几何元素一样，根据实际工艺步骤在晶圆上产生结构。如果由对准标记引起的这些结构可以被光学检测，借助于后续掩模上的对准标记，可以对晶圆位置进行对齐。

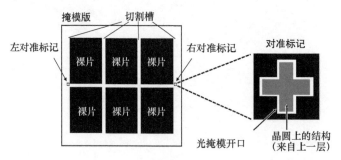

图2.4　六个芯片结构的倍缩掩模版（光掩模）上的对准标记

图2.4右侧的对准标记是光掩模中的一个十字形开口。调整下面的晶圆，使晶圆上的结构（也呈十字形，此处以橙色显示）位于该开口的中间。

然而，有一些结构化步骤，例如离子注入掺杂过程（2.6节），不会留下可靠的光学痕迹，但这不是问题。由于每次调整都会因机械公差而产生偏差，因此应在尽可能多的工艺步骤中使用晶圆上的相同对准标记进行调整，以避免偏差累积。当无法再检测到结构时，使用后续工艺步骤中的对准标记。接下来的步骤将参考此"新的"对准标记。

除了对准标记的正确位置外，对准过程中还必须检查晶圆的正确角度方向。因此，对准标记位于光掩模上相距较远的两个点处，以确保晶圆姿态正确。

由于对准标记不是功能性芯片结构，它们被布局在芯片外部。为了便于（后续）芯片切割，芯片之间的间隙为 50 ~ 100μm。这种间隙被称为"锯切槽""划片通道"或"划片槽"。对准标记位于该间隙空间中（见图 2.4 左图）。

2.3.5 物理设计参考

目前纳米级结构尺寸所达到的小型化程度的代价是需要付出极高的努力来创建源自版图设计的光掩模来进行曝光。现代半导体工艺的光掩模可能非常昂贵。

需要记住的是，一个设计缺陷会使光掩模和晶圆变得一文不值。在出现错误的情况下，财务损失伴随着开发时间的显著延迟。故障排除和新的生产运行很容易需要 6 个月或更长时间。考虑到产品上市的延迟，财务损失更为严重。

这里的关键结论是，IC 芯片的物理设计必须绝对完美！必须尽一切努力发现设计风险，并采取适当和有效的措施来预防它们。在这方面，我们将在第 3 和 5 章中介绍自动验证算法，这是物理设计的关键部分。读者应参考第 6 和 7 章所示的用于确保版图质量的许多其他选项。

2.4 成像误差

正如我们在第 1 章 1.3.2 节中看到的，版图数据决定了光掩模上的结构。到目前为止，在第 2 章中，我们已经讨论了如何通过光刻图像和后续的目标工艺步骤将这些掩模结构转换为晶圆结构。如果我们将在晶圆上和晶圆内创建的结构与原始布局结构进行比较，就会发现不同类型的偏差。接下来，我们将讨论这些不可避免的偏差，并研究如何在版图设计中处理它们。

成像误差有三类：①套刻误差、②衍射效应和③边缘偏移。套刻误差和衍射效应发生在曝光期间，而边缘偏移发生在后序的结构工艺步骤中。尽管我们在随后的 2.5 ~ 2.8 节中详细介绍了这些工艺步骤，但首先在这里介绍这些成像误差。

2.4.1 套刻误差

由于对准期间可能出现的机械公差和测量不准确性，晶圆和光掩模（掩模版）不能相对于曝光装置以绝对精确定位。结果是，在曝光期间，根据版图模板，光掩模上的结构没有精确地映射到晶圆。

图 2.5 以夸张的形式描述了可能的暴露故障，其中我们说明了在所需位置可能发生的位移和旋转。晶圆和光掩模沿着光轴移动以调整聚焦深度。如果在聚焦步骤期间改变掩模、透镜和晶圆之间的距离，各层将相对于彼此缩放。如果光掩模相对于光轴倾斜，透视图将失真。

造成套刻误差的另一个原因是，像所有材料一样，晶圆和光掩模在加热时都会膨胀。如果在不同的温度下进行晶圆曝光，晶圆上结构之间的间距将改变。结果是位移（见图2.5a），其程度取决于它们在曝光晶圆上的位置。为了尽量减少这种影响，在整个生产过程中，曝光温度应尽可能保持恒定。

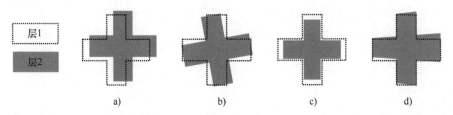

图2.5　两层之间可能的套刻误差：a）位移，b）旋转，c）缩放，d）透视失真

由于不可能始终保持这些温度恒定，所以温度产生的套刻误差无法完全消除。有时，晶圆在工艺的高温步骤中不可逆地变形。这些变形发生的程度因晶圆而异。这种效应会导致位移和缩放（见图2.5a、c）。

这些套刻误差的类型和程度无法预测。它们的影响是累积的，只能通过专注于特定器件和制造工艺的努力限制在特定范围内。显然，半导体工艺中的最大允许套刻误差不应超过最小特征尺寸。通常应远小于此值。

让我们看一个典型的套刻误差，以说明版图如何受到影响。在芯片制造中，触点必须始终用金属完全覆盖，以确保正确的电连接。由于触点和金属互连版图由不同的光掩模构成，因此当出现套刻误差时，也必须满足全覆盖的"设计规则"。

版图设计中如何处理套刻误差如图2.6所示。为创建版图，指定了一个外壳设计规则，该规则规定"接触"层中的所有结构都由"金属"层的结构覆盖，并且它们在所有边上以最小值重叠。该最小值与最大允许套刻误差相同，即当叠加所有套刻误差时，在最坏情况下可能出现的偏差。该设计规则适用于图2.6中间的版图结构。图2.6右侧显示了制造过程中可能遇到的情况。这里，为了清楚起见，假定的套刻误差被夸大了。

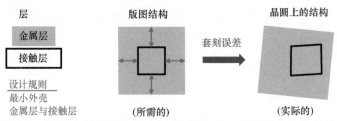

图2.6　处理物理设计中不可避免的套刻误差。在任何情况下，接触孔必须完全被金属覆盖；这需要在金属层和接触层之间有一个足够大的"最小外壳"的设计规则，考虑到可能的移动、旋转、缩放和透视失真

2.4.2　边缘偏移

某些技术层中会出现一些影响，这些影响会导致已加工晶圆上的图形元素相对于版图中的

相关图形元素放大或缩小。（请注意，我们不是在讨论成倍缩放，其中元素的尺寸会因"缩放"而发生一定的变化。）这些放大 / 缩小效果的变化是相加的：结构的边界线会向外偏移（正偏移）或向内偏移（负偏移）特定值。由于版图中的单个结构通常被建模为多边形（以边缘条为界的几何元素），我们将这类成像误差称为边缘偏移。

图 2.7 显示了工艺步骤的一个简单示例，其中出现了负边缘偏移。晶圆上的结构随着掩模版上的元素而缩小（右图中红色箭头所示）。

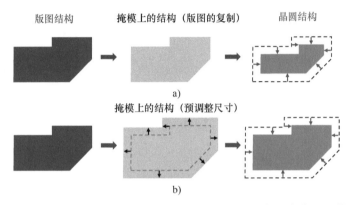

版图结构　　　掩模上的结构（版图的复制）　　　晶圆结构

掩模上的结构（预调整尺寸）

a)

b)

图 2.7　晶圆工艺中边缘向内移动：a）没有预调整尺寸；b）有预调整尺寸

这些边缘偏移的大小是特定于层的，它们为每个半导体工艺定义。因此，在创建光掩模几何图形时，可以通过预先调整尺寸来补偿这种影响。具体而言，在版图掩模制备过程（第 3 章 3.3.4 节）中自动修改准备好的版图数据，该过程是布局后处理（第 3 章 3.3 节）的一部分。

例如，如果在该过程中发生 k 值的边缘偏移，则在将这些新数据传输到光掩模之前，版图几何图形的边缘偏移 k 值。该操作如图 2.7b 所示。

2.4.3　衍射效应

由于光的波动特性，衍射现象发生在光掩模上铬层的结构边缘，这限制了光刻的光学分辨率。特征尺寸越小（对于恒定曝光波长），衍射效应对成像精度的影响越大。我们在图 2.8 中用 L 形版图结构展示了这些效果。

在顶行中，版图元素原封不动地转移到光掩模（灰色）。显然，当特征尺寸缩小（在图中从左向右移动）时，光刻胶（蓝色）暴露区域的形状与光掩模开口的形状偏差较大，因此与期望的形状偏差较大。

只要光线的波长大于特征尺寸，角落处的小圆角可以忽略不计（见图 2.8 的顶部左图）⊖。然而，一旦特征尺寸与波长的比例低于 1（所谓的亚波长光刻），就会发生显著的线端缩短。拐角圆角也明显增加（见图 2.8 的顶部中图和右图）。

这些衍射效应可以通过在曝光不足的地方稍微放大光掩模开口，在曝光过度的地方稍微缩

⊖　这些圆角有一个正的电效应，因为外角处局域场强增加被覆盖。这同样适用于弯曲互连线内半径处电流密度的增加。

小来校正。该过程是先发制人措施的例子，被称为光学邻近校正（OPC）。

　　只要衍射效应的数量级与图中所示的数量级相同，就可以根据结构形状用简单规则定义这些校正措施。如果线宽与特征尺寸大致相同，则所谓的"锤头"附在"细线"末端。方形元素，即所谓的"衬线"，被添加到外角（这意味着更少的光线），或从内角"穿孔"（意味着更少的光线，因此也称为"慢跑"）。这些措施被称为基于规则的OPC，如图2.8底部中图所示。此外，由许多平行线的干扰引起的线宽变化可以通过基于规则的OPC（图2.8中未显示）进行校正。

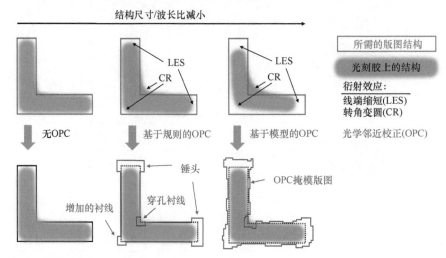

图 2.8　光刻中的衍射效应（顶行）和使用光学邻近校正（OPC，底行）的可能校正措施。成像误差随着特征尺寸与光学波长之比的减小而增加（从左到右）

　　如果特征尺寸相对于光的波长进一步缩小，成像误差的程度会增加（见图2.8顶部右图）。在这种情况下，基于规则的OPC不是解决方案，因为曝光结果现在越来越受到周围特征的影响。然后，必须单独计算所有结构的光掩模修正值。这里使用的算法基于描述波-光学效应的模型。这种基于模型的OPC的结果如图2.8底部右图所示。

2.4.4　物理设计参考

　　有两种类型的成像误差：确定成像误差和随机成像误差。前者可以提前预测，后者则不能。因此，它们以不同的方式处理，并对版图设计过程产生不同的影响。

1. 确定成像误差

　　边缘偏移和衍射效应是确定成像误差的例子，因为它们的类型和范围是预先知道的。因此，如上所述，我们可以在这些情况下采取预防性纠正措施。特别地，当版图设计完成并且在光掩模产生之前，在自动布局后处理步骤中以图形方式改变版图数据。所涉及的修改包括：①边缘偏移以补偿技术中发生的边缘偏移，以及②OPC措施，这两种措施都是在版图到掩模制备过程中执行的（第3章3.3.4节）。

　　这些校正措施的目的是更新版图中的图形元素，以便生成的结构在晶圆上按应有的方式显示。这种策略避免了版图设计中不必要的复杂性。一方面，它节省了劳动力，因为版图设计师不必执行这些调整任务。另一方面，版图更容易"阅读"，这也节省了时间和金钱，而且还有助于提高版图结果的质量。

不过，这里要提醒一句。并非半导体工艺中发生的所有边缘偏移都能通过先发制人的操作来处理和抵消。有些版图特征看起来与晶圆上创建的特征不同。我们将在本书后面章节提及这些问题。

由于版图模式的高度复杂性，基于模型的 OPC 计算非常消耗 CPU 资源。所需的计算开销可能非常大，因此建议在项目计划中为此任务分配必要的计算机时间。幸运的是，这些计算不相互依赖，可以并行运行，从而加快了过程。

正如我们所看到的，技术上可实现的最小特征尺寸是用于光刻的辐射的波 - 光特性的结果。即使这种边界可以通过许多技术措施进一步减小，对于给定的过程，总是会有一个精度边界。该技术约束通过指定设计规则在版图设计中实现，该设计规则规定了层内特征的特定最小尺寸。这些最小尺寸适用于①几何元素的宽度，以确保它们可以曝光（即晶圆上的特征不会"消失"），以及②两个相邻几何元素之间的间距，以便它们可以安全地分离（即晶圆上的特征不"合并"）。这些设计规则分别称为最小宽度规则和最小间距规则（第 3 章 3.4 节和第 5 章 5.4.5 节）。

2. 随机成像误差

套刻误差是随机缺陷，换句话说，它们无法准确预测。如上所述，通过遵守器件和工艺规程的公差，只能确保所有偏差的总和不超过规定的限值。物理设计中应考虑的其他关键设计规则是从最大允许套刻误差中得出的。

套刻误差规则描述了特定的最小尺寸，参考不同层上的特征。对于以下情况，规则规定了最小值。

1）对于两个重叠的几何元素（以确保特征也在晶圆上重叠）。

2）对于一个几何元素被另一个包围的情况（以使一个结构覆盖晶圆上的另一个结构，见图 2.6）。

3）对于两个几何元素之间的间距（以确保晶圆上的特征之间有间隙，或至少它们之间没有接触）。

这些各自的设计规则被称为①扩展和侵入规则、②外壳规则和③间距规则（第 3 章 3.4.2 节和第 5 章 5.4.5 节）。

2.5　氧化物层的涂覆和结构化

硅相对于其他半导体的一大优势是它形成了一种非常稳定的本征氧化物：二氧化硅（SiO_2）。为了简单起见，二氧化硅在下文中通常称为"氧化物"，具有许多有益的性质。

氧化物是一种优良的电绝缘体，它作为电容应用的电介质。它在机械上是稳定的，因此适合于坚固的层结构。从工艺的角度来看，它很容易制作，并且可以作为许多工艺步骤的掩模层，正如我们将看到的那样。它也是透明的。这是制造中的一个有用因素，因为可以在氧化物下方检测到对准特征。这也实现了许多应用，例如 LED（硅可以发光）、太阳能电池和光电二极管（光可以从外部穿透硅）。

不同的工艺可用于产生和结构化氧化物层。我们现在将对此进行研究。

2.5.1　热氧化

热氧化用于在晶圆表面与硅形成氧化物。一旦氧化物层形成，只有当氧原子扩散通过它，直到到达下面的硅时，它才能继续生长。因此，随着氧化物层的厚度增加，氧化物生长的速度降低。分析表明，氧化物从原始硅表面向硅内生长约44%（这与所用硅的量相同），向外生长约56%（见图2.9）。

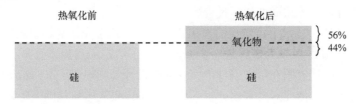

图2.9　从硅（Si）到二氧化硅（SiO_2）的热氧化

有两种不同的热氧化工艺：干法氧化和湿法氧化。

1. 干法氧化

晶圆在氧化炉中加热，并暴露于 1000 ~ 1200℃（约 2000°F）的纯氧（O_2）中。根据公式 $Si + O_2 \rightarrow SiO_2$，氧化物生长非常缓慢，并产生具有很少空位缺陷的优质氧化物。该工艺用于场效应晶体管中的极薄栅氧化物（GOX）和电容器中的电介质（见第6章）。

2. 湿法氧化

在这个工艺中，氧气首先流过沸水。因此，晶圆也暴露在蒸汽中。反应按照式 $Si + 2H_2O \longrightarrow SiO_2 + 2H_2$ 进行，在 950 ~ 1000℃（约1800°F）温度下，比干法氧化快得多。但是，它更难控制，并产生较低质量的氧化物。因此，湿法氧化更广泛地用于产生场氧化物（FOX）。这是直接在硅上形成的第一个厚氧化物层。它用于使区域彼此横向绝缘。在旧工艺中，场氧化物仅在硅中没有器件的地方产生。这些"非活动"区域也被称为"场"区域，这是该名称的由来。

2.5.2　沉积氧化

在刚刚讨论的热氧化中，硅从晶圆表面获得并"消耗"。然而，如果硅表面被其他层覆盖，则必须沉积额外氧化物层的氧化物。必须从外部以及氧气中添加硅。有许多不同的沉积方法可用，其讨论超出了本书的范围。这种类型的氧化被用于将金属化层彼此电隔离。

2.5.3　刻蚀氧化结构

刻蚀是一种化学去除材料的工艺，在芯片制造中，通常会对不同的材料重复进行刻蚀。重要的是，去除材料的刻蚀剂必须有选择地与该物质一起使用，也就是说，这样它们就不会刻蚀掉其他物质（或者至少只是非常轻微地）。

图2.10说明了现有氧化物层是如何通过刻蚀形成的。不受刻蚀影响的光刻胶通过掩模曝光显影。可以使用两种不同类型的刻蚀：湿法刻蚀和干法刻蚀。

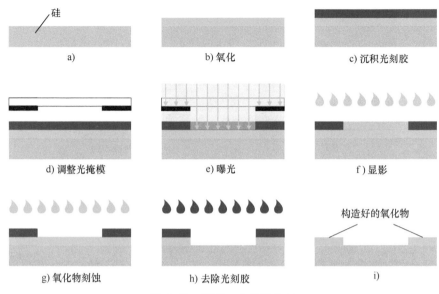

a)

b) 氧化

c) 沉积光刻胶

d) 调整光掩模

e) 曝光

f) 显影

g) 氧化物刻蚀

h) 去除光刻胶

i)

硅

构造好的氧化物

图 2.10 构建一个氧化物层

1. 湿法刻蚀

在湿法刻蚀中，氧化物被流体化学刻蚀剂溶解并去除。这是一种简单且常用的方法，刻蚀速度快，而且可以进行微调 ⊖。湿法刻蚀的缺点是刻蚀是各向同性的，即它在所有方向上都起作用。这导致在光刻胶下面不需要的横向刻蚀。

这些所谓的钻刻意味着氧化物开口总是大于光刻胶中的开口。这会导致边缘偏移（见图 2.11 左图）。钻刻具有比垂直刻蚀略低的刻蚀速率，因为刻蚀剂不能在光刻胶下很容易地循环，因此更高度饱和。横向钻刻的典型值为刻蚀深度的 80%。

由于这种钻刻效应，湿法刻蚀不再适用于高级工艺中的典型特征尺寸成像。因此，湿法刻蚀仅用于溶解和去除整个层的这些工艺中。

2. 干法刻蚀

反应离子刻蚀（RIE）是一种重要的干法刻蚀技术。大体上，刻蚀剂被电离并作为气体等离子体施加。离子通过交变电场进行振荡运动。电场垂直于晶圆表面。化学活性离子沿此方向振荡，并仅垂直侵蚀物质。该过程中没有边缘偏移，这是 RIE 的主要优势（见图 2.11 右图）。

该工艺中的刻蚀效应是物理效应（待刻蚀材料被特定方向上的粒子轰击）和化学效应（即刻蚀）的组合。RIE 工艺可以产生非常精细的结构。此外，所形成的沟槽可能比其宽度深得多。

3. 氧化台阶

如果在氧化和目标刻蚀后未去除残留氧化物，则会产生一个氧化台阶（或简单地称为"台阶"），并不会在后续工艺中消失。术语"台阶"是指芯片表面产生的小台阶状隆起，不应与作为工艺一部分执行的"步骤"（即阶段）混淆。氧化台阶的形成如图 2.12 所示。

⊖ 刻蚀速率 R 为单位时间 t 内被刻蚀材料的厚度 T，即 $R = T/t$。

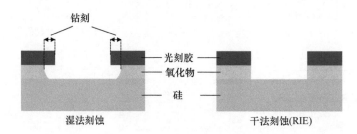

图 2.11 湿法刻蚀和干法刻蚀（RIE）的比较

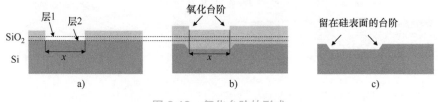

图 2.12 氧化台阶的形式

图 2.12a 显示了场氧化物（第一厚氧化物层）结构化刻蚀后的状态。在热产生该氧化物层之前，硅表面的高度为层 1。如果进行另一次热氧化，则从层 2 开始的开口中的氧化物生长更快，从而降低台阶的高度。然而，由于周围的氧化物层具有"起始点"，因此表面将保留一个台阶（见图 2.12b）。

下面也会形成一个台阶，随着时间的推移，该台阶的高度会增加，因为氧化物在更低的层 2 开口处开始生长。因此，如果晶圆被亮场刻蚀，则台阶最终会留在晶圆表面，从而去除整个氧化物（见图 2.12c）。

如上所述，如果热氧化仅跟着结构化，并重复多次，将在晶圆表面上产生进一步的氧化台阶。因此，晶圆表面将变得更加不平坦。这种不规则的表面使得在光刻中曝光期间更难精确聚焦，这反过来又降低了晶圆上光掩模结构的成像能力。这种效应阻碍了工艺技术向更小特征尺寸的发展，最终意味着在尖端技术节点中结构化后不能使用多次热氧化。

2.5.4 局部氧化

为了改进上述氧化台阶问题，开发了局部氧化法 [LOCOS（硅的局部氧化）] 来产生场氧化物。在局部氧化中，场氧化物不是通过掩模刻蚀形成的，而是仅允许氧化物层在需要场氧化物的区域中生长。实质上，材料沉积过程是被掩模，而不是材料去除的过程。具体而言，应保护场氧化物中开口的区域不受氧化。氮化硅（Si_3Ni_4）用作保护层。

流程如图 2.13 所示。由于氮化硅（简称"氮化物"）对硅的粘附性很差，因此首先以热方式产生薄的氧化物层，即衬底氧化物，作为粘合剂。然后在该衬底氧化物层上施加氮化物层（见图 2.13a）。

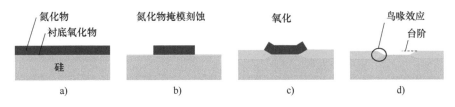

图 2.13 硅的局部氧化

随后用光刻结构化光刻胶后刻蚀氮化物掩模（图 2.13b 显示了该刻蚀的结果）。场氧化物生长的区域现在是裸露的。假设热氧化是各向同性的，场氧化物也在水平方向的氮化物边界处生长。它在氮化物下方推动，使其边缘升高（见图 2.13c）。当氧化物在氮化物下方横向扩散时，氧化物层的横截面呈锥形。最后，氮化物层被化学溶解。残余的场氧化物在其边界处达到峰值，也被称为鸟喙效应（见图 2.13d）。因此，剩余的氧化台阶（见图 2.13d）仅为当通过刻蚀结构时台阶的一半高（见图 2.12a）。

对 LOCOS 技术的不同扩展也被开发出来，以避免这种（小的）氧化台阶。图 2.14 显示了这种扩展背后原理的理想化表示。这里的基本思想是首先降低要氧化的硅表面的高度，以便在热氧化后再次达到原始高度（见图 2.14c）。此处所需的下降高度等于所需氧化物厚度的 56%（见图 2.14b）。高度可以通过两种方式降低：①硅被氮化物层掩盖并被刻蚀，或②如图 2.12所示，通过局部氧化两次形成氧化台阶。在后一种方法中，第一次氧化物层在期望的高度处留下台阶，之后该层已经通过光亮刻蚀被完全去除。然后通过第二次氧化获得所需的氧化物层。

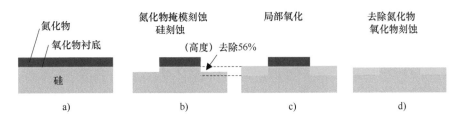

图 2.14 LOCOS 过程扩展的示意图表示（理想化）

与刻蚀热氧化（2.5.3 节）相比，此处描述的局部氧化有许多优点：

- 氧化物开口内不消耗硅。
- LOCOS 方法产生的氧化台阶只有热氧化（由刻蚀构造）产生的氧化台阶的约一半高。
- 氧化台阶倾斜且不陡峭。这具有的优点是，在场氧化物（多晶硅、金属）的边缘上突出的层更好地覆盖边缘。
- 氧化物的高度可以通过 LOCOS 扩展来降低，以产生一个几乎平坦的表面。

2.5.5 物理设计参考

前面的章节已经描述了影响芯片表面上构建的氧化物结构的几个因素。接下来我们将探讨如何在物理设计过程中处理它们。

1. 边缘偏移

如果场氧化物采用湿法刻蚀结构，则会发生钻刻，导致氧化物开口大于掩模结构（见图 2.11 左图）。

如果场氧化物是由局部氧化产生的，则会出现鸟喙效应（见图 2.13d），这会导致氧化物开口小于掩模结构。

这两种影响都是确定性的，即钻刻的程度和鸟喙的长度可以确定。因此，当生成掩模时，可以通过在后处理中的适当的先发制人校正来考虑所产生的边缘偏移。考虑到处理这些问题的实践在不同的半导体工艺之间有所不同，版图中的场氧化物开口可能与芯片上的真实形貌相对应，也可能不与之相对应。我们建议读者参考半导体工艺的文档 [称为工艺设计工具包（PDK）]，以获取有关此问题的指导。

通孔接触（即接触和通孔）在当今的工艺中是完全干法刻蚀的，即没有边缘偏移。在传统工艺中湿法刻蚀通孔接触时产生的边缘偏移通常通过布局后工艺中的预定尺寸来补偿。因此，通孔接触总是显示版图中所有半导体工艺的真实尺寸。

2. 氧化台阶与通孔接触

无论刻蚀工艺如何，当刻蚀通孔接触时，总是会产生氧化台阶。这在现代工艺中金属层的制造中造成了严重的问题，仍有有效的应对措施。当处理金属涂层时，我们将在 2.8 节中更详细地讨论这些问题。

2.6　掺杂

2.6.1　背景

各种掺杂的半导体区域是所有半导体器件的基础。通过掺杂，① 5 价杂质（"施主"）或 ② 3 价杂质（"受主"）被引入到半导体晶体中，以通过①多余的电子或②多余的缺陷电子（所谓空穴）来增加晶体的导电性。硅主要掺杂磷、砷和锑作为 n 型掺杂的施主，硼作为 p 型掺杂的受主。我们已经在第 1 章 1.1.3 节中讨论了物理基础。图 2.15 再次显示了这一点。

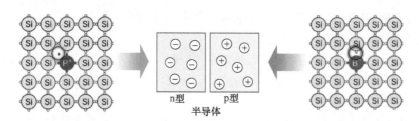

图 2.15　通过引入 5 价的施主（磷，左图）产生自由电子（左图）或引入 3 价的受主（硼，右图）在硅中产生空穴（右图），产生各种掺杂的半导体区域。请注意，尽管它们被命名为 n 型或 p 型半导体，但正负电荷的总数在这两个区域仍然保持平衡。由于载流子浓度增加，掺杂增加导致半导体（Si）的导电性增加

掺杂可以①通过在晶圆制造期间注入外部原子，②通过在晶圆上生长硅时注入外部原子（外延），以及③通过从外部源在晶圆表面注入外部原子而发生。我们将研究最后一种情况③，即通过晶圆表面掺杂，这可以通过三种技术实现：合金化、扩散和离子注入。我们将只关注后两种技术。

2.6.2　扩散

一般术语"扩散"描述了物质由于浓度梯度而自行扩散的过程。硅晶体是固定的原子晶格。为了使这种晶体通过扩散进行掺杂，硅原子和外来物质的原子必须受到热激发，使它们能够在晶格内移动。为了实现这一点，在扩散炉中将晶圆加热至约 1200℃（2190°F）。通过载体气体提供的掺杂剂扩散到晶圆表面，因为晶圆中的掺杂剂浓度比气体中的低得多。

每当掺杂剂原子到达规则的晶格位置时，它作为施主或受主是电有效的。这可以通过两种方式发生：要么占据一个空的晶格位置，要么取代其晶格位置上的硅原子。

结构化氧化物层用作特定扩散的掩模。掺杂剂不能通过氧化物，氧化物也耐高温。掺杂剂仅可通过氧化物开口穿透进入的晶圆区域（见图 2.16 左图）。硅中掺杂剂的浓度梯度呈"恒定源扩散"的特征，如图 2.16 右图所示。由于载体气体，硅表面的浓度为 $C(z=0)$，并且在扩散炉中随着时间的推移保持在恒定水平。随着时间的流逝，所有区域的浓度都会升高，而随着深度 z 的增加，浓度会降低。

由于掺杂剂通常在所有方向上扩散（这称为各向同性扩散），杂质原子也在掩模氧化物下方侧向移动（见图 2.16 左图）。这种效应称为外扩散。结果是边缘偏移，掺杂区域的横向扩展总是大于相应的氧化物开口。

正如我们所看到的，热氧化"消耗"了表面的硅。在氧化之前掺杂步骤的区域中，一些掺杂区域再次丢失。这种损失总是发生在硅的表面，通常具有最大的掺杂浓度（见图 2.16 右图）。

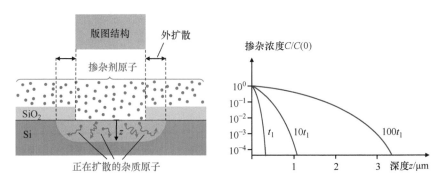

图 2.16　通过扩散进行硅掺杂。版图结构（左图上）、扩散区截面图（左图下）、三个不同时间的"恒定源扩散"掺杂分布图（右图）

如果希望用不同的掩模（每个都通过扩散）进行一系列的掺杂过程，则上述损失变得至关重要，因为硅随后被掩模所需的重复氧化重复消耗。在表面也会形成更多的台阶（2.5.3 节，"氧化台阶"）。离子注入是为了克服扩散引起的这些掺杂问题而开发的，下文将对此进行介绍。

2.6.3　离子注入

在这种方法中，电离的掺杂剂粒子在电场中被加速到高速，并被投掷到晶圆上。该技术的原理如图 2.17 所示。

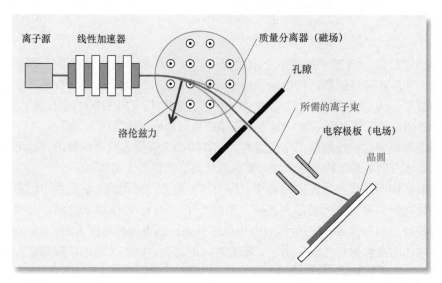

图 2.17　离子注入系统的原理图解

必须首先从离子源发射的粒子中选择所需的离子类型。粒子被与离子束垂直的磁场选择。（带正电的）离子在洛伦兹力作用下进入圆形轨道，其半径是粒子质量的函数。所有不需要的粒子都被一个简单的孔径隔板阻挡，只允许所需类型的离子通过。产生的离子束由电场控制并"写入"到晶圆上。

离子的动能使它们像弹丸一样穿透晶圆表面（见图 2.18a）。与硅原子的碰撞使它们减速。通过加速电压可以非常精确地调整穿透深度。整个操作在室温下进行。因此，显影的光刻胶可以用作选择性掺杂的直接掩模。这种情况下的掩模称为抗蚀剂掩模。

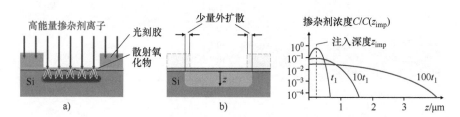

图 2.18　通过离子注入掺杂（未显示先前的光刻）；a）注入被显影的光刻胶掩模的电离掺杂剂；b）在去除光刻胶和晶体愈合之后。右图显示了三个不同时间点的"恒定源扩散"掺杂分布

通过硅原子的规则排列在晶格中形成沟道。如果掺杂剂离子沿着这些沟道的方向正好在原子核之间流动，那么它们只会稍微减慢，并且可以沿着这些沟道比预期更深地渗透到衬底中。

有两种方法可以防止这种所谓的沟道效应：

• 晶圆相对于离子束倾斜适当的角度，以使离子不能进入晶格通道。这种方法的缺点是在光刻胶的边缘下方有较低的不对称掺杂浓度。

• 在晶圆表面施加薄氧化物，使离子偏转，从而防止离子以平行流到达。这种散射效应如图 2.18a 所示。

表面上的晶格结构受到粒子轰击的轻微破坏。因此，去除光刻胶后，必须在 800 ~ 1000℃（约 1650°F，图 2.18b）的温度步骤中对硅晶体进行退火。通过这种所谓的回火工艺，从晶格位置敲击出来的硅原子和杂质原子再次嵌入晶格中。只有在这一点上，掺杂剂才被电激活。在此过程中发生扩散，也会导致外扩散。由于这是一个快速的步骤，因此只发生非常轻微的边缘偏移。这如图 2.18b 所示，其中用虚线标出了被移除的光刻胶的位置。

如果我们想将掺杂扩展到更大的深度，这必须通过扩散来实现。然而，这将再次导致外扩散，从而导致边缘偏移。在这种情况下，扩散源限于注入掺杂剂的量。只有这些原子才能扩散；不添加新的原子。掺杂分布源自所谓的"恒定源扩散"特性（见图 2.18 右图）。虽然在扩散过程中掺杂剂浓度在表面附近降低（这是由原子从表面扩散引起的），但在更深的区域中掺杂剂的浓度增加。

与扩散掺杂（2.6.2 节）不同，许多晶圆在扩散炉中同时处理，每个晶圆必须在我们这里描述的注入方法中单独处理。此外，注入需要比扩散炉大得多的制造设备；后者也比前者贵得多。尽管如此，只有通过注入的技术优势，特征尺寸的大小才能并仍然能减小。因此，在尖端半导体工艺中晶圆几乎完全通过注入来掺杂。注入的额外成本通过表面积的增加而得到了成倍的补偿。我们再次简要总结了离子注入掺杂的技术优势：

• 使用抗蚀剂掩模进行掩模。因此避免了用结构化氧化物掩模的两个问题，也就是说，没有氧化台阶，并且硅表面附近的区域，即掺杂最严重的区域，没有丢失。

• 离子注入掺杂更准确（约 ±5%）。

• 仅发生轻微的外扩散。唯一的例外是通过后续扩散达到更大深度的掺杂。

• 可以避免现有杂质的后扩散（由多重基于扩散的掺杂过程引起）。因此，更多的自由度可用于配置掺杂分布。

2.6.4 物理设计参考

1.边缘偏移

由外扩散引起的掺杂区域的侧向扩展总是大于掩模（氧化物开口或抗蚀剂开口）。因此，我们得到了边缘偏移。边缘偏移的大小取决于扩散过程的温度和持续时间以及掺杂剂扩散的趋势。为此，可以为半导体工艺中的每个扩散过程指定一个特征值，通常在扩散深度的 70% ~ 80% 之间。这使得可以通过适当的预调整操作来补偿边缘偏移。

这种预定尺寸通常不适用于定义掺杂区域的层。因此，这些所谓的掺杂层[⊖] 不显示在版图

⊖ 定义掺杂区域的层历来被学术界和工业界称为"扩散层"，即使衬底是通过注入掺杂的。我们希望通过将这些层称为"掺杂层"来消除本书中的这个具有欺骗性的术语。

中产生的掺杂区域的横向扩展，而是显示掺杂掩模。因此，在创建和"阅读"一个版图时，如果存在外扩散，则必须始终"在心里添加"一个扩展。

正如我们所看到的，通过用各向异性工艺（如干法刻蚀和注入）代替各向同性工艺（如湿法刻蚀和扩散），以减少边缘偏移或完全避免边缘偏移，半导体技术已经实现了向越来越小的特征尺寸的进步。

2. 间距规则

让我们回到外扩散现象，它在版图中不直接可见。外扩散也可能是定义的间距（在设计规则中）比预期从特征尺寸（在一层的情况下）或从工艺的最大覆盖值（在两层的情况下）定义间距更好的原因。这是由于设计规则需要考虑扩散。

此外，由于电气原因，掺杂区域还必须具有扩展的间距要求，例如避免短路。智能电源工艺就是一个很好的例子。对于纯逻辑电路，它们具有比 CMOS 工艺高得多的电强度。因此，设计规则规定的掺杂区域之间的间距值通常由电气要求而非制造相关考虑因素决定。我们将在第6 章 6.2 节中更详细地讨论这个主题。

3. 扩散和离子注入产生的垂直 p-n 跃迁

正如我们所看到的，扩散和注入总是产生非均匀掺杂。这里，随着深度的增加，掺杂剂浓度（大大）降低，如图 2.16 和图 2.18 中的浓度曲线所示（注意对数刻度）。这有几个重要的结果，我们现在想进一步研究。

不同类型的掺杂在截面图中用颜色、阴影或影线表示。这些不同的掺杂区域在图中总是均匀的，它们给人一种均匀掺杂的印象。然而，由于前面提到的浓度梯度，情况并非如此。截面图中显示的是所指示的掺杂类型占主导地位的区域；这些区域通常还包含其他类型的掺杂。区域边界是占主导地位掺杂发生变化的地方。在两个相邻的 p 和 n 掺杂区域的情况下，绘制的区域边界表示 p-n 跃迁。受主和施主的浓度在这些边界上是平衡的。这些转变不是突然的，而是无缝的。

图 2.19 显示了一个具有四个不同掺杂区域的例子，其中我们以蓝色表示 n 型电导率，以红色表示 p 型电导率。（我们在本书中遵循这一颜色惯例。）本示例中有三个 p-n 跃迁。我们用浅色表示低掺杂浓度区域，用深色表示高掺杂浓度区域。导电类型"n"和"p"上标（"+"）和（"-"）表示掺杂剂浓度特别强（"+"）或弱（"-"）——这也是技术文献中遵循的惯例。图 2.19 右图中的浓度曲线说明了 n 型和 p 型电导率之间的连续转变。p^- 类型浓度曲线是恒定的，因为晶圆事先被均匀地掺杂。

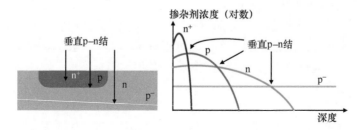

图 2.19　由多个选择性掺杂步骤产生的垂直 p-n 跃迁，其多数掺杂剂浓度不是突然变化，而是连续变化

需要注意的是，图 2.19 中的浓度曲线也告诉了我们一些其他信息。每当晶圆被掺杂时，越来越多的掺杂剂不可逆地累积。这是一个不可逆转的过程。垂直 p-n 跃迁只能通过掺杂区域的靶向再掺杂（即扩散或注入）产生。这里，必须通过新的掺杂来过度补偿当前浓度，使得互补掺杂剂成为多数掺杂剂。

例如，将 n 型区域变为 p 型区域的"可靠"再掺杂需要明显大于施主浓度的受主浓度。因此，经过多次再掺杂的区域总是重掺杂的。

2.7　硅层的生长和结构化

硅层可以通过不同的沉积方法在晶圆表面上生长。这个过程叫作外延。新生长的硅层的原子晶体结构由晶圆表面的组成决定。外延有两种类型：同质外延和异质外延。同质外延是一种在相同材料的衬底上生长晶膜，从而延续衬底的晶格结构的外延（2.7.1 节），而异质外延是用不同于衬底材料的材料进行的（2.7.2 节）。

2.7.1　同质外延

1. 层生长

如果新的硅原子沉积在单晶硅表面上，它们采用衬底中硅的原子结构。因此，现有的单晶结构在新的层中传播。这一过程称为同质外延。

在半导体术语中，这一过程通常简称为外延。当有人谈论"外延"时，他们几乎总是指同质外延，即生长单晶层。

外延生长的层可以通过注入杂质原子进行各种掺杂，因此它们的掺杂可能不同于基材的掺杂。因此，清晰定义的垂直 p-n 跃迁可以跨越整个晶圆。在外延步骤之前，通过在表面上选择性地掺杂基底材料，也可以形成被称为埋层的掩埋掺杂区域。

图 2.20 显示了在 p 掺杂晶圆上生长少量掺杂外延层的过程。可以通过离子注入（a_1）或扩散（a_2）来进行硅沉积之前的选择性掺杂（在本例中为 n 型导电性）。由于外延工艺需要非常高的温度，掺杂在外延生长期间进一步扩散，并扩散到外延层中。通过使用砷或锑作为施主，采取步骤将这种不必要的外扩散最小化，特别是在衬底中向上扩散，因为这些元素由于其尺寸较大，往往比磷扩散得更少。

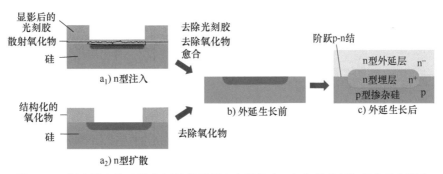

图 2.20　创建带有掩埋掺杂层的外延层 [未显示（a_2）先前光刻和氧化物刻蚀]

2. 结构化

正如我们在第 1 章 1.1 节中看到的，IC 器件位于单晶晶圆上只有几微米厚的薄层中。该层仅为晶圆厚度的 1%～2%。如上所述，它可以由一个或多个外延层形成。有一些简单的半导体工艺没有任何外延。

在 IC 技术的最初几十年，外延层通常是不进行结构化的。彼此紧邻的器件在表面上通过场氧化物电隔离，在表面下通过反向偏置的 p-n 结[⊖]电隔离。随着器件小型化的进展，这些无源场区域的相对空间需求增加，并成为进一步提高集成密度的障碍。

为了解决这些问题，开发了所谓的沟槽隔离方法，通过这种方法，硅可以在彼此至少横向（到一定深度）绝缘的区域中结构化。特别是，硅沟槽在表面被刻蚀并填充有其他材料，因此它们可以用作相邻器件之间的电隔离屏障。这些沟槽可以保持非常窄，这样器件可以更加密集地放置。与基于反向偏置 p-n 结的绝缘技术相比，这种类型的介电绝缘具有额外的优点，即其对电气行为的影响程度要小得多。因此，它不太容易出现故障。

根据手头的半导体工艺，沟槽隔离的深度范围从几百纳米（如 CMOS 逻辑芯片）到几微米（如汽车电子中的 BCD 芯片[⊖]）。沟槽隔离有两种主要类型：浅沟槽隔离（STI）和深沟槽隔离（DTI），尽管这两种名称之间的边界没有明确定义。沟槽隔离有许多不同的工艺选择，其中一些非常复杂。

浅沟槽和深沟槽的制造原理分别如图 2.21 和图 2.22 所示。一些细节被省略了，因为它们对于所涉及的过程的基本理解是不需要的。

沟槽通常通过反应离子刻蚀（干法刻蚀）产生，因为可以通过这种方式刻蚀深和浅的沟槽（见图 2.21a 和图 2.22a）。如 2.5.3 节所述，刻蚀被光刻结构化光刻胶掩模。刻蚀深度由刻蚀周期控制，因为硅是衬底中的唯一材料，因此不能在此处使刻蚀停止。

在浅沟槽隔离（STI）中，沟槽完全填充有氧化物，要么通过完全热氧化，要么为了节省晶圆中的硅，先进行短暂的热氧化，然后再进行氧化物沉积（见图 2.21b）。在深沟槽隔离（DTI）中，通常只有沟槽壁涂有足够的氧化物用于电绝缘（见图 2.22b）。然后用多晶硅填充沟槽的其余部分（见图 2.22c），因为它具有与单晶硅非常相似的热膨胀系数。因此，任何由温度变化引起的机械应变都大大减少了。

在加工过程中沉积在表面上且不需要的材料随后被去除。为此，采用了一种特殊的技术：整个表面的化学刻蚀结合机械材料去除，即所谓的化学机械抛光（CMP）。这是在不同工艺步骤中用于平坦化晶圆表面的技术。我们将在 2.8 节中讨论此技术。

沟槽隔离技术只能侧面隔离。要使设备完全绝缘，必须在所有侧面用绝缘材料包围。这里最大的挑战是创造一个"掩埋"的氧化物层。有许多不同的技术可用，称为绝缘体上硅（SOI）。我们在这里不再进一步讨论这些技术；感兴趣的读者可以阅读相关参考文献，例如 参考文献 [3]。

⊖   对阻塞的 p-n 结的全面了解对于物理设计是必不可少的。我们将与设计规则（第 6 章 6.2 节）和可靠性措施（第 7 章）一起讨论该主题。

⊖   双极 CMOS-DMOS（BCD）工艺技术通常用于制造必须由数字控制器控制的高功率或高电压产品。BCD 技术将模拟组件（双极、CMOS）、数字组件（CMOS）和高压晶体管（DMOS）集成在同一管芯上（第 1 章 1.2.2 节）。

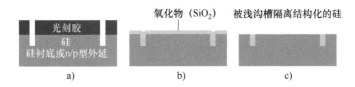

图 2.21 "浅"隔离沟槽制造示意图；a）由显影的光刻胶遮掩的 RIE（省略了先前的光刻），b）去除光刻胶和氧化物，c）刻蚀氧化物并通过 CMP 使表面平坦化

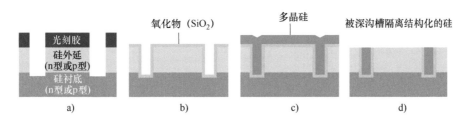

图 2.22 "深"隔离沟槽制造示意图；a）由显影的光刻胶遮掩的 RIE（省略了先前的光刻），b）去除光刻胶和氧化物，c）沉积多晶硅，d）回蚀多晶硅和氧化物，并通过 CMP 使表面平坦化

2.7.2 异质外延和多晶硅

1. 层生长

在异质外延中，晶圆表面上的材料结构不同于生长晶体，即材料彼此不同。

在几乎所有情况下，沉积硅的"不同衬底"都是氧化物，这是一种非晶材料，即非单晶材料。因此，沉积的硅没有与之对准的优选方向。许多小的结晶核首先形成，它们以不同的晶格排列独立生长。随着沉积过程的进行，这些核生长为所谓的多晶硅。因此，多晶硅由微小的微晶组成，也称为"晶粒"。多晶硅沉积就是异质外延的典型例子。

晶粒尺寸取决于工艺参数，可以小到几百纳米。不同的晶格排列在晶界处相交。由于这些边界处的电流泄漏，多晶硅不适合生产有效的 p-n 结，而只适合基本的电流传导。

尽管存在这个问题，但多晶硅有很多用途。例如，多晶硅结构适合用作①场效应晶体管的控制电极（"栅极"），②欧姆电阻器，以及③电容器的电极。

2. 结构化

多晶硅的结构是通过光刻然后刻蚀来制造上述器件。RIE 用于最先进的工艺中，以实现更精确和更详细的结构。

多晶硅结构是在金属化层之前的制造过程中产生的。它们被单晶硅和金属化层之间的氧化物绝缘。我们在图 2.23 中说明了使用 STI 作为场氧化物的工艺的构造过程（2.7.1 节）。从图 2.23a 中可以清楚地看出，多晶硅不仅沉积在厚场氧化物上，还沉积在栅极氧化物（GOX）上，这是一种非常薄的氧化物层，用作电容器和场效应晶体管的电介质。这种薄氧化物层的名称"栅极氧化物"来自后一种使用情况。图 2.23b ~ f 显示了各向异性 RIE 中通过光刻掩模刻蚀形成的多晶硅层的结构。

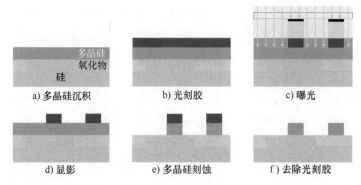

图 2.23   多晶硅的沉积与构造用于制造器件

2.7.3   物理设计参考

除了制造器件之外，如果多晶硅位于场氧化物上方，则可以用作互连。话虽如此，这里应该非常谨慎。尽管一般来说，多晶硅掺杂非常重，但多晶硅互连的欧姆电阻通常比具有相同尺寸的金属互连的欧姆电阻高大约三个数量级。因此，仅在特殊情况下才应考虑使用多晶硅作为互连，例如，将器件连接到附近的触点。由多晶硅制成的互连（器件之间）通常仅适用于非常小的电流和短距离。必须密切关注多晶硅布线时产生的电压降（也称为电源电压降）。

2.8   金属化

2.8.1   基本原理

2.5 ~ 2.7 节所述的工艺步骤是 IC 制造中前道工艺（FEOL）的一部分。FEOL 是任何 IC 制造的第一部分，其中单个器件（即晶体管、电容器和电阻器）被图案化。

按照这些步骤，必须按照网络将器件电连接在一起，以构建电路。这是在后道工艺（BEOL）完成的。因此，BEOL 是连接各个器件的 IC 制造的第二部分。正如我们将看到的，这是通过交替堆叠氧化物层（用于绝缘目的）和金属层（用于互连迹线）来实现的。因此，使用结构化工艺形成层之间的通孔和各个层上的互连。

因此，在版图设计中，需要为每个金属化层设计两层：第一层用于定义氧化物层中的通触点，以及第二层用于定义位于该氧化物层上方的互连版图。版图设计的这一部分，即这些层中结构的设计，称为布线。本质上，这一步骤制造连接器件的网络路径。

1. 布线层

需要许多金属化层来实现当今芯片中复杂电路的网络。尽管 FEOL 层名称因制造商和工艺而异，但 BEOL 层名称被广泛标准化，如图 2.24 所示。金属层通常按照制造的顺序编号，即从下到上。这同样适用于包含通触点的层，其特点是相邻金属层之间的通触点称为通孔，而使第一金属层与硅表面之间产生电接触的底部通触点，对于器件，称为触点。

因此，对于每个布线层，都有一对两个对应的层。负责布线的这些层对（触点层＋金属层 1 和通孔层 [n]+ 金属层 [n+1]）也如图 2.24 所示。

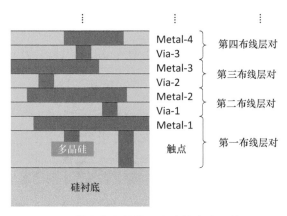

图 2.24 具有代表性的层名称的布线层截面图

2. 材料

从制造的角度来看，用于金属化层的材料必须易于沉积和构造，并且还应很好地粘附于氧化物。该材料还应满足以下应用要求：

- 高电导率（用于低寄生电源电压降）。
- 高载流能力（支持小型化）。
- 与硅良好接触（用于电连接器件）。
- 与环境良好接触（用于整体电连接芯片）。
- 低腐蚀敏感性和机械稳定性（长时间失效）。
- 多层布线的可能性（以节省芯片表面积和简化版图设计）。

铝（Al）是最符合这些要求的材料。通过在铝中富集百分之几的其他材料，可以略微改善上述性能。一种广泛使用的选择是用硅和铜富集（称为 AlSiCu）。因此，铝长期以来一直是金属化的首选材料。

然而，对于不断缩小的特征尺寸，铝材没有达到预期。其主要缺点之一是由于较小的互连截面积，寄生电阻过度增加。因此，在最先进的工艺中，铝越来越多地被电阻较低的铜所取代。（与纯铝相比，它在这方面的优势约为 2 倍。）此外，铜中发生的电迁移程度比铝小得多，因此铜可以适应相对较高的电流密度。这意味着铜可以设计比铝小得多的互连。

由于截面的减小，互连器件形成的表面积减小。因此，单位长度上的寄生电容也会随着铜的减少而减小。因此，模拟电路受益于相邻金属化层中互连之间的较少串扰（7.3.3 节）。这种效应对数字电路技术也有积极的影响。信号的传播时间与导体的寄生电阻和寄生电容的乘积（$R \cdot C$）成正比。因此，铜的使用使响应时间更快。

然而，与铜带来的好处相匹配的是一系列的严重问题和挑战。铜有一种不幸的负面特性，它几乎污染了它接触的所有东西。因此，它很快扩散到周围的氧化物中。它也很容易被腐蚀，不仅仅像铝一样只在表面（保护它免受进一步氧化），而且在整个铜中。因此，必须用适当的保护涂层保护铜，防止扩散和氧化。此外，需要开发新的构造技术，因为很难对铜进行干法刻蚀。与使用铝相比，所有这些问题和挑战大大增加了用铜制造金属化结构所需的资本支出和努力。

从使用铝到铜作为互连材料的转变发生在 350 ~ 90nm 的技术节点中。这两种互连材料都位于这两个节点之间。事实上，智能电源芯片中的顶部金属化层通常是一个特别厚的铜层，以适应承载非常大的电流（安培量级）的互连，而下面较薄的金属化层则由铝制成。

2.8.2   无平坦化的金属化结构

有两种类型的金属化：一种是在创建单独的金属化层之间进行平坦化，另一种则是在创建层之间不进行平坦化。平坦化是在构建下一层之前，平整或"平滑"芯片表面的过程。出于历史原因和充分理解，我们首先简要地提醒读者注意后一个过程（那些没有平坦化的过程），这些过程现在已经过时了。具有亚微米特征尺寸的现有工艺需要中间的平坦化步骤。我们将在 2.8.3 节中更详细地讨论这些关键过程。

迄今为止，仅使用铝制造没有平坦化的金属化结构。制造包括以下四个工艺步骤：

1）施加绝缘氧化物层。

2）通过选择性刻蚀在该氧化物层中制造接触 / 通孔。

3）施加金属层（铝与其他材料富集）。

4）通过选择性刻蚀在该金属层中制造互连。

这些是在整个表面上交替沉积和选择性去除材料的工艺步骤。铝主要通过从上方垂直于表面沉积材料而气相沉积。通触点（触点 / 通孔）同时被金属化。通过光刻结构化后的光刻胶用于掩模材料去除工艺。图 2.25 显示了两个连续的金属层是如何被图案化的，即上述顺序执行了两次（光刻本身未显示）。本例中的场氧化物采用 LOCOS（硅的局部氧化）实现，因为这是"铝时代"的典型工艺选择。

该示例显示了 NMOS 场效应晶体管（背部栅极接触被省略）和单独的多晶硅结构的接触和布线。随着结构化过程的进行，芯片的表面变得越来越不均匀；图 2.25 说明了如何通过刻蚀形成台阶。氧化物中的步骤特别具有挑战性，因为在随后的金属沉积步骤中难以用足够的金属覆盖这些边缘。因此，通孔边缘是电路中的薄弱点（图 2.25 中的步骤 3）。如果通孔直接位于彼此之上，则台阶高度相加；并且电接触被进一步削弱，最终可能被破坏（图 2.25 中的步骤 6 和 7）。因此，在这些类型的工艺中，通常禁止将通孔直接置于另一个通孔的正上方（所谓的"堆叠通孔"）。

通过形成斜角通孔边缘，可以更好地用金属覆盖氧化物边缘。尽管斜面会占用空间，因此会阻碍小型化，但是有利于小通孔和陡峭的边缘。通过将沉积工艺从气相沉积切换到溅射，金属也可以沉积在垂直边缘上。然而，通过直径不断减小的氧化物孔仍然不容易填充。

这个问题可以通过首先在单独的步骤中用钨填充接触孔，然后沉积用于互连的铝来解决。这种钨是通过 CVD（化学气相沉积）工艺沉积的，这提供了不同的选择[5]。钨沉积在晶圆表面或仅生长在硅表面（即接触孔中），这取决于使用的化学反应。随后刻蚀掉多余的材料。因此，在触点中形成所谓的钨塞。这种用于接触铝互连的工艺今天仍在使用，因为互连可以通过干法刻蚀来构造，以产生清晰定义的边缘和非常精细的结构。

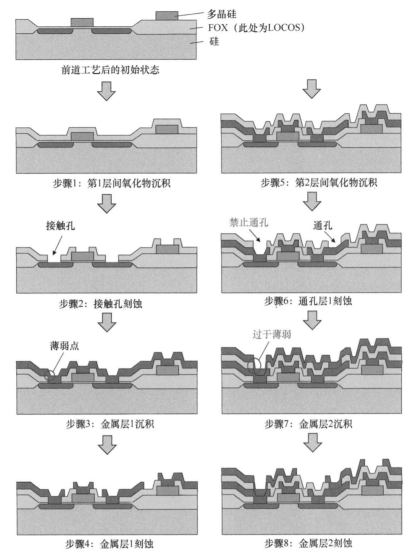

图 2.25　未平坦化的前两层金属化层的制作（光刻未显示）

2.8.3　平坦化的金属化结构

1. 添加剂工艺

除了这些提高金属沉积边缘覆盖率的措施外，还有一些方法可以通过添加额外材料来补偿氧化物和金属结构造成的台阶。其中一种方法是使用掺杂玻璃材料的回流技术。这些玻璃材料在高温步骤中液化，并主要流入凹槽。然而，由于铝的熔点低，该技术只能用于平滑多晶硅结构。

为了平滑铝的特征，可以使用所谓的旋转涂布玻璃（SOG），由溶解的氧化硅连接组成。SOG 可以在室温下施加，并且可以在低于铝的熔融温度下硬化。

由于玻璃材料的相对高黏度，所有这些添加剂措施仅平滑局部粗糙点。因此，它们只能缓解台阶形成问题，但不能完全消除它们。

2. 化学机械抛光大马士革工艺

解决台阶形成问题的关键突破在于减法过程。利用该技术可以将整个晶圆表面平坦化。该过程称为化学机械抛光（CMP）。具体地，晶圆经历化学刻蚀和机械材料去除。晶圆的表面被压在旋转的抛光台上，刻蚀剂和抛光剂不断地供应。去除晶圆表面的任何凸起，直到整个晶圆上有一个连续的平坦表面。使用这种技术，特定的材料层也可以部分或全部磨损。

（1）大马士革技术

CMP工艺在后道工艺中用于金属化结构的最终平坦化。因此，它是制造周期中生产层对的最后一步，如图2.24所示。显然，这种互连布局不能用2.8.2节所述的工艺步骤生产（见图2.25），因为结构化互连将再次被移除（因为它们突出在晶圆上方）。与前面描述的工艺不同，其中通过在整个晶圆表面上进行材料沉积，然后进行选择性刻蚀来产生互连版图，这里首先在氧化物层中刻蚀凹槽，然后用金属填充。因此，该工艺与用于制造接触和通孔的工艺相同。通过CMP磨蚀并去除多余的金属，只留下嵌入氧化物沟槽中的互连版图。这种技术被称为大马士革技术[⊖]。

我们在图2.26中展示了该技术用于构造铜互连的主要元素。首先，在可用氧化物中刻蚀沟槽（见图2.26a）。由于上述铜的性质，可以沉积一个防止扩散和防止氧化的屏障（见图2.26b）。钽（Ta）、氮化钽（TaN）和氮化钛（TiN）是合适的导电屏障，也称为金属衬垫或衬垫层。

铜可以以不同的方式沉积。如果是电化学沉积，则必须在阻挡层上涂覆一层薄薄的铜涂层，更多的铜原子可以附着到阻挡层上（见图2.26c）。填充沟槽后，通过CMP去除多余的铜，并沉积最终的保护层（阻挡层）（见图2.26d）。前面提到的氮化物（Si_3N_4）或非晶氮化硅（SiN_x）是用于电介质势垒的合适化合物。

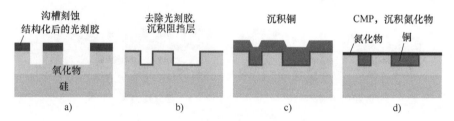

图2.26 使用大马士革技术制造铜互连

对于金属化层对，该程序必须连续执行两次，即一次用于触点/通孔，一次用于互连。大马士革工艺流程的主要步骤如下：

1）沉积第一绝缘层（包含接触/通孔）。

2）通过选择性刻蚀该层形成接触/通孔。

3）沉积扩散阻挡层和用于铜沉积的种子层。

4）沉积铜以填充接触/通孔。

⊖ "大马士革"一词指的是一种历史上的金属加工艺术惯例，在这种惯例中，不同的金属（如金或银）被穿插在一个深氧化的钢背景中，以产生复杂的设计和图案。

5）去除多余的铜并通过 CMP 平坦化。

6）沉积保护层作为扩散和氧化的阻挡层。

7）沉积第二绝缘氧化物层（以包含互连）。

8）通过选择性刻蚀该层来制造用于互连的沟槽。

9）沉积用于铜沉积的扩散阻挡层和种子层。

10）沉积铜以填充沟槽。

11）去除多余的铜并用 CMP 平坦化。

12）沉积一个保护层，以阻挡扩散和氧化。

通过刻蚀绝缘层（步骤 2 和 8），在大马士革工艺中（对于接触 / 通孔和互连）进行所有结构化步骤，然后在其中嵌入金属（步骤 4 和 10）。因此，该工艺特别适合于在铜中制造金属化结构，这在很大程度上不适合干法刻蚀。

在这个描述中，我们更一般地谈论"绝缘层"而不是"氧化物层"。这有两个原因：

1）在最先进的工艺中也使用其他材料代替氧化物。这些材料的介电常数低于二氧化硅（所谓的"低 k"材料）。因此可以最小化互连之间的寄生耦合电容。

2）当使用铜作为互连材料时，还必须刻蚀额外的保护涂层。我们将在下文中对此进行详细说明。

大马士革工艺可用于铝和铜。虽然在铝的情况下（如上所述），通孔由钨制成，但在铜互连的情况下，通孔也可以由铜制成。只有在第一层，当铜与硅接触时，这两种材料必须用钨分开。

（2）双大马士革工艺流程

大马士革工艺流程比前面 2.8.2 节介绍的金属化工艺复杂得多。同时已发展为双大马士革工艺，其中接触 / 通孔和沟槽在单个沉积工艺中填充。然后只需要一个最终 CMP 工艺。双大马士革工艺的不同变体正在使用中。以下是铜工艺步骤的一个可能顺序（见图 2.27）：

1）沉积第一绝缘氧化物层。

2）沉积氮化物层。

3）构造氮化物层以产生刻蚀接触 / 通孔的掩模。

4）沉积第二绝缘氧化物层。

5）通过选择性刻蚀该顶部氧化物和（氮化掩模）刻蚀接触 / 通孔，为互连创建沟槽。

6）氮化刻蚀。

7）沉积用于铜沉积的扩散阻挡层和种子层。

8）沉积铜以填充用于互连结构的接触 / 通孔和沟槽。

9）去除多余的铜并用 CMP 平坦化。

10）沉积氮化物层作为铜扩散和氧化的阻挡层。

图 2.27 所示为按照此工艺步骤顺序制造带有相关通孔的金属化层的双大马士革工艺。

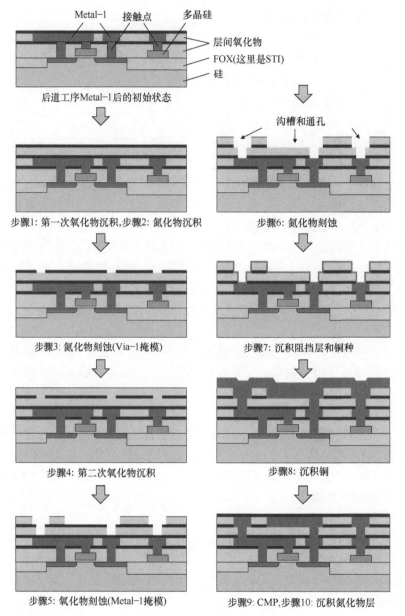

图 2.27　使用双大马士革技术在铜中创建布线层（Metal-1），包括其通孔（Via-1）

2.8.4　物理设计参考

上述金属化工艺对物理版图设计有一些主要影响。我们将在下面描述关键问题。

1. 无平坦化技术互连版图的间距规则

我们已经看到，触点和通孔的氧化物边缘的金属覆盖是金属化技术中的薄弱环节，需要大量的平坦化步骤。在这类工艺中，通常禁止将通孔直接放置在另一个通孔之上，因为所产生的边缘对于适当的金属覆盖来说太陡峭。因此，在版图工具中用来简化版图的所谓"通孔堆栈"是被禁止的。除了适用于层内的触点和通孔之间的典型间距规则之外，在这种情况下还使用其他设计规则。它们还规定了不同层中通孔之间的特定间距。这增加了布线任务的复杂性。

随着更多的层被添加到晶圆上，其表面在向上的方向上变得更加不均匀。这降低了光刻中的图像清晰度，如前所述。因此，设计规则为这些工艺中的顶部金属化层规定了更大的最小宽度和最小间距。

2. 密度规则

许多精细结构的金属化层可以用大马士革技术实现高质量的平坦。这对于在版图设计中执行布线任务是非常有价值的，并且有助于在高度复杂的数字电路中使用自动布线程序。

大马士革技术在版图设计中的一个严重缺点是使用了 CMP。对于 CMP，切削深度取决于待去除材料的性质，因为材料通常是不同类型材料的混合物，例如硅 / 氧化物或金属 / 氧化物。问题是，如果这些不同类型的材料不均匀地分布在整个层中，则所去除的特定类型的材料的量会在衬底上的不同位置发生变化。其结果是表面上不需要的"凹痕"或"小丘"。为了避免这些表面问题，必须制定特殊的设计规则，规定代表待移除材料的平均密度，并且是表面积的函数。恰当地，这些规则被称为密度规则。

遵守密度规则通常需要在版图中进行大量的额外工作。如果给定材料的量在特定区域中太低，则必须引入没有任何电功能的额外填充结构以增加密度。这里有时可以使用半自动算法，但这并不总是可能的。降低材料密度可能会更加棘手。例如，插槽必须在非常宽的互连中"切割"。在某些情况下，必须增加现有结构之间的间距。然后可能需要消耗更多的表面积，这是不期望的结果。我们在第 3 章（3.3.2 节中的图 3.16）中更详细地解释了这些影响和缓解措施。

为了降低高成本和时间紧迫的修补风险，应在早期版图阶段应用密度规则，以便做出正确的设计决策。（请记住，这些密度规则仍然只能在物理设计结束时完全验证。）有效处理密度规则通常需要大量经验。

3. 载流能力

金属化结构必须在版图中确定尺寸，使其成为永久载流体，即在芯片的整个寿命期内应可靠工作（见第 7 章 7.5.4 节）。触点和通孔在这方面尤其具有挑战性[4]。这些问题同样适用于旧工艺（由于氧化物边缘的金属覆盖率较低），也适用于新工艺（通孔通常是这里最小的结构）。

在布线过程中，仅仅确保轨道宽度对于给定的电流负载足够大是不够的。如果我们希望将电流从一个金属化层传导到另一个，那么提供足够的通孔以提高其可靠性是很重要的[4]。

4. 通孔困扰

尽管有出色的工艺控制，但由于最先进芯片中的通孔数量急剧增加，芯片上存在失效通孔的可能性急剧增加；偏差数量的增加是结构尺寸缩小和相关的复杂性极端增加的结果。单个通孔没有形成足够的电接触可能导致整个芯片失效，对成品率造成严重后果[⊖]。为了解决这个问题，通常在设计中插入冗余通孔。

为了有效地缓解这个问题，增加了冗余通孔的数量。例如，建议至少两个通孔用于两个金

　⊖　"成品率"是正常工作芯片数量与制造芯片总数的比例。

属层之间的每个连接，即使一个通孔足以满足载流容量标准。因此，这些通孔中的一个的失效将不会对成品率产生影响。

5. 金属半导体接触

在半导体和金属之间的界面处，电荷载流子耗尽，从而形成耗尽区。由于半导体和金属中的带结构不同，该区域是电荷载流子的能量势垒。其结果是二极管型响应，在本例中称为肖特基二极管，与半导体中的 p–n 结非常相似。通过在半导体与金属接触的地方高度掺杂，这个区域可以变得非常小，以至于电荷载流子能够"隧穿"这个势垒（量子物理效应）。

在两种半导体金属材料系统相互影响的情况下，还有许多其他物理效应。为了防止不必要的影响，需要额外的工艺步骤，具体取决于所使用的个别工艺和材料。要想进一步了解设计材料界面的这些制造步骤，可阅读参考文献 [1，6] 等。

该版图的关键方面是硅中的接触区域必须是重掺杂的。这确保了硅 - 金属界面处的线性电流 - 电压响应，从而实现所需的"欧姆"接触响应。单触点的典型电阻值在个位数到两位数欧姆范围内。

6. 金属层数作为优化目标

在最先进的半导体工艺中，金属化层的数量可以选择。这一决定通常在物理设计期间做出。经济技术的黄金法则在这里适用："需要多少用多少，但要尽可能少"。从工程角度来看，需要特定数量的金属层来解决布线问题，所有互连必须根据设计规则实现。换句话说，"需要多少"是强制性的。另一方面，从经济角度来看，应使用"尽可能少"的金属化层以最小化制造成本。找到最佳位置并不容易，特别是在技术上可能放弃一个布线层的情况下，但因此需要额外的版图设计时间和芯片表面积。

用于混合信号应用的半导体工艺通常由 3 ~ 5 个金属化层组成。在智能电源工艺中，顶部（最终）金属化层通常是用于传导大电流的厚层。定义互连结构的较大最小宽度和间距的非标准设计规则适用于该层。

用于纯数字芯片（如微处理器）的现代 CMOS 工艺通常提供更多的金属化层。利用最小的特征尺寸，在这些应用中，由于电路高复杂性，单位表面积的互连数量可以最大化。一般来说，实际芯片上金属化层的数量主要取决于电路复杂性（见第 1 章中的图 1.11）。

2.9 CMOS 标准工艺

我们希望通过观察半导体工艺中的工艺步骤来应用我们在本章中所学到的知识。为此，我们将讨论 CMOS 标准工艺。我们首先要指出的是，CMOS 标准工艺是"不存在的"，因为随着 IC 规模的缩小，工艺技术一直在变化。此外，技术节点内的制造商之间也存在差异。通过"标准"，我们将把自己限制在制造简单但典型的 NMOS 和 PMOS 场效应晶体管所需的流程步骤上。真实的工业过程在细节上与我们的示例不同，但基本概念是相同的。

2.9.1 基本原理：场效应晶体管

首先，我们想解释场效应晶体管的工作原理。一些 CMOS 工艺步骤背后的原因将变得更加清晰。

图 2.28 描绘了最常见的 NMOS 类型的简单场效应晶体管（简称 NMOSFET）的截面。"N"表示电流是由电子（n 型半导体）引起的。在 NMOSFET 器件的电流中，缺陷电子（所谓的"空穴"）可以被忽略。首字母缩略词"MOS"描述了从上到下的"金属 - 氧化物 - 硅"分层。装配 FET 控制电极的顶层长期以来一直由多晶硅而非金属制成。然而，"MOS"这一名称一直沿用至今。

与 NMOSFET 对应的是 PMOSFET，其中只有空穴负责电流流动。

CMOS 中的"C"代表"互补"，意味着该技术提供了两种基本类型，即 NMOS 和 PMOS 晶体管，这两种晶体管的电流载流子类型以及它们的使用是互补的。这些场效应晶体管是单极晶体管，因为电流总是只有一种类型的载体。

标准的场效应晶体管有两个类似的掺杂区，源极和漏极（图 2.28 中的蓝色部分），间隔开并嵌入称为体栅或背栅的环境中。用作控制电极并因此被称为栅极的导电层位于背栅上方。该层通过薄氧化物层即栅极氧化物（GOX）与背栅分离。由于背栅具有与源极和漏极互补的导电性，如图 2.28 所示，源极和漏极之间有两个 p-n 跃迁，防止电流流动，因为至少一个跃迁总是在相反方向极化。这种配置中的器件称为增强型器件，即"常闭"，因为在此状态下没有电流流动。

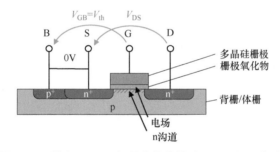

图 2.28　基本 NMOS 场效应晶体管（BEOL 层已忽略）

我们将只在下面讨论这种类型的器件，因为它是迄今为止使用最广泛的类型。此外，在解释电气控制逻辑时，我们将参考图 2.28 所示的 NMOSFET（所有陈述也适用于 PMOSFET，其中只需交换导电类型及电压、电流和电场的符号）。

我们选择 0V 作为参考电势，并将其应用于源极和背栅极。如果我们现在在栅极（G）和背栅极（B）之间施加电压 $V_{GB} > 0$，则该配置就像一个平行板电容器，栅极和背栅极作为电极。记住背栅极是 p 导电的，即它的大多数电荷载流子是空穴。电场现在取代了背栅和栅极氧化物之间的边界处的这些空穴，即电容器的底部电极。电子在那里积累到相同程度，并形成与栅电极的正电荷相反的负电荷。这两种电荷载流子数量的变化是相互依存的，因为这种关系

$$np = n_i^2 \tag{2.1}$$

适用于电子密度 n 和空穴密度 p。式（2.1）被称作质量作用定律。

这里，n_i 是本征（即适用于未掺杂半导体）电荷载流子密度，室温下硅的近似值为 10^{10}cm^{-3}。这个公式说明 n 和 p 总是彼此成反比的[⊖]。形象地说，这就像一个天平，一边是电子，另一边是空穴（见图 2.29）。对于未掺杂的半导体，或者在 n 型掺杂和 p 型掺杂很平衡的情况下，该天平是均匀平衡的。一种掺杂类型的剩余量越大，天平就越向一个方向倾斜。

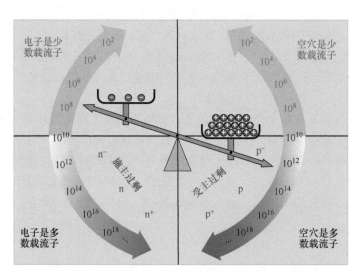

图 2.29　半导体中自由电子和自由空穴的平衡模型。标度表示这些自由载流子的密度（cm^{-3}），由各自掺杂原子的剩余量决定（施主超过受主，表示为 n⁻ ⋯ n⁺，或受主超过施主，表示为 p⁻ ⋯ p⁺）

现在，如果我们回到 NMOSFET 的例子，并增加电压 V_{GB}，当场强到边界层的电子数量超过空穴时，就会达到一个点。该电压被称为阈值电压 V_{th}。少数载流子现在是多数载流子，反之亦然。这样的边界层已经变成 n 导电的，并且在 n 导电源极区和漏极区之间的硅表面上有一个导电连接，称为通道（见图 2.28）。如果在漏极（D）和源极（S）之间施加正电压，电流现在可以流过该通道。该通道的电阻可以用电压 V_{GB} 进行一定程度的调节。

所述效应由栅极和背栅极形成的电容器的电场触发。这就是场效应晶体管的名字由来。我们熟悉理想平行板电容器的公式，该公式指出，对于给定电压 V，场强 E 与板之间的间距 d 成反比。

$$E = V/d \tag{2.2}$$

当电场扩展到半导体中时，MOSFET 不是理想的平行板电容器。尽管如此，这种情况与我们刚才所描述的情况非常接近，我们可以得出以下结论：栅极氧化物越薄，栅极所需的电压就越低，以获得场效应所需的足够的场强。

我们从图 2.29 中得出了另一个结论。NMOS 背栅极是 p 型掺杂的，即图 2.29 的天平向右倾斜，$V_{GB} = 0$（即没有控制）。$V_{GB} > 0$ 时产生的场效应在天平上施加逆时针转矩。如果该力大

⊖　严格地说，该关系仅适用于热力学平衡，即当电荷载流子的产生和复合处于平衡时，这就是我们在这里假设的。

到天平向左倾斜，则达到反转，NMOSFET 导通。从图中可以明显看出，无需进一步推导，可以更容易地实现反转（即 V_{th} 更低），天平的倾斜程度更小，这是由掺杂定义的。

总之，我们发现场效应增加，即阈值电压 V_{th} 随着栅极氧化物厚度的减小和背栅掺杂水平的减小而下降。

2.9.2　工艺选项

为了实现 NMOSFET 和 PMOSFET，需要 p 导电和 n 导电体区。如图 2.30 所示，可以采用不同的工艺来实现这一点。图中描绘了 p 预掺杂衬底（红色）。所有陈述类似地适用于 n 掺杂衬底。

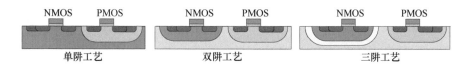

图 2.30　可能的 CMOS 工艺选项（均基于 p 型掺杂衬底）

将原始晶圆预掺杂为一种晶体管类型的公共块体意味着必须通过选择性地重做衬底来制造另一种类型的块体区域。这可以通过扩散掺杂（2.6.2 节）或通过注入然后扩散（2.6.3 节）实现，从而形成所谓的阱。这种 CMOS 工艺的一种变体称为单阱工艺（见图 2.30 左图）。

单阱工艺的主要问题是 NMOS 和 PMOS 晶体管具有不同的阈值电压值（只要没有采取纠正措施）。如果我们回想 2.6.4 节（"3. 扩散和离子注入产生的垂直 p-n 跃迁"）中的陈述，这一点就会变得很明显，其中我们解释了为什么再掺杂区域必须具有比再掺杂之前更高的掺杂剂浓度。这意味着，与 p 型预掺杂晶圆形成的块体（向右倾斜）相比，图 2.29 中应用于通过再掺杂创建的 n 阱的天平更倾斜（向左）。因此，PMOSFET 的阈值电压更高。

然而，如果可能，应使用对称阈值电压进行电路设计。这通常在单阱工艺中通过在没有掩模的情况下在整个晶圆上执行所谓的"阈值调整"注入来校正。在图 2.30 左图的示例中，基底是 p 型掺杂晶圆，在此过程中，在薄表面层中注入了足够的受主，使得 PMOSFET 和 NMOS-FET 阈值电压具有相同的值，即"p-n 天平"的倾斜角度最终相同。然而，PMOSFET 中空穴的迁移率由于掺杂原子的增加而降低。

因此，建议从弱预掺杂的原始晶圆开始，并在工艺中为两种晶体管类型创建背栅作为单独的阱（见图 2.30 中图）。然后可以任意调节各自的掺杂剂浓度。因此，尽管需要额外的掩模，这些被称为双阱工艺的工艺选项仍被最广泛使用。

此外，还可以使用三阱变体（见图 2.30 右图）。在这里，两个背栅区域中的一个是通过两次再掺杂来产生的，即"阱中阱"。这为两种晶体管类型的背栅产生了到原始晶圆基板的 p-n 跃迁。这有一个额外的自由度，即两种晶体管类型的背栅可以设置在任何电位，通过反向偏置这些 p-n 结。需要高电压的应用，如汽车电子，受益于这一选项。

2.9.3　FEOL：创建器件

回想一下，前道工艺（FEOL）是 IC 制造的第一部分，其中对单个器件进行图案化。我们将在下面描述双阱 CMOS 工艺。我们从一个 p 导电的原始晶圆开始，特别是一个 p⁻ 衬底[⊖]。

为了简单起见，我们将不在图中描述光刻步骤，而是在光刻胶显影后显示每个步骤的状态。可以从光刻胶结构收集掩模开口。所需的五个掩模标有（1）~（5）。

（1）"N 阱"掩模——产生 n 阱和 p 阱

首先给衬底提供氮化物层，根据 N 阱掩模对其进行刻蚀（见图 2.31b）。剩余的氮化物将磷作为施主注入 n 阱区域的掩模（见图 2.31c）。薄衬垫氧化物（氮化物粘附所需）现在用作散射氧化物[⊖]。在去除光刻胶之后，通过扩散将注入驱动到衬底的深处。这会导致外扩散。也形成了非常厚的热氧化物，它只生长在氮化物层之外，因为氮化物掩盖了氧化（见图 2.31d；参见 LOCOS，2.5.4 节）。

当氮化物层已被去除时，该氧化物层可用作注入 p 阱区的掩模。衬底注入了硼，不需要单独的掩模，因为它是自调节的（见图 2.31e）。这种掺杂也必须通过扩散作用进入下部区域。同样，衬垫氧化物用作注入的散射氧化物。整个晶圆表面现在被 n 阱和 p 阱覆盖。

在下一个掩模步骤之前，晶圆表面用 CMP 进行平坦化。平坦化是如此之深，以至于整个氧化物被去除（见图 2.31f）。

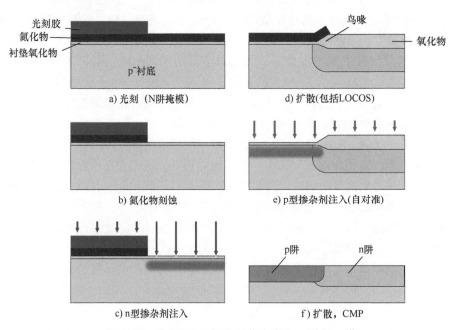

图 2.31　在 CMOS 标准工艺中产生 n 阱和 p 阱

⊖　p 掺杂衬底比 n 掺杂衬底更受青睐，因为管芯衬底在集成电路中处于最低电位。如果我们将此电势定义为参考电势（0V），则所有计算都将基于正电压。

⊖　在晶圆表面涂上一层薄氧化物，使离子偏转，从而防止平行冲击。

（2）"STI"掩模——用浅沟槽隔离产生场氧化物

如我们所知，有源区与场氧化物横向绝缘。使用 STI（浅沟槽隔离）工艺可以形成非常窄的氧化物沟槽，以在 n 阱和 p 阱界面处产生小的场氧化物。这些窄沟槽确保晶圆表面被充分利用。

光刻工艺中构造的光刻胶用于掩模产生沟槽的刻蚀（见图 2.32a、b）。沟槽深度通常为数百纳米。然后用氧化物填充沟槽，用电介质横向绝缘 n 阱和 p 阱。通过 CMP 平坦化再次完成该工艺（见图 2.32c）。

在某些工艺选择中，在沟槽填充氧化物之前，在沟槽的底部实施所谓的沟道停止掺杂。这抑制了寄生通道的形成（第 7 章 7.2.1 节），但同时需要额外的掩模步骤。

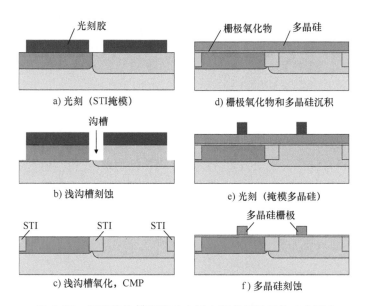

a) 光刻（STI掩模）
d) 栅极氧化物和多晶硅沉积
b) 浅沟槽刻蚀
e) 光刻（掩模多晶硅）
c) 浅沟槽氧化，CMP
f) 多晶硅刻蚀

图 2.32　创建浅沟槽隔离（左图）和多晶硅结构（右图）

（3）"Poly"掩模——产生多晶硅结构

首先，通过干法氧化在清洁的硅表面上生长非常薄的氧化物层。该氧化物层稍后将成为 FET 的栅极氧化物（见图 2.32d）。该工艺必须非常小心地进行，因为该层厚度的纯度和精度非常重要。最后，多晶硅以异质外延生长（见图 2.32d），并通过光刻结构化掩模刻蚀（见图 2.32e、f）。

（4）"NSD"掩模，（5）"PSD"掩模——在通道侧产生源极和漏极边缘

图 2.33 的左图和右图显示了两个类似的步骤，其中两种类型的 FET 的源极和漏极区域被轻微预掺杂。仍在原位的栅极氧化物用作离子散射的散射氧化物。注入不仅被抗蚀剂掩蔽，而且被多晶硅结构掩蔽。定义沟道区域的源极区和漏极区的边缘通过使 NMOS 栅极上的所谓 NSD（NMOS，源极，漏极）掩模和 PMOS 栅极上的 PSD（PMOS，源极、漏极）掩模保持打开，精

确地由多栅极结构的边缘设置。这样，边缘自行排列（见图 2.33b、d）。

通过这些"自对准"边缘，栅极和源极以及栅极和漏极之间的重叠以及不需要的寄生电容 C_{GS} 和 C_{GD} 被最小化。注入还用于掺杂相应互补 FET 类型的大块触点（NSD 用于 n 阱，PSD 用于 p 阱）。

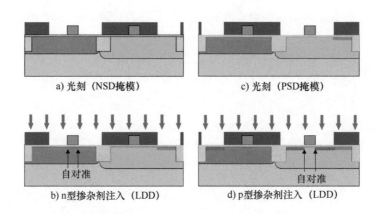

a) 光刻（NSD掩模）　　　　　c) 光刻（PSD掩模）

自对准　　　　　　　　　　　自对准

b) n型掺杂剂注入（LDD）　　d) p型掺杂剂注入（LDD）

图 2.33　注入"轻掺杂漏极"（LDD）结构

（4）"NSD"掩模，（5）"PSD"掩模——完成源极和漏极区域以及背栅极连接

首先，通过沉积在整个表面上产生一层薄薄的氧化物层。这里使用的工艺是 CVD 工艺，确保氧化物在水平和垂直边缘均匀生长。然后对水平表面进行干法刻蚀，以完全去除其中的氧化物。然而，几乎所有的氧化物都保留在多晶硅结构的垂直边缘上，形成所谓的"间隔物"（见图 2.34）。

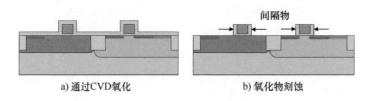

间隔物

a) 通过CVD氧化　　　　　b) 氧化物刻蚀

图 2.34　在多晶硅栅极的边缘创建间隔物

在该制备之后，使用相同的掩模从顶部重复掩模（4）和（5）的先前工艺步骤。这一次的不同之处在于衬底是重掺杂的（即 n^+、p^+，图 2.35）。同时，间隔物确保沟道端的源极区和漏极区保持轻掺杂。这种配置被称为轻掺杂漏极（LDD）。它通过增加从漏极区到沟道的过渡处的击穿电压来增强晶体管的电压能力。它产生于两侧，因为每一侧都可以承担漏极的作用。我们将在第 7 章 7.2.2 节中深入研究该措施的效果。

以这种方式实现源极区域和漏极区域以及各自的阱连接。高掺杂度确保了与金属的低电阻接触。在源极和漏极的情况下，它还保证有足够的多数电荷载流子可用于流过晶体管的电流。

最后，对表面进行处理，以制备用于后续金属化的触点。这就结束了前道工艺（FEOL），即所有器件都已构建。

其他特征也可以通过上述工艺步骤图案化，由此可以形成其他（模拟）器件，例如电阻器、电容器和二极管 [2]。这些选项将在第 6 章 6.3 节中介绍。

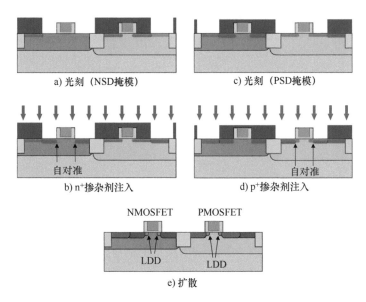

a) 光刻（NSD掩模）   c) 光刻（PSD掩模）

自对准   自对准

b) n^+掺杂剂注入   d) p^+掺杂剂注入

NMOSFET   PMOSFET

LDD   LDD

e) 扩散

图 2.35 源极和漏极高浓度掺杂以及阱连接

2.9.4 BEOL：连接器件

通过重复应用双大马士革工艺，在后道工艺（BEOL）步骤中产生直通接触（即触点和通孔）和互连（连接 FEOL 工艺中创建的器件）。因为我们已经在 2.8.3 节中充分讨论了这些步骤，所以我们在这里不再深入讨论。

我们的示例 CMOS 工艺中，构造 FEOL 工艺步骤需要五个掩模。对于后续的 BEOL 金属化，每个金属层需要另外两个掩模：第一个掩模用于定义氧化物层中的直通接触，第二个掩模定义位于该氧化物层上方的互连布局。

芯片制造通过添加一个盖子来完成，该盖子特别保护所有结构免受渗透湿气的影响。这里经常使用的钝化层氮化硅（Si_3N_4），必须在电子芯片连接器布线的地方打开。所谓的焊盘位于这些位置。小引线（也称为键合线）连接到这里的焊盘，或者焊盘直接焊接到芯片载体上，具体取决于所使用的封装。钝化层中的这些开口由额外的掩模构成。

参 考 文 献

1. R.J. Baker, *CMOS: Circuit Design, Layout, and Simulation* (Wiley, 2010). ISBN 978-0-470-88132-3, 2010
2. A. Hastings, *The Art of Analog Layout*, 2nd edn. (Pearson, 2005). ISBN 978-0131464100
3. O. Kononchuk, B.-Y. Nguyen, *Silicon-On-Insulator (SOI) Technology: Manufacture and Applications* (Woodhead Publishing Series in Electronic and Optical Materials, Vol. 58) (Woodland Publishing, 2014). ISBN 978-0857095268
4. J. Lienig, M. Thiele, *Fundamentals of Electromigration-Aware Integrated Circuit Design* (Springer, 2018), ISBN 978-3-319-73557-3. https://doi.org/10.1007/978-3-319-73558-0
5. J.D. Plummer, M. Deal, P.D. Griffin, *Silicon VLSI Technology: Fundamentals, Practice, and Modeling* (Pearson, 2000). ISBN 978-0130850379
6. P. van Zant, *Microchip Fabrication: A Practical Guide to Semiconductor Processing* (McGraw-Hill Publ. Comp., 2004). ISBN 978-0071432412

第 3 章

技术桥梁：接口、设计规则和库

在第 2 章介绍了 IC 芯片的制造技术之后，我们现在详细研究物理设计过程的一个重要方面：数据接口。为了达到最有效的效果，版图设计师应该了解物理设计和目标技术链接之间的联系，包括版图和掩模数据、设计规则和库。

在本章中，我们将介绍电路、版图和掩模数据结构，即设计步骤中的主要输入和输出数据。首先，我们解释物理设计的输入——电路数据，同时关注原理图和网表（3.1 节）；然后我们讨论物理设计步骤的输出：版图数据，如层和多边形（3.2 节）。掩模数据是代工厂所需的数据，在设计过程结束时生成，如 3.3 节进行了描述。这里，我们介绍"布局后处理"，其中对芯片版图数据进行修改和添加，以便将物理版图转换为掩模生产的数据。

由芯片制造代工厂提供的技术数据对生产物理设计至关重要。这些数据的一个重要部分是在物理设计中使用的几何设计规则中建模的技术约束。从本质上讲，几何设计规则是物理设计的约束，其遵守性确保了版图结果的可制造性；例如导线或元件之间的最小间距。几何设计规则详见 3.4 节。

技术数据被整理在库中。这些库广泛用于 IC 和印制电路板（PCB）设计，在本章最后一节 3.5 节中介绍。

图 3.1 描述了主要设计步骤，以及其接口如何将本章中的不同部分结合在一起。

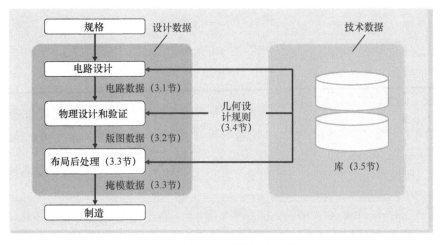

图 3.1　本章介绍的主要设计步骤及其接口

3.1　电路数据：原理图和网表

如图 3.1 所示，电路数据是物理设计的输入数据。它们实际上是要设计的电路的结构描述。首先，我们将研究结构电路描述的一般特征，然后重点关注所使用的两种典型表示，即电路原理图（也称为电路图）和网表。

3.1.1　电路的结构描述

电路的结构描述是对电气网络的描述。它包含电路中功能单元及其电气连接的信息。

每个功能单元都有一定数量的连接点，通常称为引脚。这些引脚是功能单元的接口，它们与其他功能单元上的引脚电连接。这些电连接通常被称为网络，因为它们连接许多（至少两个）引脚。网络是理想的电连接，即零阻抗连接。因此，网络中不可能存在电位差。换句话说，网络不会影响电路的电气行为。这就是为什么我们在网络环境中谈论电势和节点。外部连接点也称为端口。

电气网络的拓扑结构如图 3.2 左图所示。这里我们可以看到，例如，功能单元 C1 的"最左侧"引脚必须与功能单元 C2 的最左侧引脚电连接，该引脚表示为网络 N1。

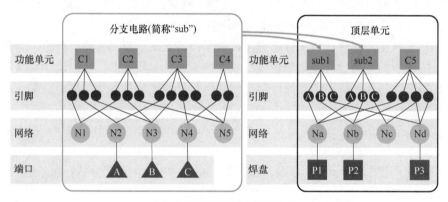

图 3.2　层次网络的拓扑结构

结构描述中的功能单元是制造工艺库中的电子器件。在结构描述中，电路的部分可以组合成一个功能单元。在这种情况下，我们通常将这种类型的功能单元称为功能块或子电路。如果此电路在另一结构描述中用作功能块，则其端口将成为此（更高级别）功能块的引脚。这如图 3.2 所示，其中左侧的（红棕色）端口 A、B 和 C 变为右侧 sub1 和 sub2 上的引脚。

如果使用了子电路（又称功能块），则结构描述将变得分层。（理论上）层次结构中可以有任意数量的级别。当电路中多次出现相同类型的功能时，应使用子电路；例如，包含多个加法器、寄存器或比较器的设计。当使用子电路和层次表示时，得到的结构描述更容易理解。

层次结构中的顶层，通常称为顶层单元，包含完整的系统电路；其端口（连接到下一个更高的系统级别，例如引线框架）被称为焊盘（见图 3.2 右图）。由于这是版图实现中使用的术语，我们将在稍后详细说明（3.4.4 节）。

1. 模拟 IC 器件

结构描述中的模拟电路器件是众所周知的无源和有源基本电子器件类型，例如电阻器、电容器、线圈、二极管、晶体管，以及更复杂的有源器件，例如晶闸管。

2. 数字 IC 器件

这些用于设计数字电路的基本且通常较小的功能单元，通常包括逻辑门和存储器元件。这些元件是由晶体管制成的小电路。它们在数字电路的结构描述中被指定为器件，因为它们不会在设计流程中被新开发，而是从库中获得的永久性、预先设计的单元（在电路设计和版图设计中）。

在一个技术节点中，相同类型的设备通常可以以不同的方式实现，从而形成子类型。例如，芯片可以包含植入电阻和多晶硅电阻。根据代工厂提供的工艺技术选项，在最先进的数模混合工艺中可以实现多达几十到一百多种不同类型的基本器件。数字电路中也有一系列不同类型的器件。例如，对于每种门类型，都有输入数量不同的变体。

结构电路描述中的每个功能单元都称为实例。因此，可以将器件实例视为库中器件的副本。然而，实际上，器件通常不是从库中复制的，而是对库元素的引用。

基本器件的每个实例都有其电气参数的特点：例如，电容器的电容，以及场效应晶体管的沟道长度和宽度。有时逻辑门会有不同的驱动强度；这些不同的驱动强度对应于构成栅极的场效应晶体管中的不同沟道宽度。

综上所述，电路的完整结构描述包含以下信息：

- 所有器件及其属性的列表。每个器件实例应包括：
  - 器件的类型（和子类型，如果适用）；
  - 实例指定（通常是实例名称）；
  - 基本器件的尺寸（电气参数设置）。
- 所有网络及其分配给器件引脚的列表。

3. 印制电路板（PCB）

PCB 上的器件不是用电路板制造的，而是从外部采购的。因此，PCB 的结构描述包含作为物理分离（离散）组件安装的器件列表。这些器件的电特性对 PCB 的结构描述没有直接影响。

3.1.2 电路描述中的理想化

如上所述，网络被视为零阻抗短路，尽管它们在物理上并不存在。结构描述中的器件也是类似的理想化概念。

1. 模拟电路

结构描述中的基本器件是所谓的集总元件。这意味着它们的电特性不被视为物理分布的——换句话说，它们集中在一个地方。这个理想化的概念允许应用守恒定律，即节点规则和网格规则。这些守恒定律被称为基尔霍夫定律。

节点规则规定流入和流出节点的电流之和相等。网格规则指出，网络中沿闭合路径发生的电压必须相互抵消。这两条规则构成了网络理论的基础。使用该理论可以计算电网中每个点的电流和电压；这些计算是通过软件工具在模拟器中进行的，我们将在第 5 章中详细介绍。

我们想指出，尽管"集总元件"是一个理想化的概念，但我们并不认为它们是理想元件。寄生特性，如电容器或线圈中的欧姆损耗，可以用集总元件来考虑。这是在模拟过程中通过使用电子器件的等效电路来完成的，这些电路分别由理想元件和可能的受控源组成，分别对寄生特性和非线性进行建模。这同样适用于网络，其寄生特性是从网络中估计或从版图中提取的（5.4.6 节）。我们推荐参考文献 [5]，它是一篇介绍电路仿真理论的好论文。

2. 数字电路

数字电路设计中的器件在更大程度上被理想化。除了布尔函数，我们还对影响数字电路计时的特性感兴趣。在逻辑门的情况下，这是施加输入信号和输出信号出现之间的时间延迟，称为传播延迟。通过对制造原型进行表征并将分配给器件的技术参数考虑在内，以确定这些延迟。应特别注意网络中出现的信号延迟时间。在设计流程中，首先通过估计它们（电路设计），最后通过从版图中提取它们（物理验证）来考虑这些。我们推荐参考文献 [6] 作为数字电路设计及其理想化的有用资源。

3.1.3 电路表示：网表和原理图

电路的结构描述可以以文本格式表示为网表，也可以以图形格式表示为电路原理图。电路原理图，也称为电路图，是电路结构的图形表示，其中功能单元表示为符号，网络表示为连接线。（我们将这里的讨论限制在后面的示例中，并在第 5 章 5.2 节中介绍原理图。）

图 3.3 的左图包含一个简单数字电路的示意图。功能单元显示为绿色；它们的引脚是红色的；网络（"Net1"网络除外）为黑色。本例中的功能单元为三个逻辑门。电路中的三个端口显示为红棕色三角形。

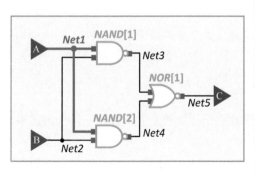

面向引脚的网表

(A: *Net1*)
(B: *Net2*)
(C: *Net5*)
(NAND[1]: *IN1 Net1, IN2 Net2, OUT Net3*)
(NAND[2]: *IN1 Net1, IN2 Net2, OUT Net4*)
(NOR[1]: *IN1 Net3, IN2 Net4, OUT Net5*)

面向网络的网表

(*Net1*: A, NAND[1].IN1, NAND[2].IN1)
(*Net2*: B, NAND[1].IN2, NAND[2].IN2)
(*Net3*: NAND[1].OUT, NOR[1].IN1)
(*Net4*: NAND[2].OUT, NOR[1].IN2)
(*Net5*: NOR[1].OUT, C)

图 3.3　简单数字电路的电路结构描述；左图为电路示意图，右图为网表。后者可以分为面向引脚的网表，每个器件都有一个相关网络的列表，以及面向网络的网表，其中每个网络都分配了一个器件引脚的列表

本例中的实例是根据命名约定指定的。这里，实例名称是器件类型的名称与附加在其上的方括号中的数字的组合。这也定义了器件的类型。端口可以使用任何名称；在本例中，它们被

称为"A、B、C"。

　　网表是以特定格式存储在文件中的功能单元列表。有两种类型的网表，面向引脚和面向网络，这取决于它们的排序方式。图 3.3 右图显示了这两个网表的示例。为了语法透明，"Net1"网络在原理图和网表中用蓝色书写。这两个简单示例中的语法与 EDIF（电子设计交换格式）标准非常相似 [7]。

　　结构元素根据面向引脚网表中的功能单元进行排序。每个功能单元列出一次，连接到其引脚的网络列在其旁边（见图 3.3 右上图）。网络在这些列表中出现了几次。

　　在面向网络的网表中，结构元素根据网络进行排序。每一个网络都列出一次，并列出由该网络连接的功能元件（见图 3.3 右下图）。在这种情况下，功能单元在列表中出现多次。

　　在每种类型的网表中，将网络分配给功能单元上的各个引脚必须明确。为确保正确分配，必须在技术数据中（即库中）指定每个预定义功能单元的引脚。因此，通过显式列出引脚名称，可以将网络分配给网络列表中的引脚。图 3.3 中的网表就是这种情况。逻辑门上的引脚在此命名为"IN1、IN2、OUT"。

　　在考虑了网表之后，现在让我们讨论原理图表示。我们通过模拟电路设计中大量使用的例子来激励它们的使用。集成模拟电路的质量取决于几个因素，其中一个重要因素是同类元件在多大程度上具有对称的电气响应。这些对称特性会受到器件设计和版图方式的极大影响。从本质上讲，器件需要在流程中进行匹配（我们将在第 6 章中进一步讨论）。

　　匹配问题和其他需求可能非常复杂和具有挑战性，因此在大多数情况下，该设计任务仍然由经验丰富的版图工程师手动执行。实际上，版图设计者必须详细分析电路，以便选择正确的布局方法。如果他 / 她只有一个网表可以使用，那么他 / 她几乎不可能布置电路以满足所有这些要求。电路的图形图像对工程师处理电路有很大帮助。事实上，这就是电路原理图是集成模拟电路版图设计必要条件的主要原因。

　　尽管如此，图形需要合理使用。所有设计人员都应遵循标准设计风格规则，以确保电路原理图易于阅读。事实上，世界各地都在遵循标准规则，尽管没有严格的使用指南。这些事实上的惯例意味着不仅电路设计，而且开发的电路更容易交换，并促进它们的重用（我们在 5.2.2 节中详细阐述了这些规则）。

　　我们将通过一个示例电路探讨几个模拟设计概念。一种典型且广泛使用的模拟电路是"带隙"电路，它产生温度补偿和电源电压无关的参考电压。我们示例的电路示意图如图 3.4 左图所示。它包含基本器件和所谓的"米勒运算放大器"作为功能块（子电路），如图 3.5 所示。在带隙示意图中，运算放大器由一个标有"moa"的（绿色）三角形示意图图标表示为一个功能块。米勒运算放大器示意图中的端口（见图 3.5 左图）是带隙示意图中符号的引脚（见图 3.4 左图）。

　　在我们的示意图示例中，基本器件符号以绿色显示。分配给每个符号的是，实例名称（蓝色）、器件类型名称（绿色）、具有几何尺寸值的参数（棕色）和电气参数（如果适用）。这些细节可以在编辑器中淡出，以呈现更整洁的视图。在我们的示意图中，网络名称用黑色写在引脚（红色）旁边。通过端口引出的网络从端口取其名称（红棕色）。因此（如前所述），米勒运算放大器电路原理图中的外部端口（见图 3.5）重新出现在带隙电路原理图（见图 3.4）中，位于原理图符号"moa"处。

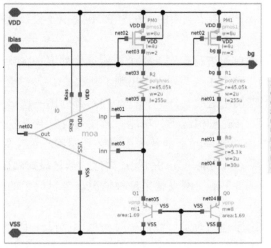

图 3.4 带隙电路的示意图（左图）和网表（右图）

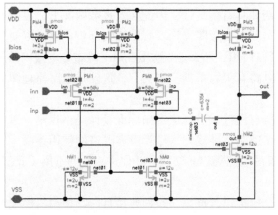

图 3.5 米勒运算放大器的电路图（左图）和网表（右图）。注意，米勒运算放大器是带隙示意图中的一个功能块，即功能单元（见图 3.4），并由标有"moa"的三角形示意图图标表示

　　电路原理图是根据样式规则绘制的。电源电压和接地分别显示为"VDD"和"VSS"。其余端口为输入和输出。在物理版图设计中要匹配的晶体管在示意图中彼此水平排列。这确保了它们可以很容易地定位。电阻器也需要匹配良好。经验丰富的版图设计师在阅读电路原理图检查电路功能时，会立即意识到这些问题。

　　图 3.4 和图 3.5 右图电路相关的网表以所谓的 SPICE（集成电路重点仿真程序）网表格式[2]给出。这是一种面向引脚的格式。电路原理图和网表中的相应信息采用相同的颜色，以便于清晰理解。第一行包含电路名称和端口。以下每行包含一个功能单元，包含以下信息：实例名称

（蓝色）、连接的网络（黑色）、器件类型（绿色）和参数设置（棕色）。数字后面的字母表示物理单位中常用的 10 的幂，例如，"k""u""f"分别表示"千""微"和"飞"。物理单位本身与器件类型相关，例如，电阻器为"欧姆"，电容器为"法拉"。对于几何尺寸参数，例如"w"或"l"，物理单位为"米"。

引脚名称没有以这种格式明确命名，即器件引脚处的连接由列出网络名称的顺序决定。

SPICE 网表格式还有一个额外的有用功能。实例名称前面有一个表示器件类型的标识字母；我们在图 3.4 和图 3.5 中用紫色突出显示了这些字母。标识字母具有以下含义：M = MOSFET，C = 电容器，Q = 双极结型晶体管，R = 电阻器，X = 支路。有关 SPICE 网表格式的更多信息见参考文献 [2]。

3.2 版图数据：层和多边形

如图 3.1 所示，版图数据是物理设计的结果。这些数据不仅用于存储设计结果并为制造厂准备该结果；相反，版图工程师在整个设计过程中不断地使用版图数据。因此，我们接下来将更仔细地研究这些数据的结构以及版图工程师可能应用于这些数据的关键图形操作。

3.2.1 版图数据的结构

我们已经在第 1 章 1.3 节中探讨了版图数据的几个最重要的方面。我们已经看到，芯片版图数据仅包含图形数据，这些图形包含产生掩模所需的所有信息。PCB 版图数据也是如此，其中版图由多边形坐标描述，伴随着包含用于钻通孔的直径和位置的数据以及用于定位器件的数据。

通常，图形可以表示为光栅或矢量图像。虽然光栅图形是位图，即共同组成图像的单个像素网格，但矢量图像是从一个点到另一个点的数学计算，形成线条和形状。

电子版图数据仅保存为矢量图像，并以此进行处理。这有几个原因：①矢量图形的数据结构非常适合版图表示（"多边形"）；②与光栅图像相比，它们不需要太多内存；③由于它们所包含的信息，它们可以更快速、更容易地处理；④它们可以在不损失精度的情况下被重新成形。矢量数据结构的唯一缺点是必须将其转换为光栅数据，以便在计算机屏幕上显示。现在，这不是问题，因为最先进的设计环境可以通过非常高效的算法和高性能的硬件来实现。

1. 层

版图数据中的图形元素，例如掺杂区域或互连的横向结构，称为形状。每个形状都分配给一个唯一的层。该层关联是每个形状的基本属性，使其能够分配给掩模。正如我们将看到的，它也构成了图形链接操作的基础。

在现阶段，我们想明确一点。当我们在版图数据的上下文中谈论"层"时，我们仅指与数据结构相关的上述属性。这种层通常与制造工艺中的对应层直接对应。该对应物可以是"N 阱"层中的掺杂区域，或者是沉积在晶圆上的金属层的"Metal1"。然而，情况并非总是如此。版图数据还包含与晶圆上的任何东西没有直接关联的层，正如我们将看到的（3.3.4 节）。相反的情况也可能发生：例如，硅上的栅氧化物层在版图数据中没有被建模为一层。

我们区分两种类型的"层",如下所示:我们将数据结构中使用的层称为绘制层,将制造过程中使用的图层称为制造层。我们将仅在需要额外澄清的情况下使用该扩展术语,即如果不使用该术语,误解的风险很高。在所有其他情况下,为了简单起见,我们将使用术语"层"。因此,本章中提到的所有图层都是版图中的"绘制图层"。

2. 形状

版图数据中的形状始终是多边形。多边形是一个由直边限定的二维连续图形元素。这种类型的形状可以作为连续角坐标的列表有效地存储在矢量数据结构中。生成的闭合多段线决定多边形;然而,必须定义多边形在多段线的左侧还是右侧。这因工具而异。在某些工具中,列表中的第一个坐标附加在列表的末尾,从而终止列表。

图 3.6a 显示了具有 7 个角的一般多边形的示例。其坐标由 C_i 指定,包含两个数值 (x_i, y_i)。通过定义最小允许网格(通常称为"制造网格""工作网格"或简单的"网格"),整数值即整数可用于 (x_i, y_i) 坐标。因此,可以节省计算机内存,并且模型的准确性是很好的。

(1)圆环

带有孔的多边形(也称为圆环)可以使用此数据结构建模。为了提高处理效率,此方法需要数据结构中的"双"边缘序列,该序列在本节的两个方向上"运行"。这些重叠的边片段不会形成真正的多边形边。示例如图 3.6b 所示。在本示例中,路径 (C_8–C_9) 位于路径 (C_4–C_5) 上。坐标 C_4 和 C_9 不构成实角。

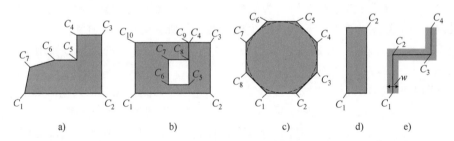

图 3.6 版图数据结构中的不同形状,如普通多边形(a)、带孔多边形("圆环",b)、近似圆形边界的多边形("圆锥",c)、矩形多边形(d)和路径多边形(e)

(2)圆锥

具有圆形边界的图形元素(在这种情况下,一些工具提供商将其称为圆锥)不能用基于多边形的矢量图像精确表示。圆形边界总是由许多直边块近似;近似程度因工具而异。例如,可以将圆的边数定义为参数。图 3.6c 显示了一个由八个角的多边形近似的圆。

除了普通多边形,还有两种自定义形状:矩形和所谓的路径。它们是多边形的特殊情况,由于其特殊属性,可以在数据结构中更有效地建模。考虑到矩形和路径是典型版图中最常见的图形元素,这一优势在版图表示中得到充分利用。

(3)矩形

矩形是有四条边和四个直角的多边形。如果矩形的边与用于设计的笛卡儿坐标系的轴平行(几乎总是这样),则可以仅使用两个对角线对角的坐标来建模矩形(见图 3.6d)。因此,数据量几乎可以减半。这种高效的数据结构与图形编辑器中创建矩形的方式相匹配，即通过对这两个相对的角坐标进行数字化。

（4）路径

路径是指定特定宽度 w 的多段线。这些形状通常用于制造互连，以提供具有连续、恒定互连截面积的电流。互连的中心线在编辑器中被数字化，所需的路径宽度被设置为参数。在图 3.6e 的示例中，数字化坐标（即坐标 $C_1 \sim C_4$）与路径宽度 w 一起存储在数据结构中。因此，与标准多边形相比，数据量可以减半。以这种方式存储的路径也更容易修改。

除了图 3.6e 中的路径形状外，还有其他非标准形状，其外观可以被操纵以满足非传统的技术约束。一个典型的例子是使用对角路径段（一些工具提供商称这些路径段为"填充路径"）扩展厚度。这种厚度扩展使多边形生成的对角线路径的角位于网格上。这是一种防止在生成掩模特征时发生舍入误差的方法。具有非标准形状的路径的起点和终点可以自动延伸。鉴于这些非标准路径特征也是依赖于工具的，我们在此不再赘述；相反，我们建议读者参考相关的工具手册。

（5）边缘

需要注意的是，现代设计工具既可以操作形状，也可以操作形状的部分。例如，单个边缘段（C_i，C_{i+1}）：这些是这些工具的可寻址数据项。这意味着也可以在版图编辑器中选择各个边和路径段。在版图处理过程中，可以使用这些选项执行有用的图形操作，我们将在 3.2.3 节中解释。

3. 分层结构的版图数据

如前所述，版图数据按层次结构组织，该层次结构反映了相应的结构描述。结构描述中的每个功能块，以及每个原理图都是完整版图的独立子集，也称为版图块。

分层版图结构如图 3.7 中的树所示。版图块（B）可以包含组件和其他版图块。在版图中，组件通常被描述为单元（C）。基本组件也称为器件，其内部电路通常设计在该技术的前道工艺（FEOL）（FEOL 在第 1 章 1.1.3 节中讨论，并在第 2 章 2.9.3 节中展示）。因此，在器件的情况下，单元形状（c）分配给 FEOL 中的层。

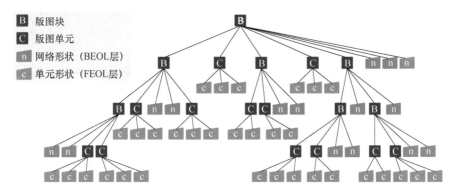

图 3.7　从层次结构描述派生的版图数据结构。版图块（B）是完整版图的分层子集，包含其他块（B）、单元（C）和网络形状（n）

此外，版图块包含在制造过程中形成后道工艺（BEOL）互连版图的形状（BEOL 在第 1 章 1.1.3 节中介绍，并在第 2 章 2.8 节中详细描述）。这些形状在图 3.7 中标记为"网络形状"（n）。与在树的较低层次上可以找到结构的单元和块不同，网络形状总是块的一部分。它们被称为块内的"平面"数据。

整个版图的树形结构既存在于版图工程师的设计概念中，也存在于设计环境中设计数据的组织中。这里，每个版图块（通常每个电路原理图）通常存储在包含特定文件格式的单独目录中。确切的数据组织取决于所使用的工具。

虽然在生成掩模时，相关层中的形状是主要关注点，但版图设计者通常使用这种版图树结构，这是有充分理由的。通过在层次结构的更高级别上工作，物理设计大大简化了，因为这意味着版图设计师不需要处理单个器件形状和子块的部分。此外，层次结构支持以功能单元为单位的思维，版图设计师始终对电路拓扑结构有清晰的见解。这种"全局视图"有助于进一步实现优化最终版图配置的目标。

尽管有这种功能，但版图设计师必须很好地掌握各个层以及组合它们的含义。在某些情况下，他 / 她可能还需要在多边形层面上工作（有时被称为"多边形推动"），或者至少必须仔细查看看它。在下一节中，我们将用一些实践示例演示这一点。

3.2.2 如何阅读版图视图

图 3.8 上图显示了一个典型版图的小片段。接下来，我们将逐步学习这个示例，以了解如何"阅读"版图。

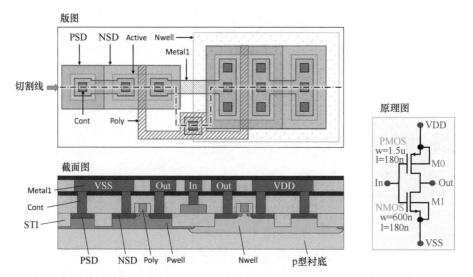

图 3.8　简单 CMOS 反相器的版图（上图），如典型布局编辑器所示，以及相应的截面图（下图）和原理图（右图）

图 3.8 上图所示的版图细节基于我们在第 2 章 2.9 节中讨论的 CMOS 标准工艺。图 3.8 下图包含从该版图生成的结构的截面图。（我们在这里使用与第 2 章 2.9 节相同的颜色）。如果版

图（图 3.8 上图）是垂直视图，则截面图（图 3.8 下图）可以被视为电路的"水平"视图，沿着版图（图 3.8 上图）中确定的切割线。利用原理图（见图 3.8 右图），我们可以看到版图是一个简单的配置，包括一个 NMOS 晶体管和一个 PMOS 晶体管。截面图显示，硅表面上这些晶体管的连接点部分地互连并与第一（底部）金属层（Metal1）接触。在这个阶段，这实际上是一个"回路"。

使用当今的版图设计工具，工程师只能看到一个版图视图（图 3.8 上图）。由于工具不生成或显示截面视图，因此他 / 她只能看到（二维）版图结构。因此，尽管工程师必须在二维空间中"工作"，但在三维空间中"思考"有时是不可避免的。"阅读"版图意味着识别芯片上的器件及其电连接，想象它们的物理形状。虽然这最初看起来是一项艰巨的任务，但我们可以学习一些技术，使之更容易，正如我们接下来讨论的那样。

作为第一步，需要识别器件：这是通过检查 FEOL 层来完成的。我们首先关注表示"有源"区域的绘制层，该区域定义了芯片表面没有场氧化物的部分（见图 3.8 上图）。通常，会为这些区域指定绘制的图层，但制造商之间的名称差异很大。在图 3.8 上图的版图示例中，所绘制的图层被称为"Active"。掩模"STI"（浅沟槽隔离）通过对立从该层产生，即"Active"中的形状定义了不受 STI 影响的区域。

除了这些有源表面，我们还在寻找多晶硅（"Poly"，图 3.8 上图中的绿色阴影），因为这两层结合在一起表示一个晶体管。具体来说，无论这两层的形状在哪里交叉，都有一个场效应晶体管（FET）的沟道。考虑到 FET 是目前最常见的基本器件，通常可以通过这种方式识别版图中的大多数实例。上述内容适用于数字电路和大多数模拟电路。

图 3.8 显示"Active"（赭色）和"Poly"（绿色阴影）在两个位置交叉。因此，我们的示例中有两个 FET。

图 3.9 分别描述了这两个晶体管（这些晶体管在第 2 章 2.9.3 节中介绍，另请参见图 2.35e），通过显示带有标记的源极（S）、漏极（D）和衬底（B）触点来说明版图和截面图。衬底（又名背栅）触点"属于"晶体管版图，因为它们分别定义了阱或衬底的电势。

NMOSFET 和 PMOSFET 之间的区别在于，PMOSFET 的主体区域是在具有 p 型衬底的工艺中由绘制的"N 阱"层（浅蓝色斑点，见图 3.9 右上图）定义的。因此，N 阱区外的晶体管是 NMOSFET。NMOSFET 的主体是晶圆的 p 型掺杂衬底（对于单阱工艺）或具有制造的 P 阱层的区域（双阱工艺）。这两种情况中的任何一种都可能出现在我们的版图示例中，因为 P 阱掺杂区域可以通过负化从绘制的"N 阱"层导出（正如我们在第 2 章 2.9.3 节中所看到的），然后不会在版图中显示为单独的（绘制的）层。

既然我们认识了 NMOSFET 和 PMOSFET，形成源极和漏极区域的蓝色和红色层的掺杂剂类型（n 或 p）也应该变得清晰。此外，n 型掺杂和 p 型掺杂反映在层名称中：在我们的示例中，这些 n^+ 和 p^+ 注入层分别标记为"NSD"和"PSD"。

最后，要考虑连接器件的 BEOL 层。例如，在最先进的工艺中，触点和通孔是小而均匀的正方形，通常很容易识别。还有金属特征，必须始终覆盖触点和通孔，并在器件上方形成互连。在图 3.8 中的版图示例中，我们在绘制的"Cont"层（深灰色）中有接触孔，用于接触源极、漏极和衬底。互连的版图显示为绘制层"Metal1"（亮灰色阴影）。通过多晶硅电连接的栅极在金属中有一个共同的触点，该触点通过相同的"Cont"层与多晶硅接触。

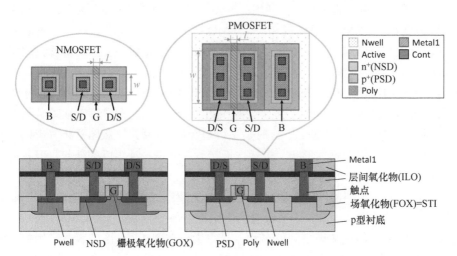

图 3.9　图 3.8 中两个晶体管的版图和相应的截面图，带有标记触点（D/S：漏极 / 源极，B：衬底）和栅极（G）。通过关注有源区（"Active"层，此处用赭色表示）和多晶硅（"Poly"层，这里用绿色阴影表示）的交叉点，可以在任何版图结构中识别晶体管

这两个晶体管连接起来形成一个逻辑反相器。该示例的电路示意图如图 3.8 右图所示。

3.2.3　图形操作

现代版图编辑器中提供了广泛的编辑命令和图形运算符。这里我们只关注操纵和选择形状的操作符。用于配置许多元素的方便命令，如"分布""对齐"和"压缩"命令，在这里不涉及，因为它们是众所周知的，并且直观易懂。

1. 交互式形状编辑

版图编辑器具有我们在其他绘图软件中熟悉的所有标准图形命令。通常可用的形状命令包括"添加""删除""移动""复制粘贴""翻转"和"旋转"。版图编辑器还提供了特定于布局过程的不同用户概念，使使用工具更容易。可以用鼠标输入数据；还可以使用键盘等输入数字和文本数据等。

除了这些标准功能外，在设计版图时，还可以使用其他命令处理形状：

- 通过移动形状的边或角的子集来拉伸形状（"拉伸"）。
- 通过剪切、截断和附加矩形或更复杂的多边形来更改多边形（例如"切口"）。
- 将重叠的形状合并为一个形状（"合并"）。
- 沿（任何）相交线分割多边形（"分割"）。

2. 层的逻辑链接

来自数学代数领域的布尔运算符也可以应用于不同层中的形状。它们是非常重要和强大的运算符，可以"逻辑链接"这些层的"内容"。虽然有时在物理版图设计中部署它们，但它们的主要用途是在设计规则检查（DRC）中确定要检查的特定版图群组（3.4 节和第 5 章 5.4.5 节），以及在布局后处理（3.3 节）中生成掩模数据。我们在图 3.10 中演示了以下通用标准逻辑运算符：

- OR：产生两层的几何并集。
- AND：产生两层的几何相交。
- XOR（异或）：产生两个图层的并集减去交集。
- ANDNOT：产生两层之间的"几何差异"。第二层中的所有内容都是从第一层的内容中"冲压"出来的。

图 3.10 上图显示了一个简单的示例版图。该版图由四个矩形组成，其中两个属于"red"层，另两个属于一个"blue"层。操作结果写入新的图层"x"中，如图 3.10 下图的灰色所示。

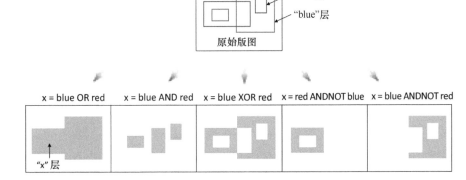

图 3.10　使用标准逻辑运算符 OR、AND、XOR 和 ANDNOT（下图，从左到右）将逻辑链接操作应用于两层（上图）上的四个形状

3. 选择操作

可以使用选择命令拾取图层中满足特定标准的形状。在图 3.11 中，我们展示了基于特定层中形状之间的特定关系的一些关键选择标准：

- INCLUDE：选择一层中与另一层中的形状重叠的形状。
- OUTSIDE：选择一层中与另一层中的形状不重叠的形状。
- INSIDE：选择一层中完全被另一层中的形状覆盖的形状。
- ENCLOSE：选择完全覆盖另一层形状的层中的形状。
- CUT：选择一个层中的形状，这些形状与另一个层的形状共享其一部分表面积（而不是整个表面积）。

与链接操作不同，选择命令不会创建新的几何图形；相反，选择（即识别）满足标准的现有几何图形。可以根据需要将结果保存在新图层中。选择命令对 DRC 非常重要，因为可以通过这种方式识别感兴趣的层子集（3.4.3 节中的示例 1）。

4. 尺寸调整操作

我们在第 2 章 2.4.2 节中讨论抢占式边缘移动时引入了大小调整操作符。（结构的边界线向外偏移或向内偏移特定值，以补偿后续结构工艺步骤中可能出现的收缩 / 放大效应。）在 DRC

中，尺寸调整也非常有用，以检查版图是否符合更复杂的设计规则（3.4.3 节中的示例 2）。此外，正如我们接下来将要解释的那样，尺寸调整可以应用于"清理"版图。

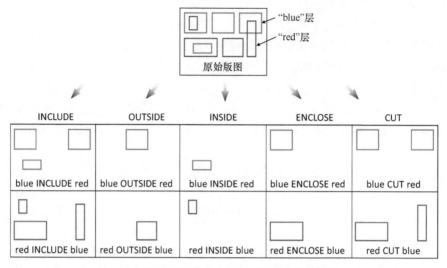

图 3.11　基于几何关系从图层过滤形状的选择命令

通过按特定值移动垂直于边对齐的所有边，可以使用尺寸调整操作符修改多边形。如果边偏移正值，多边形将被放大；这种操作称为扩界。而如果值为负值，多边形会收缩；这种操作称为缩界。

尺寸有几个值得注意的特性，必须理解，因为如果你不知道它们是如何工作的，它们可能会产生不幸和意外的结果。话虽如此，你也可以利用这些特性产生有帮助的特定效果。我们现在将更仔细地研究这些影响。

（1）不均匀增长

过大值 s 会导致多边形的角偏移距离 vs，其中 $v > 1$，即角总是从其原始位置偏移大于偏移值 s，例如，对于直角，$v = \sqrt{2}$。对于锐角（角度 < 90°），$v > \sqrt{2}$，理论上可能非常大[⊖]。这种影响是尺寸调整中的一种常见缺陷，因为在大多数情况下，所有方向的"均匀"增长都是理想结果（见图 3.12 左图）。

理想情况下，我们希望拐角处有圆弧（圆定义了一组与角距离相同的点）。但正如我们所知，弧不能在数据结构中建模。然而，可以在一些工具中配置扩界，以便根据图 3.6c，可以用额外的边缘"倒角"拐角以近似圆弧。图 3.12 右图中显示了两个示例。

（2）舍入误差

尺寸调整操作符的另一个困难是，在倾斜边缘的情况下（见图 3.12 下图），角不放在网格上。这会导致舍入错误，因为坐标使用了整数值。虽然这些舍入误差通常可以忽略，但与坐标

⊖　锐角在版图中通常是不允许的，因为 DRC 工具将有问题的边缘视为"相反"，并将其标记为违反宽度规则。即使这不是制造问题，也应避免这些情况，以尽量减少评估 DRC 所涉及的工作。

系相关的角度可能会改变（见图 3.13c），在某些情况下会产生不希望的结果。例如，这种影响可能会违反设计规则，而这种影响在数学上正确的尺寸调整是不会发生的。

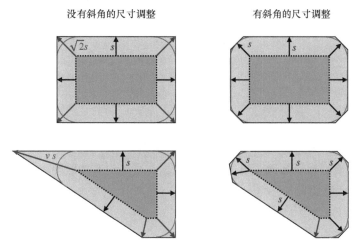

图 3.12　没有斜角（左图）和有斜角（右图）的扩界

（3）不可逆性

如果使用相同的值但在相反的方向上立即相继执行两个尺寸调整操作，则最终结果可能与原始结构不同。原因有很多，如图 3.13 所示：

- 小多边形在尺寸不足时消失（还有窄肋），如图 3.13a 所示。
- 多边形中的小孔在尺寸过大时消失，如图 3.13b 所示。
- 舍入误差导致形状变化，如图 3.13c 所示。

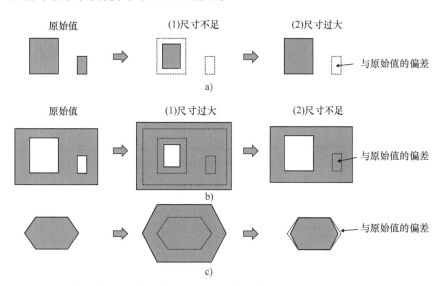

图 3.13　两个具有相同绝对值但符号不同的尺寸调整操作的效果，即在相反方向上调整尺寸，这会产生与原始形状不同的多边形

（4）清理版图

如果使用尺寸调整操作和逻辑链接序列在布局后处理或 DRC 中创建某些版图结构，则这些步骤可能会因舍入误差而产生不需要的形状。这些不需要的形状通常很小。因此，图 3.13a、b 中所描述的效果可以在消除这种小的伪影中起到积极作用。

3.3　掩模数据：布局后处理

3.3.1　概述

在版图完成和最终检查之后，仍有一些任务必须在制作掩模之前执行。一些数据需要删除；而其他数据必须更改；并且必须产生新的数据。这些对芯片版图数据的修改和添加是在布局后处理中进行的，我们将其分为三个阶段：

1）芯片加工（3.3.2 节）。

2）掩模版图（3.3.3 节）。

3）版图到掩模制备（3.3.4 节）。

图 3.14 总结了这些过程阶段和生成的数据。编号（1）~（8）表示内容生成的顺序（步骤）。操作通常因公司而异，也可能因流程而异。上述内容同样适用于术语的选择。因此，我们的概括描述提供了这方面的标准化途径。

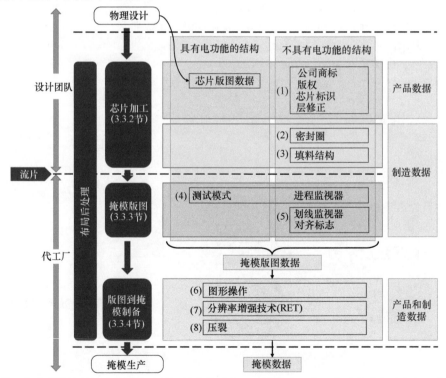

图 3.14　用于将芯片版图转换为掩模生产数据的布局后处理，细分为三个工艺阶段（左图）和八个工艺步骤

在这里，我们只描述了典型操作的关键步骤和数据。在现实世界中，这些过程在某些情况下肯定是不同的。从版图数据中编译掩模数据需要具有丰富经验的工程师，并且在所有公司都由专家进行。

3.3.2　芯片加工

1. 产品结构

在布置好集成电路（即芯片的电活性部分）后，将指定产品的自定义数据引入设计（图 3.14 中的步骤 1）。内容通常集成在活性芯片表面上；必须为这些信息提供可用的表面空间。芯片通常包含公司商标的图像和设计名称，最常见的是芯片名称。还可以包括版权信息，以标记知识产权。该信息通常集成在顶部金属层中，以便其易于可见。我们在图 3.15 中以棕色显示了该数据。

具有设计修订信息的结构通常在有效表面区域的边缘实施。它们要么可读（例如数字），要么为特定公司编码。在此阶段还将输入指定每个掩模的修订级别的结构。这是合理的，因为新的设计修订通常并不意味着所有层都已升级。有时只需要更改几个层，例如布线层对的子集（即金属层和相应的通孔层）中的版图更改。

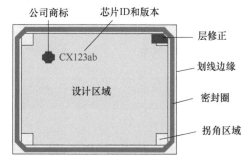

图 3.15　芯片上密封圈（蓝色）的设计和自定义名称的位置（棕色）

2. 制造结构

此外，还产生了对芯片可制造性具有重要意义的附加结构。这些措施通常被标记为可制造性设计（DFM），其中包括密封圈和填充结构（也称为虚拟填充）的制造。

IC 芯片的有源部分（"设计区域"）由密封圈（图 3.14 中的步骤 2）包围，如图 3.15 所示。它确保在有源结构和锯切沟槽之间以及随后的芯片边界之间存在间隙。由于锯切和断裂的共同作用，切屑边界非常不平整。因此，它非常容易被湿气渗透。密封圈的目的是保护芯片内部，防止水分从侧面进入。它还保护活动结构免受锯切造成的损坏。这就是为什么它也被称为划线密封圈。

密封圈的内部设计非常复杂。它通常包含所有加工金属层的堆叠。层中的版图结构由制造厂指定，因此是保密的。

最后，填充物结构以全自动工艺（图 3.14 中的步骤 3）集成在整个芯片区域中，以提高 CMP 工艺可实现的平面度。这涉及在制造期间在 CMP 步骤中平坦化的所有层。这些层中的材料混合物必须按照 CMP 工艺的要求均匀分布。如果不是这样，材料磨损将是不均匀的，并可能导致芯片中的压痕和凹痕。

我们用第 2 章 2.8.3 节中描述的大马士革工艺的例子来解释这些影响。在这个例子中，多余的铜将通过 CMP 工艺去除。选择浆料中的化学活性成分，以便 CMP 仅去除铜而不去除氧化物，我们希望尽可能保持其完整。由于机械 CMP 部件，一些氧化物也被去除。这种现象称为侵蚀。为了保持尽可能平坦的表面，所有地方的侵蚀深度都必须相同。

上述效果如图 3.16 所示。鉴于无铜区域的侵蚀太弱（d），通过引入额外的虚拟填充铜结构来抵消这种影响。由于铜含量过高，氧化物肋受到的压力过大，从而导致过度剥离（b）。因此，在物理设计阶段应注意铜密度不要太高。此外，必须在版图中为非常宽的互连线添加插槽（a）。该程序称为开槽，相当于插入氧化物肋。该措施阻碍了去除过量铜（a）。

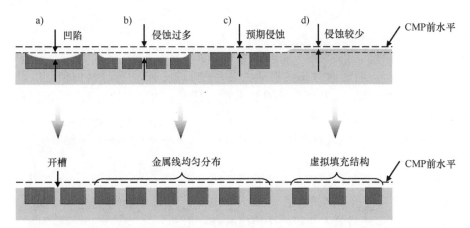

图 3.16　铜 CMP 造成的盘蚀（上图）及补救措施（下图）。在芯片精加工过程中集成虚拟填充结构

添加的"填充结构"不具有电功能，因此必须生成使附近的电活性结构不会受到负面影响的填充结构。例如，在我们的示例中，插入金属中的虚拟填充结构不应在任何地方造成短路。为了确保没有引入此类缺陷，在将版图移交给晶圆厂之前，应再次验证芯片精加工后的完整设计。该验证包括 DRC 和 LVS 检查（第 5 章 5.4 节）。

重要的是，在芯片精加工期间生成的数据应当与版图数据分开存储，即描述电相关芯片结构的数据。我们建议存储在单独的单元中；通常，对于应该使用什么类型的数据层次结构以及应该如何命名单元，都有指导原则。这有助于在芯片精加工中使用自动化工艺。此外，它简化了重新设计，在进行任何版图修改之前，必须移除填充结构。

3.3.3　掩模版图

当要制造芯片系列时，单个裸片以矩阵的形式实例化多次，以产生所谓的掩模版版图。掩模版图由垂直和水平划线组成，这些划线将以矩阵格式放置的各个裸片分开，如图 3.17 所示。该矩阵的大小取决于基于掩模版尺寸的最大可曝光表面积（见第 2 章中的图 2.3 ）。

对于只有少数芯片原型的生产运行，掩模版表面可用于不同的芯片设计。因此，掩模成本可以分摊到各种设计中。图 3.17 所示为用于批量生产运行的带有 9 个裸片的掩模版图。

为了在晶圆工艺结束后使裸片进行单片化，相邻的裸片之间必须有足够的间距。裸片是用金刚石锯或激光束进行切割的。它们在裸片之间切割凹槽，使单个裸片能够被分开。裸片之间的间距为 50～100μm，取决于锯或光束，并被称为"锯沟""锯街"或"划线"。

仅在晶圆制造期间使用的测试图案放置在划线中（图 3.14 中的步骤 4）。有两种类型的测试图案，第一种由用于监控制造过程的测试图案组成（图 3.17 中的蓝色阴影区域）。这些特征用于检查各个工艺步骤是否符合制造公差。这种类型的质量控制可以包括特征尺寸的光学检查或用针尖探针测量电阻值。如果发现任何故障，可以在某些情况下进行纠正。

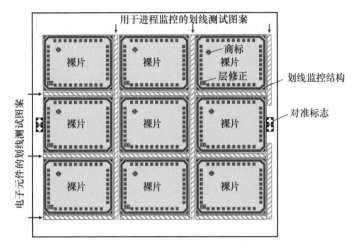

图 3.17　用于批量生产的掩模版图示意图

第二种测试图案由完整的电气基本器件或单元组成。只有当 FEOL 和第一金属层完成后，才能对其进行分析（图 3.17 中的棕色阴影区域）。对于定位，测试图案通常根据其类型进行分类。一种类型指定给垂直划线，另一种类型分配给水平划线。使用这些图案的测试将在将整个晶圆切割成单个裸片之前进行。

有时，在非常大的裸片的情况下，由于缺乏划线空间，所有所需的测试图案都不能进入划线中。有两种方法可以解决这个问题。①锯切沟槽可以加宽以为额外的测试图案创造空间；不幸的是，这会占用晶圆表面。②可以故意省略一些测试图案，以节省晶圆表面，即增加每片晶圆的芯片产量。

划线和测试图案定义完成后，对准标记也放置在掩模相对两侧的划线中（图 3.14 中的步骤 5）。这些对准标记需要在曝光期间对准掩模结构和晶圆结构。我们在第 2 章 2.3.4 节中详细讨论了这种操作。

最后，介绍了金刚石锯或激光束的标记。它们确保锯片 / 光束始终在锯槽中精确切割。

3.3.4　版图到掩模制备

一旦制作了掩模版图（3.3.3 节），必须将其转换为掩模数据，制造系统将使用该数据生成掩模。掩模数据是在由三个阶段组成的全自动布局后处理中生成的（图 3.14 中的步骤 6 ~ 8），总结如下，并在后面详细描述。

1）首先，用图形操作修改版图数据（图 3.14 中的步骤 6）。

2）然后，对图形数据进行处理，如分辨率增强技术（RET），以提高光学分辨率（图 3.14 中的步骤 7）。

3）最后，执行压裂步骤，调整掩模生产器件的数据（图 3.14 中的步骤 8）。

1. 图形操作

为了更好地理解图形操作，我们首先将输入数据（掩模版图）与布局后处理步骤的输出数据进行比较：

- 　输入数据首先转换为平面数据结构。
- 　输出数据将包括输入数据中未包含的额外层。我们称这些附加层为派生层。
- 　输入数据还包含输出数据中不存在的图层，因为这些图层将被删除。我们称这些（输入版图）层为逻辑层。用于生成掩模的其余层称为物理层。
- 　输出数据中的形状将在某些物理层中更改。

掩模版图中的一些单独内容可能已准备好用于第二阶段（图 3.14 中的步骤 7），甚至可以用于第三阶段（图 3.14 中的步骤 8），具体取决于制造工艺。此内容可以从图形操作的修改中排除。来自芯片版图的版图数据总是经受图形操作的影响。

当版图数据已转换为掩模数据时，功能版图数据结构（如块和单元）将不再使用。相反，只有几何结构的层关联与制造掩模相关。因此，数据层次结构将被删除，所有形状都将根据其层进行排序。现在已经删除了层次结构级别，生成的数据称为"平面"数据。

（1）派生层

对于某些层，可以从其他层中的数据导出掩模几何图形，如我们在下面的示例中所述。在这种情况下，版图设计者可以忽略物理设计中的这种类型的层，从而减少了工作量。派生层在版图到掩模制备阶段的图形操作步骤中自动生成。接下来我们使用一个示例来说明派生层。

图 3.18 显示了 NMOSFET 和 PMOSFET 中有源区如何产生的典型示例。在过程 A（上图）中，版图中使用了所有层，因为它们稍后会出现在掩模上。（该过程类似于图 3.8 中所示的过程。）在图 3.18 中，过程 B（下图），三个掩模层 "Active"（场氧化物开口）、"NSD"（n 注入）和 "PSD"（p 注入）通过两个版图层 "n-Active" 和 "p-Active" 的图形操作导出。这里，我们使用逻辑链接操作（见图 3.10）和大小调整操作（见图 3.12）：

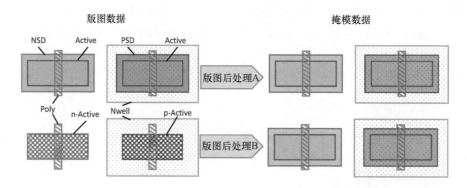

图 3.18　产生 NMOSFET 和 PMOSFET 的掩模数据。布局后处理 B（下图）通过使用图形操作说明了版图简化，其中三个掩模层 "Active" "NSD" 和 "PSD" 是通过两个版图层 "n-Active" 和 "p-Active" 的图形操作导出的。所示图层未在布局后处理 A 中处理（上图）

- "Active" 源自逻辑运算 "Active = n-Active OR p-Active"。
- "NSD" 和 "PSD" 分别来自 "n-Active" 和 "p-Active"，通过使用命令 "NSD = SIZE（n-Active，k）" 和 "PSD = SIZE（p-Active，k）" 来放大 k 值。

过程 B 比过程 A 少一层，并且在物理版图设计中具有更少的形状。k 值是基于过程的最大覆盖误差（即光掩模对准公差，第 2 章 2.4.1 节）。

（2）逻辑层

在版图中，生成掩模时不需要额外的层，但自动几何设计规则检查需要这些层（我们将在 3.4 节中处理这些）。现代制造工艺非常复杂，因此具有复杂的设计规则。规则可以基于给定结构的电功能，因此可以应用于各个层。因此，这个功能对于 DRC 来说必须是可识别的；标识是通过逻辑层提供的。

例如，"Poly" 层中的结构可以用作栅极、电阻器或电容器电极。考虑到相对较高的层电阻，仔细考虑后，它也可以用作互连。让我们假设结构是一个电阻器。图 3.19 描述了可自动识别 Poly 形状电气功能的三种典型方式。

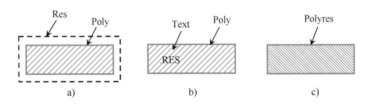

图 3.19　使用逻辑层 "Res"（a）、"Text"（b）或指定物理层 "Polyres"（c）指定版图结构电气功能的选项

（a）我们定义一个层 "Res"，并绘制另一个包围多边形结构的形状。

（b）我们使用层 "Text" 在版图中引入书面指令。我们可以在 Poly 结构上放置解释性文本字符串 "Res"。（根据定义，文本不是形状，不能出现在版图数据中。实际上，它们不占用空间。）

（c）我们为每个电气功能设置了一个单独的绘制层（在本例中为 "Polyres"），该功能可以使用装配层中的结构，并在该层中绘制结构。

所选的指定类型取决于所部署的工具或规则文件所支持的内容。

示例（a）和（b）中的 "Res" 和 "Text" 层称为逻辑层。如前所述，这些层不用于生成掩模。掩模生成层称为物理层。示例（c）中的 "Polyres" 是物理层。我们示例中的制造层 "Poly" 可以在后处理中通过将包含 Poly 结构（代表电阻器、栅极、电容器和 Poly 互连）结合在一起创建，逻辑操作如下：

"Poly =（Polyres OR Polygate OR Polycap OR Polyline）"

除了电气功能外，设计规则通常取决于施加到结构上的电势（这一主题将在第 6 章 6.2 节中详细讨论）。这是另一个例子，说明如何在版图中使用附加层来向 DRC 报告施加在结构上的电势。通常，在这些情况下使用标有适当逻辑层的电压等级（类似于上述示例）。

（3）变更层（预调整尺寸）

在第 2 章中，我们看到了掩模上的形状在制造过程中是如何放大或缩小尺寸并映射到晶圆上的结构的。根据多边形形状，此调整大小可以描述为向外边缘偏移（扩界）或向内边缘偏移（缩界）。在制造过程中，这种边缘移动 k 值可以由工艺图形操作符通过将版图数据中的形状边缘移动一个等效的负值 $-k$ 来补偿。我们在第 2 章 2.4.2 节中将其称为"预调整"操作，并提供了一个工作原理的示例。预调整尺寸旨在呈现版图中的结构，因为它们稍后会出现在已处理的晶圆上。

2. 分辨率增强技术

如今，尖端工艺中的曝光波长大于正在曝光的最小结构。为了克服这种逆转（和"物理矛盾"），需要复杂巧妙的分辨率增强技术（RET），以确保仍然获得光学分辨率（图 3.14 中的步骤 7）。其中一种技术是光学邻近校正（OPC），从而通过改变版图结构，使得照射光刻胶的光的强度分布尽可能接近版图中绘制的结构。第 2 章 2.4.3 节详细说明了两种 OPC 措施。

许多其他 RET 可用于提高光学分辨率。工业上经常使用的选项包括使用相移掩模和多重曝光技术（第 5 章 5.5 节）。另一个发展是使用极短波紫外线辐射（EUV），这需要反射掩模和反射镜来代替透镜。图形数据的必要特定操作也将在版图到掩模制备步骤中执行。对 RET 的详细描述超出了本书的重点，具体可见参考文献 [8]。

3. 压裂

在压裂（图 3.14 中的步骤 8）中，图形数据从物理版图设计中使用的多边形形状（如 3.2.1 节所述，见图 3.6）转换为掩模制造硬件所需的形状。掩模是使用光刻法制作的，其结构与晶圆的结构类似，其中通过涂覆、曝光、显影和刻蚀来构造不透射线的铬层。掩模曝光过程中有两种主要技术：①部署可调孔径，或②使用聚焦电子束直接"写入"系统。

两个彼此正交对齐的可调节孔径构成了孔径系统的基础。多边形必须转换为简单的矩形，才能作为此过程中的输入。

孔径根据矩形边的长度进行调整。在直接写入技术中，电子束一次扫过构造好的掩模一行；在这个工艺中，它被打开和关闭。图形数据中的多边形必须转换为扫描线来指导这项技术。

3.4 几何设计规则

3.4.1 技术约束与几何设计规则

我们将制造方法的局限性和能力称为技术约束。几何设计规则的目的是对这些技术约束进行建模，以用于版图的设计和验证（上述内容也适用于 PCB 设计）。因此，几何设计规则是物理版图设计的约束条件，其合规性确保了版图结果的可制造性（见图 3.1）。

在物理设计中，必须遵守几何设计规则（我们将在本节其余部分中将其称为设计规则或规则）。虽然优化目标（例如，以尽可能小的芯片表面积为目标）没有固定值，因此被视为"软"标准，但设计规则定义了边界值，因此是"硬"标准。

设计规则检查（DRC）验证版图是否符合几何设计规则。如果未发现任何缺陷，版图将标记为无错误。该验证步骤在电子制造中至关重要。应用于 IC 设计，积极的结果意味着版图数据可以进入流片阶段（见图 3.14），这意味着它可以在不受技术限制的情况下进行制造。

"无错误"的定义存在几个问题。例如，尽管已经完成了积极的 DRC，但无法按预期制造版图结构的特定配置，根据定义，这不是版图错误。这意味着版图不是问题的原因，而是相应设计规则中未正确建模的（未满足的）技术约束。这种设计规则被称为非鲁棒性。因此，正确建模技术约束的设计规则是具有鲁棒性的。此外，当版图可以安全生产时，尽管存在制造公差，我们称其为稳健版图。由此，我们可以看出，版图要实现鲁棒性，必须无错误，设计规则必须是鲁棒性的。我们将在下面的 3.4.2 节中用一些例子来证明这一发现。

另一方面，违反设计规则仍然是版图错误，即使违反了该规则，仍可以继续制造。有几种情况无法避免此类事件（第 5 章 5.4.1 节）。

3.4.2　基本的几何设计规则

在一个简单的设计规则中定义了特定版图特征的尺寸（通常称为结构尺寸）的允许值范围。以下范围选项可用：

（a）structure_size ≥ min_value。

（b）structure_size ≤ max_value。

（c）structure_size = exact_value。

常数 min_value、max_value 和 exact_value 是特定于技术的。设计规则通常定义最小值（情况 a），例如最小线宽。在极少数情况下，可以规定最大值（情况 b）或甚至精确值（情况 c）。通过结合情况 a 和情况 b，设计规则也可以指定值范围。

一般来说，structure_size 表示相对多边形边之间的间距。因此，可以以多种方式组合此参数：边可以属于同一多边形，也可以属于不同的多边形。在后一种情况下，多边形可以属于同一层或不同层。最后，指定的尺寸可以指的是多边形的内部或外部。基本设计规则组源自这些组合，见表 3.1。它们的名称描述了规则处理的版图排列类型。

表 3.1　基本设计规则组（左侧）涵盖各种边缘、形状和图层组合

设计规则	边缘间的关系	形状数量	层数
宽度	内部 / 内部	1	1
间距	外部 / 外部	（a）1 或 2 （b）2	（a）1 （b）2
延伸	内部 / 外部	2	2
侵入	内部 / 内部	2	2
围绕	外部 / 内部	2	2

表 3.1 所示的基本设计规则的几个典型示例如图 3.20 所示。规则所指的多边形边为红色。需要进一步定义两条边"相对"的情况，以便有意义地应用这些规则。如果被测区域的边与边之间的夹角小于 90°（见图 3.20 中的箭头），则称边与边相对。换句话说，如果它们彼此平行或它们之间的角度是锐角，则它们被认为是相对的。如果是这种情况，则应用并检查相关规则（图 3.20 上图）；否则不适用（图 3.20 下图）。

如果相对的边缘接触（这只会发生在锐角上），这通常表示宽度和间距规则有缺陷，因为这两个规则都需要考虑边缘的最小距离。这些情况如图 3.20 中的深蓝色图形所示。

在彼此成锐角的相对边缘不接触的情况下，也需要注意。这些版图要素的宽度和间距测量值取决于规则是否需要最小值或最大值。后者如图 3.20 中虚线箭头所示。

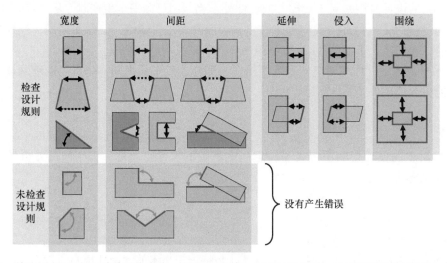

图 3.20　基本几何设计规则说明（宽度、间距、延伸、侵入和围绕）。虽然宽度规则涉及一个层，但间距规则可以考虑一个或两个层。延伸、侵入和围绕规则（前两个有时松散地定义为"重叠规则"）涉及两个不同的层

需要注意的是，仅与一层相关的几何设计规则，即宽度和间距规则，是从半导体工艺的分辨率能力得出的。具体而言，这些规则由最小的可制造特征尺寸决定。

1. 示例 1

现在，让我们通过一个示例来可视化这些单层规则。金属层的简单版图实例如图 3.21 所示。版图包括两个平行互连。左侧绘制了两种不同的版图；两者都是无错误的。在这两种情况下，根据各自的设计规则以最小宽度和最小间距生成互连。在上方的情况下，设计规则是"非鲁棒"的，即技术约束没有在相应的设计规则中正确建模。在下方的变体中，设计规则是鲁棒的，即它们对技术约束进行建模，从而可以安全地产生版图，而不考虑制造公差。

这两种变体清楚地表明了不可避免的制造公差的后果，这可能导致"两个方向"的偏差。这些结果说明①图 3.21 的中间列中的互连小于标称尺寸，②在右列中的互连大于标称尺寸。在第一种情况下，应用非鲁棒设计规则可能会导致断路，在第二种情况下可能会导致短路。通过使用鲁棒性的设计规则避免了这些关键故障，如下面的变体所示。

2. 示例 2

涉及两层的设计规则与可能出现的最大重叠误差有关（第 2 章 2.4.1 节）。因此，这些规则基于掩模对准和曝光的公差。

NMOSFET 版图示例如图 3.22 所示。左边有两种不同的版图。同样，我们假设两种版图都是无错误的（即它们符合各自的规则）。由于规则是非鲁棒的，上方版图是非鲁棒性的。在下方

的情况下，版图是鲁棒性的，因为"围绕"和"延伸"重叠规则是以鲁棒的方式制定的，这两个规则对覆盖错误至关重要。三列中描述了三种不同叠加误差的结果，即不同的未对准掩模。图中显示了与上方变体相关的不同错误。同样，这些错误可以通过遵循鲁棒性规则来避免。

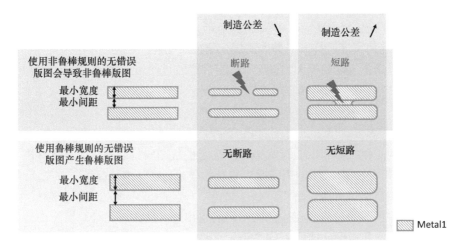

图 3.21　适用于一个图层的设计规则的版图示例。公差的后果可能导致更小（中图）或更宽（右图）的导线宽度，这取决于强加的设计规则的鲁棒性（左图）。无论制造公差如何，都可以安全地产生鲁棒性的布局

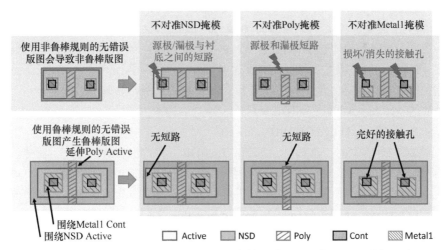

图 3.22　适用于两层的规则的版图示例。通过使用鲁棒性的"围绕"和"延伸"重叠规则，即这些规则正确地模拟了各自的技术约束，有效地缓解了掩模不对准的后果（下图）

图 3.21 和图 3.22 中的示例均与要求最小值的设计规则有关。然而，单层设计规则也可以具有最大值。如前所述（见图 3.16），这些限制包括与 CMP 工艺相关的限制。限制金属结构的宽度以避免凹陷效应是一个主要例子。上限通常应用于"Active"层的间距，因为嵌入的 STI 结构在硅晶体中产生机械应力。这反过来影响电荷载流子迁移率，从而影响掺杂区域的导电性。

在图 3.13 中，我们展示了一种通过按相同的常数系列减小尺寸和增大尺寸来消除"小"形状的程序。这是一个用于检查最大宽度的优雅的解决方案。因此，通过将尺寸值设置为 max_value/2，并在相应的层中执行"缩界"和"扩界"，可以非常容易地定位（然后校正）感兴趣的形状。

最先进工艺中的触点和通孔通常由设计规则定义，这些规则不是基于不等式（即参数范围），而是定义了精确的宽度。其原因是中间氧化物的结构化工艺对于该尺寸非常精确地优化。如果两个金属层之间的电流需要更大的截面积，则只能通过使用更多的通孔（也称为"多通孔"或"通孔阵列"[4]）来实现。这同样适用于接触孔。

3.4.3　程序化几何设计规则

除了我们迄今讨论的"基本"设计规则有效确定的版图安排之外，通常还有许多版图群组（即多层形状的特定组合），其技术约束需要更复杂的描述。在这些情况下，首先通过 3.2.3 节中描述的图形操作提取感兴趣的版图群组，如"选择""调整大小"和"逻辑链接操作"。可能需要生成任意数量的中间结果，直到待验证的几何场景出现在所谓的"计算层"中。然后在此结果上"运行"一个基本几何设计规则（3.4.2 节），以识别任何违反设计规则的情况。

在这种情况下，设计规则被称为"编程"。现代工具有许多编程设计规则的功能。接下来我们将举两个简单的例子。

1. 示例 1

让我们检查图 3.8 中的反相器版图。对于 PMOSFET（图 3.8 右图），N 阱必须将形状包围在 Active 区域中。这是在考虑工艺覆盖时确保 Active 区完全嵌入 N 阱（背栅 N 阱）中的唯一方法。另一方面，NMOSFET 的 Active 区和 N 阱之间必须有一个安全距离，以使该晶体管完全嵌入右背栅（P 阱）。为了通过设计规则满足这两个约束，必须区分两个 Active 区及其与两个不同晶体管的关联。这可以通过使用以下"选择"命令定义 Active 区域来实现：

（a）PMOS-Active = Active INSIDE Nwell

（b）NMOS-Active = Active OUTSIDE Nwell

当我们将这些命令中的"选择"运算符"INSIDE"和"OUTSIDE"分别替换为布尔运算符"AND"和"ANDNOT"时，可以在本示例中获得相同的结果。在生成了"PMOS-Active"和"NMOS-Active"层之后，现在可以在以下简单的设计规则中分别处理这两种情况：

（a）ENCLOSURE（PMOS-Active, Nwell, min_value_2）

（b）SPACING（NMOS-Active, Nwell, min_value_1）

2. 示例 2

源极和漏极区域应始终与尽可能多的接触孔电连接，否则从源极到漏极的电流将不均匀分布，导致 FET 响应在"ON"状态下降低。图 3.23 显示了未满足此约束的 NMOSFET。

可以使用图 3.23 示例中所示的指令序列检查该约束。第一步，源极区和漏极区被提取并写入层"X1"。第二步，冲压出接触孔，并将结果写入"X2"层。然后在第三步和第四步中以一个明确的值执行一个缩界和扩界序列。通过仔细设置清除值，计算的层"Result"表明有足够

的空间在源极 / 漏极部分放置（额外的）接触孔。

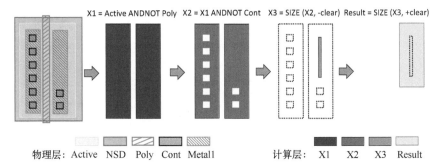

图 3.23 设计规则编程示例，在计算层（X1、X2、X3 和 Result）和指令序列（例如，缩界和扩界）的帮助下，定位缺少接触孔的源极 / 漏极区域（黄色，右侧）。计算层（如"Result"层）可以作为 DRC 中的错误层，可视化设计规则冲突

3.4.4 裸片装配规则

对于用于电子系统的 IC，芯片的裸片必须①牢固地安装在预期系统的器件中，并且②（通过芯片的外部连接器）与系统电连接。

版图区域上的这些外部连接器通常称为焊盘。然而，在芯片中，焊盘不仅仅是简单的电接触点。通常，它们包含在包含完整功能块的所谓焊盘单元中，不仅包含用于外部触点的金属表面积，还具有保护芯片核心免受冲击电压即静电放电（ESD，第 7 章 7.4.1 节）损坏的电路。焊盘单元通常还包含驱动器电路。

目前可用于实现芯片裸片和（下一个更高级别）电子系统之间的技术接口[3] 有许多选项。为了确保这些选项能够实施，在 IC 物理设计期间必须考虑进一步的标准和约束。它们被称为裸片装配规则。

一种常见的组装方法是将芯片的裸片放置在一个称为芯片封装的外壳中。芯片封装中的裸片截面图如图 3.24 所示。裸片安装在称为引脚框架的金属基板上，然后裸片焊盘连接到引脚框架上的接触点。例如，这些接触点后来成为封装芯片上的外部连接（也称为封装的引脚），可以焊接到 PCB 上。键合线通常用于进行这些连接，在这种情况下，焊盘也称为键合焊盘[⊖]。

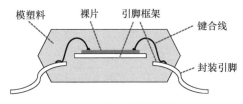

图 3.24 芯片封装的截面图

⊖ 除了通过键合线在外壳内接触，其他接触方法也可用。在这一点上，我们将不详细讨论这些其他选项，以使我们的内容保持简单。

　　然后将整个结构封装在塑料中，即模塑料。在此过程中，引脚框架上的封装引脚被冲压出来，以便它们彼此电隔离。使用这种封装方法，芯片通过模塑料进行机械稳定。

　　为了使芯片适合批量生产中的这种组装操作，在版图设计过程中必须遵循管芯组装规则。如图 3.25 中的示例所示，一些典型的管芯装配规则如下：

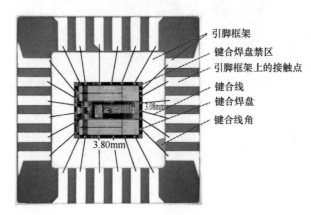

图 3.25　24 引脚封装芯片的键合图，芯片焊盘和引脚框架上的接触点之间有键合线。该顶视图补充了图 3.24 中的剖面图

　　·　裸片必须安装在引脚框架上。通常为此目的定义封装规则。该规则定义引脚框架矩形必须比裸片大多少。

　　·　宽度和间距规则适用于芯片上的键合焊盘。要观察的值取决于键合线和键合设施的厚度。

　　·　在平面图中，键合线之间必须有最小间距。

　　·　键合线角度不得任意尖锐，即键合线的角度有一个最小尺寸（图 3.25 中的蓝色角）。

　　·　裸片角中不应有任何键合焊盘（图 3.25 中的红色部分）。这是为了避免键合期间裸片断裂的风险。

　　·　裸片不得比引脚框架小得多，因为键合线的长度不得超过最大值。这是为了避免在制模过程中相邻键合线彼此接触（从而形成短路）的风险。

　　图 3.25 所示的键合图显示了键合焊盘如何与引脚框架上的接触点电连接，即所谓的固定，还详细说明了上述裸片装配规则。

3.5　库

　　创建原理图时，我们使用库中的器件符号，并根据设计要求连接它们。除了网表和输入激励之外，模拟设计还需要一个器件模型库。生成版图需要网表、技术文件和器件版图（后者同样由数字器件的库提供）。

　　因此，每个设计流程本质上都与库耦合。库包含相关的设计信息，例如设计规则，以及为宏和标准单元等组件预先设计的版图。

对于每个组件，库必须提供三个方面：①表示其类型和接口的符号，②描述其行为的模型，以及③描述其几何结构的版图（见图 3.26）。这不仅适用于 IC 单元，也适用于布置在 PCB 上的分立器件，如晶体管、电阻器和电容器，以及符号视图、行为描述和外壳几何形状[1]。

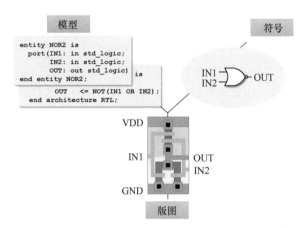

图 3.26　库组件（如 NOR 门）的三个方面可以用 Gajski-Kuhn Y 图（第 4 章 4.2.2 节）中的视图表示。这些方面或视图在不同的设计阶段发挥作用，如电路设计（符号）、仿真（模型）和物理设计（版图）

接下来，我们通过介绍 IC 设计中使用的库（3.5.1 节和 3.5.2 节）和 PCB 设计库（3.5.3 节）来研究所有设计流程的这些重要组成部分。

3.5.1　工艺设计包和基本器件库

在设计芯片时，必须了解用于制造的技术。可用的基本器件及其电性能和设计规则取决于该技术。因此，每个代工厂都为其每种技术提供工艺设计包（PDK）。设计过程中感兴趣的制造工艺特性由 PDK 表示，它基本上构成了电路设计、仿真、物理版图设计和该技术验证的基础（见图 3.27）。除此之外，每个 PDK 包含以下内容：

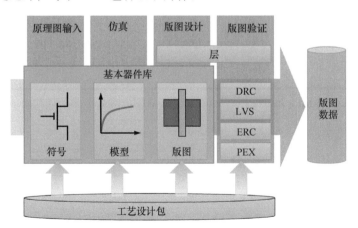

图 3.27　工艺设计包（PDK，蓝色显示）的元素及其与各种设计步骤的关系。PDK 包含基本器件库，其中包括晶体管、电阻器和电容器等基本器件

- 包含器件符号和模型以及参数化单元（PCell）的基本器件库。
- DRC、LVS 和其他设计验证步骤的验证平台。
- 技术数据，如层、薄层电阻和布线规则。

简而言之，PDK 用于设计、仿真、绘制和验证设计，然后将其交给代工厂进行芯片生产。代工厂提供专有 PDK，支持不同（商业）设计、仿真和验证工具。

技术支持的器件存储在 PDK 的基本器件库中。该库包含不同的晶体管（MOSFET、双极晶体管）、电阻器、电容器、二极管和可以在该技术中构建的 I/O 单元。对于原理图设计，这些器件中的每一个都包含一个符号和器件参数列表，例如晶体管的宽度和长度。

可以基于 PDK 中包含的仿真模型通过仿真验证电路功能。除了直流工作点分析、交流分析和瞬态分析之外，SPICE 器件模型通常还支持最佳 / 最坏情况角模拟和蒙特卡洛模拟。使用后者，同样可以模拟工艺参数变化和相同器件参数之间的统计失配。可以从蒙特卡洛模拟的结果得出制造产量的估计。

对于物理设计，PDK 包含一个版图生成器，称为每个器件的参数化单元（PCell）。这些程序可以根据传递给它们的参数自动创建版图。例如，晶体管 PCell 使用在该晶体管的原理图和版图设计期间定义的宽度、长度和其他参数来生成晶体管版图（第 6 章 6.4 节）。

从本质上讲，器件可以用于电路原理图、仿真以及通过上述符号、模型和 PCell 创建版图时，这些符号、模型、PCell 也代表了我们的三个视图（见图 3.26）。只有在稍后的器件生成、放置和布线过程中，才必须考虑技术层。为此，PDK 为每个图层指定了一系列属性：图层名称及其在布局编辑器中的图形表示、技术特性，如薄层电阻（第 6 章 6.1 节）和薄层 / 线路电容以及布线规则（如首选方向和间距）。通常还提供用于连接相邻金属层的不同通孔图案（例如，堆叠、阵列）的版图。

如前所述，通过在物理设计期间和之后执行版图验证，可以确保集成（子）电路的可制造性，并检测设计缺陷。因此，每个 PDK 都包含用于不同验证步骤和工具的规则组，例如设计规则检查（DRC）。

PDK 还包含版图与原理图（LVS）检查的规则。LVS 从版图中提取网表，并将其与相应原理图的网表进行比较。

提取的网表还可以与用于寄生提取（PEX）的版图一起使用。PEX 产生的结果类似于 LVS 提取的网表，但它也包含发生在互连层中以及互连层和硅衬底之间的寄生电阻器、电容器和电感器（即寄生器件）。然后模拟该"寄生扩展"网表，以验证尽管存在这些寄生器件，电路是否仍能正常工作。为了实现这一点，PEX 参考了 PDK 中的详细描述，包括垂直层结构和支持的验证工具的配置。

PDK 还可以包含其他验证步骤的规则检查，例如天线规则检查和电气规则检查（ERC）。这些和上述验证步骤将在第 5 章 5.4 节中详细讨论。

3.5.2　单元库

1. 标准单元库

数字（子）电路的设计需要标准单元库。标准单元执行低级逻辑功能；它由通过互连结构连接的多个晶体管构成。所有标准单元都具有可变宽度，但具有相同或少量固定高度之一（第

4 章 4.3.1 节）；因此，单元高度被限制为一个或少数"标准"大小，因此得名。一些相关的标准单元示例是组合元件，如 NAND 或 NOR 门，以及存储元件，如触发器和锁存器[⊖]（见图 3.28）。

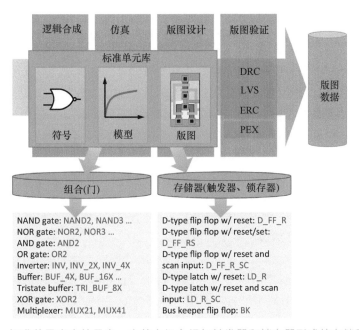

图 3.28　标准单元库中的元素，由基本组合门与触发器和锁存器形式的存储元素组成

库中的每个标准单元都分配了与基本器件类似的符号、模型和版图（3.5.1 节）。然而，模型通常以 VHDL 或 Verilog 代码的形式提供，并为数字仿真分配了额外的时序信息。不使用版图生成器，因为每个标准单元功能都已具有优化的固定版图。

标准单元库与特定 IC 制造工艺直接相关，因此通常可从制造商（即晶圆厂）处获得。由于这些晶圆厂严格保护自己的知识产权（IP），有关标准单元内部版图结构的详细设计信息有时被保密。因此，只有外部界面和形状信息在库中可供承包商使用。隐藏的内部结构仅在晶圆厂中的掩模生成期间插入 [1]。

2. 焊盘单元库

焊盘单元提供了将 IC 核心连接到周围世界的方法，即连接到层次结构中的下一个更高级别。它们的任务是，①缓冲输入信号，②驱动外部负载并适应外部逻辑电平，③提供电源电压，以及④屏蔽核心以防静电放电（ESD）、错误极性和瞬变。

焊盘单元通常具有保护性防护结构。这些保护结构由连接到焊盘供电环的集成二极管组

⊖　触发器和锁存器是具有记忆 / 存储功能的电路元件。这种记忆功能在大多数数字系统中都是需要的，因为输出通常不仅取决于当前的输入（如在组合网络中），还取决于决定系统状态的先前输入和输出。

成，保护内部核心免受破坏性 ESD 事件的影响（第 7 章 7.4.1 节）。

3. 宏库

宏库包含宏单元，通常简称为宏，是执行扩展功能的基本单元的预先设计组合。它们可以分为①具有固定形状的硬宏，因此已经完全放置和布线，以及②具有灵活形状的软宏，因为它们的内部布局和布线尚未定义。

3.5.3 印制电路板设计库

在 PCB 设计中，库也是用于组织元素的文件或数据库，这些元素可以在物理设计期间多次重复使用。PCB 库包括保存原理图设计符号的符号库，包含器件封装（焊盘图案）的封装库，以及具有仿真程序模型的模型库。虽然在 IC 芯片设计中，库元素的这三个方面组合在单个技术库中，但在 PCB 设计中，它们通常存储在单独的（技术）库中。

库通常可以通过库管理系统进行搜索。绘制 PCB 设计时，所需元件的副本将放置在电路原理图或版图中。在这里，这个过程也被称为实例化，就像芯片设计一样。

在 PCB 库中，不同的库元素可以相互引用。PCB 库通常与特定的工具和工具提供商绑定；因此，用于 PCB 设计的符号、封装和模型库在不同的设计工具之间通常不可互换。这些库以 ASCII 或二进制格式存储，具体取决于工具提供商。

1. 符号库

符号库包含创建电路图所需的符号（见图 3.29）。可以在库管理系统中搜索、查看、选择和实例化这些符号。符号库中的符号通常关联物理器件的一个或多个合适的封装。通常也可以存储其他信息，例如制造商、供应商或电气模型的链接。

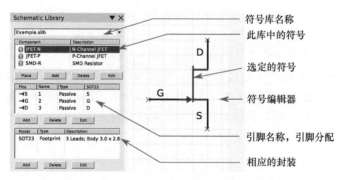

图 3.29　n 沟道结型 FET 原理图库示例

如果使用的库没有包含所需的符号，设计工具通常允许设计者使用符号编辑器创建新符号并将其存储在符号库中。新符号应具有设计过程所需的所有信息，例如与封装的链接、引脚分配以及到电气模型的链接（如有必要）。

2. 封装库

虽然术语"封装"（也称为"焊盘图案"）通常用于描述焊盘或通孔的排列，以将元件物理连接和电气连接到 PCB 上，但它也适用于库。这里，该术语的使用范围更广，涵盖了 PCB 设计所需的器件的所有物理信息。除了各个层（布线层、阻焊层、焊膏层、丝网层、机械层、钻孔、切口等）的几何描述之外，封装也可以包含三维（3D）物理器件模型。

封装在封装库中进行管理，其示例如图 3.30 所示。

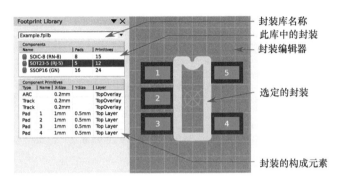

图 3.30　5 引脚 SMD 封装的封装库示例

原理图上的每个器件符号都与封装库中的一个（或多个）封装关联。在从电路图到 PCB 版图设计的转换过程中使用此关系，以从封装库中导出相关封装图，然后可将其放置在 PCB 上。

新的封装可以在封装编辑器中设计并存储在库中；然而，应注意的是，封装是否适合于未来的制造技术。如果在其他制造步骤中需要 PCB 作为 3D 模型，则必须包含与器件匹配的 3D 物理模型。

3. 模型库

模拟程序的电气模型，如 PSpice™、LTSpice™ 或 SIMetrix™，排列并存储在模型库中。它们包含器件电气响应的书面描述（见图 3.31）。

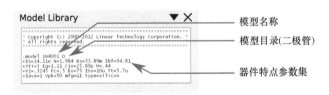

图 3.31　带有参数的二极管模型库示例

该模型描述了电阻器、电容器和电感器等基本元件的电气行为。半导体二极管和晶体管的模型通过许多特性参数与所讨论的器件相适应。更复杂的器件通过连接多个基本元件来建模。

为了保护其知识产权，一些供应商模型仅作为加密实体提供，不允许深入了解仿真模型的内部工作。

参 考 文 献

1. D. Jansen et al., *The Electronic Design Automation Handbook* (Springer, 2003). ISBN 978-1-402-07502-5. https://doi.org/10.1007/978-0-387-73543-6
2. K. Kundert, *The Designer's Guide to Spice and Spectre* (Springer, 1995). ISBN 978-0-792-39571-3. https://doi.org/10.1007/b101824
3. J. Lienig, H. Bruemmer, *Fundamentals of Electronic Systems Design* (Springer, 2017). ISBN 978-3-319-55839-4. https://doi.org/10.1007/978-3-319-55840-0
4. J. Lienig, M. Thiele, *Fundamentals of Electromigration-Aware Integrated Circuit Design* (Springer, 2018). ISBN 978-3-319-73557-3. https://doi.org/10.1007/978-3-319-73558-0
5. F.N. Najm, *Circuit Simulation* (Wiley, 2010). ISBN 978-0-470-53871-5
6. J.M. Rabaey, A. Chandrakasan, B. Nicolic, *Digital Integrated Circuits—A Design Perspective* (Pearson Education India, 2017). ISBN 978-933-257392-5
7. S.M. Rubin, *Computer Aids for VLSI Design—Appendix D: Electronic Design Interchange Format* (Addison-Wesley Publishing Company, 1987). ISBN 0-201-05824-3. https://www.rulabinsky.com/cavd/index.html
8. A.K-K. Wong, *Resolution Enhancement Techniques in Optical Lithography* (SPIE Digital Library, 2001). PDF ISBN 978-081947881-8, Print ISBN 978-081943995-6. https://doi.org/10.1117/3.401208

第 4 章

物理设计的方法：模型、风格、任务和流程

在第 2 章中我们介绍了技术，在第 3 章中我们看到了这些技术如何与物理设计结合。在本章中，我们现在提供物理设计过程的端到端概述，即如何物理构建电子电路的版图。在本章中，我们介绍了工程师执行这项任务所必须具备的基本知识。在第 5 章中，我们将进一步详细讨论每个具体的物理设计步骤。

本章首先介绍了设计流程（4.1 节）、设计模型（4.2 节）和设计风格（4.3 节）。接下来，我们研究了各种设计任务和相关工具（4.4 节），然后讨论了优化目标和设计约束（4.5 节）。到目前为止，我们的内容主要集中在数字设计流程上。在 4.6 节中，我们介绍了模拟、数字和数模混合信号设计流程的特点及其差异。展望未来，我们在本章结束时提出了两种不同但互补的模拟设计自动化愿景，以克服模拟 - 数字设计差距（4.7 节）。

4.1 设计流程

我们可以将电子电路或任何工业产品的设计流程分为不同的阶段（见图 4.1）。该顺序过程中的每个阶段都关注电路的特定方面，一个阶段的输出通常成为下一阶段的输入。

在这个过程的设计阶段，一个接一个地生成一组文档，通常是电子文件和工件。这些文件基于所设计电路的输入规范；必须完全正确地定义它。电路必须以这样的方式进行描述，即（在制造阶段）能满足规范中的所有要求。

在设计电子电路时，必须有效地管理数百万甚至数十亿件项目。如此复杂的任务需要完全系统的方法。尽管保证完美无瑕的全自动设计流程今天仍然遥不可及，但在实践中，某些设计策略已被证明对实现图 4.1 中的设计阶段非常有用：

图 4.1　产品开发流程的主要阶段

- 将整个设计过程拆分为单独的设计步骤。
- 在每个设计步骤中附加一个验证步骤。

正如我们将在本章中看到的，查看设计过程的一种有用的方式是将设计和验证步骤作为一个连续序列，如图 4.2 所示。

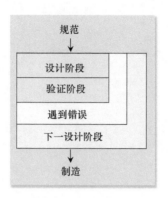

图 4.2　作为设计和验证步骤（循环）序列的一般设计流程

　　随着高度复杂的集成电路的问世，将设计过程分为多个设计步骤的需求首先出现，这与根据摩尔定律的数字系统的发展（第 1 章中的图 1.11）相吻合。图 4.3 描述了这种分步设计方法，说明了现代超大规模集成电路（VLSI）$^\ominus$ 的设计流程。如下所示，在流程开始时执行的步骤比接近结束时的步骤更抽象。在工艺结束时，在制造之前，每个电路元件的几何形状和电气特性的详细信息是已知的。图 4.3 右侧的展开图说明了物理设计步骤的处理过程。

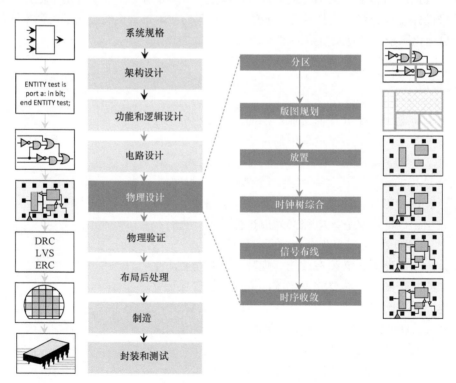

图 4.3　VLSI 设计流程中的主要步骤，重点是物理设计 [2]

　　$\ominus$　我们使用术语"VLSI"来表示纯数字 IC，它代表了电路复杂性的领先优势。

1. 系统规格

系统的总体目标和高级需求由芯片架构师、电路设计师、产品营销人员和运营经理共同定义。在专用集成电路（ASIC）的情况下，通常是按订单制造的，客户还需要参与初始设计阶段。这些目标和要求涵盖功能、性能、物理尺寸和制造技术 [2]。

2. 架构设计

必须设计基本架构以满足系统规范，如前一步所述。所涉及的一些决策是 [2]

- 硬件和软件的分区。
- 模拟和数模混合信号块的集成。
- 内存管理（串行或并行）和寻址方案。
- 计算核心的数量和类型，如处理器和数字信号处理（DSP）单元以及特定的 DSP 算法。
- 内部和外部通信，支持标准协议等。
- 软硬知识产权（IP）块的使用。
- 引脚、封装和管芯封装接口。
- 电源要求。
- 工艺技术和层堆栈的选择。

3. 功能和逻辑设计

一旦整个系统的架构达成一致，就必须定义每个模块（如处理器内核）的功能和连接。在功能设计期间，仅确定每个模块的高级响应（输入、输出、时序行为）。

通过定义芯片或芯片内模块的功能和时序行为的软件程序，使用硬件描述语言（HDL）在寄存器传输级（RTL）执行逻辑设计。两种常见的 HDL 是 VHDL（美国国防部于 1983 年左右建立的超高速集成电路 HDL）和 Verilog（Gateway Design Automation 于 1985 年左右建立的"验证"和"逻辑"两个词的组合）。HDL 模块本质上是由设计者编写的软件程序；并且在功能和逻辑设计期间作为芯片行为模拟的一部分运行。它们实现了所代表的"硬件"模块的功能、输入、输出和时序行为。HDL 模块在用于逻辑合成之前必须经过彻底模拟和验证其正确性，如下所述。

逻辑综合工具将 HDL 转换为低级电路元件的过程自动化。HDL 综合工具本质上将类似 HDL 语句的编程语言翻译（即转换）为逻辑门和低级电路元件的相应表示。以这种方式，逻辑综合工具将 Verilog 或 VHDL 描述和技术库作为输入，并将所描述的功能映射到信号网络或网络列表以及特定电路元件（例如标准单元和晶体管）的列表。在这种情况下，可以省略下一步"电路设计"，因为这些网表用于物理设计。

4. 电路设计

除模拟单元外，必须在晶体管级设计几个关键的低电平数字元件；这个过程被称为电路设计 [2]。在电路级设计的元件中有模拟电路、静态 RAM 块、I/O、高速功能（乘法器）和静电放电（ESD）保护电路。电路级设计的正确性主要由电路仿真工具（如 SPICE）验证。

5. 物理设计

在物理设计期间，输入网表（由宏、单元、门、晶体管等逻辑和电路级设计组件组成）用几何表示实例化。换句话说，所有宏、单元、门、晶体管等都是使用每个制造层的形状和尺寸定义的，在芯片上分配空间位置（放置），并在金属层中完成适当的布线连接（布线）。物理设计的结果是一套必须随后验证的制造规格。

物理设计是基于规则的：这些规则反映了制造介质的物理限制。例如，必须根据目标制造介质预定义导线之间的最小距离及其各自的最小宽度。此外，设计版图必须在每个新的制造技术中重新创建（迁移），以便它遵守新技术的设计规则。

在本书中，我们强调物理设计是芯片设计中的重要一步，因为它直接影响电路性能、面积、可靠性、功率和制造成品率。

由于其高度复杂的性质，数字IC的物理设计本身分为以下几个关键步骤（见图4.3）[2]。（这些步骤在第5章中有详细描述。）

· 分区将电路划分为更小的子电路或模块，每个子电路或模块可以单独设计或分析。

· 版图规划（又名芯片规划）决定了子电路或模块的形状和版图，以及外部端口和IP或宏块的位置。它包括电源和接地布线，将电源（VDD、PWR）和接地（VSS、GND）网络分布在整个芯片上。

· 放置决定了每个块内所有单元的空间位置和方向。

· 时钟树综合确定时钟信号的缓冲、选通（例如，用于电源管理）和布线，以满足规定的误差和延迟要求。

· 信号布线，包括：

– 全局布线分配用于连接的布线资源；示例资源包括全局布线单元（gcells）中的布线轨迹；

– 详细布线将布线分配给全局布线资源中的特定金属层和布线轨迹。

· 时序收敛通过专门的放置和布线技术优化电路性能。

在详细布线后，在小规模上精确优化版图 [2]。从完成的版图中提取寄生电阻（R）、电容（C）和电感（L），并传递给时序分析工具以检查芯片的功能行为。如果分析显示错误行为或针对可能的制造和环境变化的设计余量不足（保护带）不足，则应逐步更新设计，以缓解此类缺陷并优化设计。

正如后面详细描述的（4.6、4.7节和第6章），模拟电路的物理设计使用了一种非常不同的方法。这里，模拟电路元件的几何表示是使用版图生成器或通过手动绘制创建的，而不是像数字版图设计那样从库中选择预先设计的单元。这些生成器使用具有特定电气参数的电路元件，例如电阻器的电阻，并相应地生成适当的几何表示，例如具有自动计算的长度和宽度的电阻器版图，以产生所需的电阻。在放置步骤中必须考虑其他要求，例如匹配对称行为的器件，并且布线步骤中需要调整互连导线宽度，以提供足够的电流截面积。

6. 物理验证

物理设计完成后，必须对版图进行充分验证，以确保正确的电气和逻辑功能。如果物理验证期间标记的一些问题对芯片成品率的影响可以忽略不计，则可以容忍这些问题。在其他情况下，版图必须更改，但这些更改必须最小，不应引入新问题。因此，在此阶段，通常由经验丰富的设计工程师手动修改版图。第5章5.4节详细介绍了主要的物理验证方法，总结如下：

- 设计规则检查（DRC）验证版图是否满足所有技术约束。这些设计规则包括以下类别。
- 几何设计规则，要求版图多边形的宽度、间距、延伸、侵入和围绕的最小值或最大值。这些规则确保由于工艺精度，可以在硅上正确生成版图结构·
- 层密度规则，以确保化学机械抛光（CMP）产生所需的平面度；
- 天线规则检查，旨在防止天线效应，在等离子体刻蚀期间，天线效应可能通过在金属和多晶硅线上积累过量电荷而损坏薄晶体管栅极氧化物。
- 版图和原理图（LVS）检查验证布局与输入网表的电气符合性。网表由版图导出，并与逻辑综合或电路设计产生的原始网表进行比较。
- 寄生提取（PEX）从版图元素的几何表示中导出版图元素的电参数；这些与网表一起使用，以验证电路的电气特性。
- 电气规则检查（ERC）涵盖了确保设计功能的额外要求。例如，ERC 验证电源和接地连接的正确性，以及信号转换时间（转换）、容性负载和扇出是否受到适当限制。

7. 布局后处理

最后经 DRC/LVS/PEX/ERC 后规范的版图数据再经历布局后处理，其中对芯片版图数据进行修改和添加，以便将物理版图转换为掩模生产数据（掩模数据）。该后处理可分为三个步骤：①芯片精加工，②掩模版图，以及③版图到掩模制备（我们都在第 3 章 3.3 节中详细介绍）。

8. 制造

然后，掩模数据用于在专用硅铸造厂进行制造。设计移交到制造过程被称为流片，这是一个历史术语，指的是在前几代中使用磁带介质制作的大型文件。生成用于制造的数据有时也被称为流输出 [2]。

在制造厂，使用光刻工艺将设计图案印到不同的层上。（我们在第 2 章中讨论了 IC 芯片的制造技术。）使用光掩模时，只有特定的硅图案（由版图指定）暴露于激光光源。许多掩模一个接一个地被用来在硅上形成微观结构。如果设计改变，部分或所有的掩模也必须改变。

芯片是在圆形硅片上制造的。然后对芯片进行测试，并将其标记为运转正常的或有缺陷的。根据功能或参数（速度、功率等）测试，有时会将它们分类到工具屉中。在制造过程结束时，晶圆被切成更小的片，称为裸片。

9. 封装和测试

切割后，通常封装功能完好的芯片。封装在设计过程的早期配置，反映了应用程序的预期环境和用途，以及成本和形状因素要求。封装类型包括双列直插式封装（DIP）、引脚网格阵列（PGA）和球网格阵列（BGA）。在裸片定位在封装腔中之后，其引脚连接到封装的引脚，例如，通过引线键合或使用焊锡凸块（倒装式芯片）。封装然后被密封。

在基于多芯片模块（MCM）的集成中，芯片通常不会单独封装；相反，它们作为裸片集成到 MCM 中，稍后再单独封装。

成品通常在封装后进行测试，以确保完全组装的装置满足设计要求，如功能性（输入 / 输出关系）、时序和功耗。

4.2 设计模型

设计模型是一个有点抽象的概念,用于系统地将可用的设计风格联系在一起。它们概述了设计的各种抽象程度,并将其与要在该级别考虑的关键参数相结合。例如,设计者可以选择一个抽象级别,然后从一个视图切换到另一个视图。

现在我们将介绍两种设计模型。第一个是三维(3D)设计空间,它将维度"层级""版本"和"视图"联系起来。然后,我们将展示 Gajski-Kuhn Y 图。在这里,前面提到的"视图"维度被分成三个不同的领域(性能、结构、物理),它们排列在三个轴上,"层级"维度被映射到同心的抽象级别。

4.2.1 三维设计空间

描述集成电路设计或其组成部分的不同模型可以系统地分为多个维度。本节描述了三维模型,其中设计空间以三维表示,如图 4.4 所示。

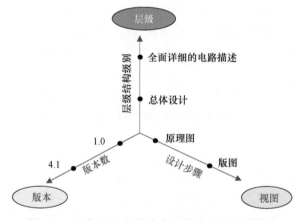

图 4.4　三维(3D)设计空间及其主要组成部分

层级维度有助于掌握电子电路的结构复杂性。其中规定了从一般电路表示开始,通过更具体的中间步骤,到完全详细的电路描述的过程。我们将这些中间步骤分配给不同的层级。通过从一个层级结构转移到下一个较低层级结构,问题被划分为子问题,可以由多个专家并行解决。这可以在更高层次上更好更快地解决问题,是"分而治之"的经典应用。

设计清晰也是这种方法的一个优点。例如,在考虑如何使用各种(低级)晶体管选项实现(高级)逻辑门之前,整个电路的任务首先被细分为更小、更易于管理的子任务。只有在这些子任务小到足以包含几个栅极之后,设计者才会考虑在定制制造过程中构建栅极晶体管的选项。

当转换到另一种实施或制造技术时,这种方法还允许在层级结构的上层再次使用许多设计决策。

显然,这种层级结构简化了设计任务,将一个复杂的任务递归地划分为几个较小的任务。

例如，我们将微处理器细分为逻辑上独立的子任务，如控制单元、RAM、ROM、ALU。ALU进一步分为乘法器、移位器、逻辑运算等。这些组件通过总线系统相互连接，总线系统控制组件之间的数据和指令传输。各个子任务本身被进一步细分。乘法器的组织使得其加法器可以单独访问。同样，数据流和指令流必须支持乘法和求和。加法器本身由简单的逻辑门构成。

图 4.5 显示了如何将模拟电路分解为不同层次的树。正如我们稍后将看到的，这种级别的分解只以普遍适用的方式定义数字电路。对于图中所示的模拟电路，仍然没有可用的层级结构级别的标准分类。也就是说，不同的模拟电路可能需要不同于图 4.5 所示的层级结构。

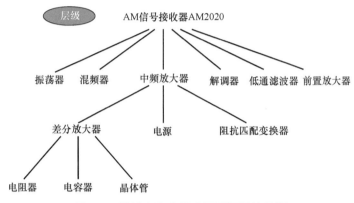

图 4.5　模拟电路分解成不同层级的示例

使用分层结构既有好处，也有缺点。例如，电路的一小部分可以重复使用多次，并且只需设计一次，这样可以节省设计时间；然而，不幸的是，设计质量可能会受到影响，因为（版图）优化的选项可能仍未使用。

三维模型的版本维度描述了设计历史，也就是说，随着时间的推移，设计也在发展。图 4.6 以树的形式显示了电路的版本历史示例。管理和监控设计版本（即一致性）在 EDA 系统中长期被忽视。它们是设计过程中错误的主要来源，在现代设计环境中，正确使用它们是绝对必要的。

图 4.7 可视化了第三个设计空间维度，即所谓的视图轴。这里，电路以不同的域（即视图）表示，例如原理图（电路图）和版图。两种表示都描述了相同的设计，但方式完全不同。不同设计视图的数量可能很多，并且至少间接地取决于底层设计系统的属性。

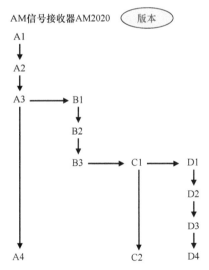

图 4.6　描述设计变体随时间变化发展轨迹的版本

为了在单个设计模型中系统地结合"层级"和"视图"维度，已经进行了许多尝试。在这方面最广泛使用的模型之一是 1983 年推出的数字电路的 Gajski-Kuhn Y 图。我们将在下一节中描述此模型。这是一个简单而优雅的图，有助于简洁地可视化设计风格。

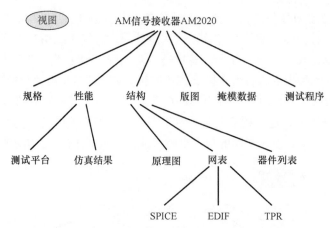

图 4.7 设计的视图是同一电路的不同（取决于设计阶段）表示

4.2.2 Gajski-Kuhn Y 图

电路的三个领域，即其性能、结构和几何 / 物理视图，首先由 Gajski 和 Kuhn 在所谓的
Gajski-Kuhn Y 图 [1] 中排列。该图也被称为 Y 图，因为它有三个臂（见图 4.8）。在该模型中，
3D 模型的"层级"维度（4.2.1 节）被映射到同心抽象级别。"视图"维度被分为三个不同的领
域（性能、结构、物理），排列在三个轴上。

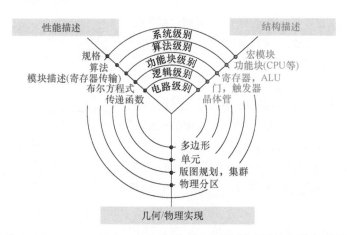

图 4.8 数字电路的 Gajski-Kuhn Y 图由三个电路域"性能描述"（性能视图）、"结构描述"（结构视
图）和"几何实现"（物理视图）组成，具有不同的抽象级别，这些抽象级别变得更具体。沿着分支
遍历，我们细化或抽象设计，而沿着一个同心圆移动到另一个分支会改变表示

任何电路开发都是从描绘为三个轴的三个域（"视图"）的角度来考虑的。描述抽象程度的
抽象级别（也称为层级结构或设计级别）沿着这些轴对齐。外层是概括，内层是同一方面的逐
步细化。

三个轴中的每一个都代表不同的设计视角，换句话说，就是不同的视图或领域。每个视图

都描述了特定的属性，这些属性描述了正在设计的元素。设计主题的所有相关方面，如 NAND 门，都由集体视图完整描述（见图 4.9）。

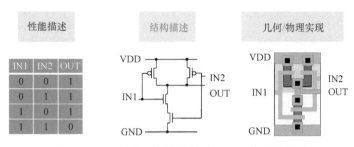

性能描述　　　　结构描述　　　　几何/物理实现

图 4.9　一个与非门中描述其性能、结构和物理域

行为级视图（又名行为级描述）描述了设计主体性能的所有方面。它包含被设计元素执行的操作及其动态响应。它包括方程、函数和算法。结构视图（也称为结构描述）指定了逻辑结构，换句话说，设计主题的抽象实现，即组件及其连接的拓扑结构。物理视图（也称为几何/物理实现）描述了设计对象是如何实现的，也就是说，（结构）组件是如何用真实的物理对象构建的。后一视图包含所有组件和连接架构的完整和精确的几何版图和配置。

在三个视图中的每一个视图中，设计都由几个文档定义，这些文档以不同的抽象度描述了正在设计的单元。描述的抽象程度由各自的抽象级别（有时也称为设计级别）来表征。换句话说，到 Y 轴中心的距离是每个层次抽象程度的度量。

在 Y 图中，有五个不同的抽象级别，从最外圈开始，到最内圈结束，如下所示：

· 系统（架构）级别是指定电子系统的全局属性的层。包含信号抽象及其瞬态响应的框图是行为描述的一部分。CPU、内存芯片等的块符号在该级别的结构视图（结构描述）中使用。

· 算法级别是定义并行算法的地方，如信号、循环、变量和赋值。像 ALU 这样的块是结构视图的一部分。

· 功能块级别（寄存器传输）是一个更详细的抽象级别，其中描述了通信寄存器和逻辑单元之间的交互。这里定义了数据结构和数据流。平面布置图设计步骤是该级别几何视图（物理实现）的一部分。

· 逻辑级别在行为角度通过布尔方程描述。结构视图中的这个级别包括门和触发器。在几何视图中，逻辑级别由标准单元描述。

· 使用微分方程对最里面的电路级别进行数学建模。这是实际的硬件级；它由晶体管和电容器一直"向下"到晶格组成。

如图 4.10 所示，Y 图可用于说明与合成和生成器（左图）以及单个设计步骤（右图）相关的物理设计术语。

来自 3D 设计空间的"层级"设计维度（4.2.1 节）通过允许我们为三个域（视图）中的每一个定义单独的层级，补充了此处部署的抽象级别概念（Y 图，4.2.2 节）。在 Y 图中，抽象级别是从所讨论的域级别的给定建模概念中派生出来的，而 3D 模型中的层级体现了合成/分解概念（"划分成更小的部分"，同时保持在 Y 图的域分支上）。

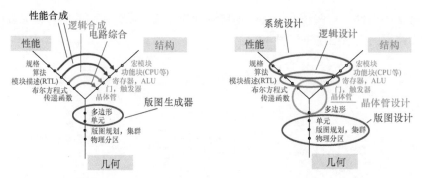

图 4.10　使用 Y 图可视化合成 EDA 工具（左图）和单个设计步骤（右图）中使用的术语

4.3　设计风格

设计步骤是两个设计状态之间的映射。设计风格以一系列设计状态为特征，以设计的几何表示（即版图）为终点。

任何设计风格都可以用上一节中介绍的 Y 模型表示。每个设计状态可以通过 Y 模型中的一个轴和一个同心圆之间的交点来表征。设计流程的起点，即电子系统的思想，通常在该模型中由设计状态"系统级别的行为视图"表示。

我们现在将更详细地研究与它们相关的集成电路的设计风格和类型的示例。

4.3.1　全定制和半定制设计

选择合适的电路设计风格非常重要，因为它关系到上市时间和设计成本。有两种类型的（数字）VLSI 设计风格：全定制和半定制。全定制设计主要用于超大容量电路，其中高设计成本在大生产量中分摊。半定制设计是更标准的方法，因为它简化了设计过程，从而缩短了上市时间和总体成本[⊖]。半定制设计可分为两种方法：

· 基于单元：通常使用标准单元和宏单元，这种设计具有许多预先设计的元素，例如从库复制的逻辑门。

· 基于阵列：无论是门阵列还是 FPGA，设计都有一些预制元件，如晶体管。

接下来，我们将简要讨论全定制设计，然后更深入地讨论几种半定制设计风格。

1. 全定制设计

在可用的设计风格中，全定制设计风格在版图生成过程中受到的设计方法约束最少。例如，块可以无限制地放置在芯片上的任何位置。其结果是一个非常紧凑的芯片，具有高度优化的电学性能。然而，这种设计非常费力、耗时，并且由于自动化程度低，容易出错。

全定制设计主要适用于微处理器，在微处理器中，设计工作的高成本会在大量生产中分

⊖　模拟电路（我们将在 4.6 节和 4.7 节中考虑）总是全定制设计的。模拟设计需要更多的自由度，以应对各种各样的约束。

摊。由于技术原因（而非经济原因），它也非常适合模拟电路，因为必须非常小心地实现匹配的版图并遵守大量严格的电气性能规范。这些类型的电路只能由经验丰富的版图设计师设计，因此，设计风格主要是手动的。

2. 标准单元设计

数字标准单元是一个预定义的元素，在版图中具有固定的大小，并实现标准布尔函数。图 4.11 显示了三个示例及其示意符号、真值表和版图表示（分别对应于 Y 图的结构视图、行为视图和物理视图）。标准单元分布在单元库中，这些单元库通常由代工厂免费提供，并经过制造资格预审。

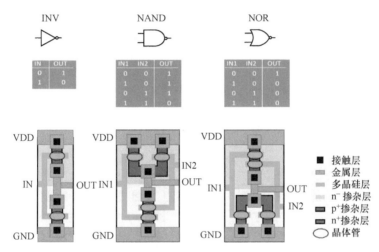

图 4.11　三个常用标准单元及其版图展示的示例

标准单元设计为固定单元高度的倍数，具有电源（VDD）和接地（GND）端口的固定位置。单元宽度根据所实现的晶体管网络而变化。由于这种受限的版图方式，所有单元都可以成行放置，这样电源和接地供电网络就通过（水平）桥台分布（见图 4.12 和图 4.13）。单元的信号端口位于整个单元区域。

由于标准单元放置更具限制性，因此大大降低了这种设计方法的复杂性。这实现了包括放置和布线在内的全自动版图设计流程。因此，与全定制设计相比，可以以诸如功率效率、版图密度或工作频率等因素为代价缩短上市时间。因此，与全定制设计（例如微处理器）相比，基于标准单元的设计（例如 ASIC）服务于不同的市场细分。开发单元库以使其符合制造和设计要求需要大量的初始工作。这项"前期"工作（构建单元库）只需完成一次；在许多后续设计中使用这些库单元将产生显著的成本节约和效率提升。

3. 宏单元

宏单元通常是具有可重复使用的标准功能的大型逻辑块。它们可以是包含两个标准单元的简单单元，也可以是包含整个子电路（如嵌入式处理器或内存块）的高度复杂单元。它们也有各种不同的形状和尺寸。宏单元通常可以放置在版图区域的任何位置，以优化布线距离或设计的电气性能。

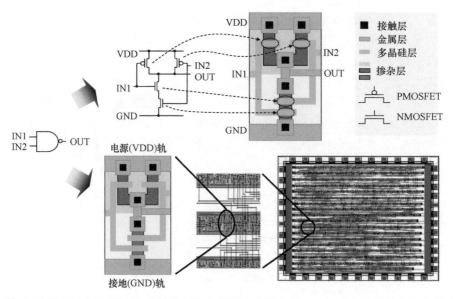

图 4.12　使用 CMOS 技术的 NAND 门的原理图和版图（上图）及其在标准单元设计中的实现（下图）[2]

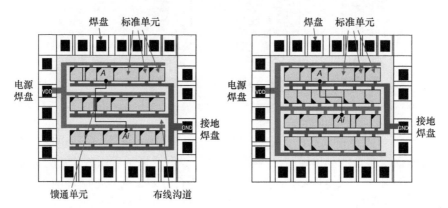

图 4.13　典型的标准单元布局，每行都有自己的电源和接地轨（左图）及共享的电源和接地轨（右图），这需要单元方向交替[2]

　　由于重复使用优化模块的日益流行，宏单元（如加法器和乘法器）已变得流行。在某些情况下，设计的几乎所有功能都可以从预先存在的宏中组合而成；这需要顶层组装，通过这种组装，各种子电路（例如模拟块、标准单元块和"胶连"逻辑）与单个单元（例如缓冲器）相结合，以形成复杂电路的最高层级（见图 4.14）。

　　4. 门阵列

　　门阵列是含有基本标准逻辑功能（如 NAND 和 NOR）的元件的硅芯片，但没有连接（见图 4.15）。互连（布线）层在芯片特定要求已知后添加。因此，门阵列最初不是定制的，可以批量生产。基于门阵列的设计的上市时间主要受到互连制造的限制。因此，基于门阵列的设计可以比基于标准单元或基于宏单元的设计更便宜和更快地生产，特别是对于小批量生产。

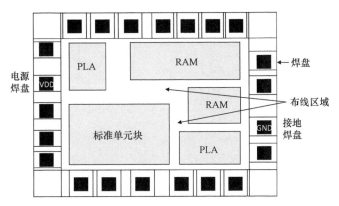

图 4.14 可能包括标准单元块和其他预先设计模块的典型宏单元版图 [2]

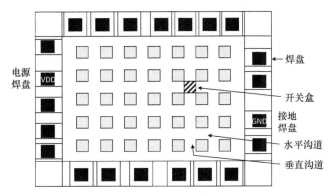

图 4.15 门阵列版图

为了简化建模和设计，门阵列的版图受到很大限制。这种限制意味着布线算法可以非常简单。只需要执行以下两项任务 [2]：

- 单元内布线：例如，通过连接某些晶体管以实现 NAND 门来创建单元（逻辑块）。门连接的常见模式通常位于单元库中。

- 单元间布线：根据网表将逻辑块连接成网络。

在物理设计门阵列时，从芯片上可用的单元中选择。然而，由于对布线资源的需求取决于版图配置，因此错误的版图（严格来说是一种分配）可能会导致布线阶段的失败。

5. 现场可编程门阵列（FPGA）

FPGA 中的逻辑元件和互连是预制的，用户可以使用晶体管实现的开关进行配置（见图 4.16）。查找表（LUT）用于实现逻辑元件。每个逻辑元件可以表示任何 k 输入布尔函数，例如，$k = 4$ 或 $k = 5$ [5]。将相邻布线通道中的导线连接起来的开关盒用于配置互连。LUT 和开关盒配置从外部存储器读取并存储在本地存储单元中。

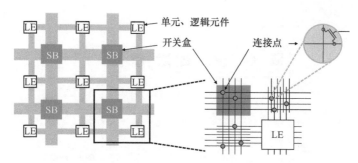

图 4.16 现场可编程门阵列（FPGA）由逻辑元件（LE）和开关盒（SB）组成一个可编程布线网络

FPGA 的主要优点是无需制造设备即可定制。这大大减少了前期投资和上市时间。设计成本也较低，因为设计流程实际上在"网表级"结束。然而，FPGA 通常比 ASIC 运行得慢得多，消耗的功率也更多，因此可能不适合需要最高性能或最低功耗的应用。超过一定的产量，例如数百万芯片，FPGA 变得比 ASIC 更昂贵，因为 ASIC 的非经常性设计和制造成本被摊销。

表 4.1 总结了上述设计风格的主要特征。这些选项代表了设计团队在评估和选择设计风格时必须考虑的成本、性能和进度（例如，上市时间）要求的广泛范围。

表 4.1 设计风格比较。设计成本取决于要花费的设计精力，掩模成本取决于所需的任务数量。制造成本与设计风格决定的电路面积消耗有关，性能表示电路的电气性能，而经济体量则表示达到成本摊销所需的生产量

设计风格	设计成本	掩模成本	制造成本	性能	经济体量
全定制	高	高	低	高	高
标准单元	低	高	中	中	广泛
宏单元	高（如果可重复使用，则为低）	高	低	高	广泛
门阵列	低	中	高	低	低
FPGA	非常低	无	高	低	低

4.3.2 自上而下、自下而上和中间相遇设计

在之前关于不同设计风格的讨论中，我们假设设计过程从高设计层次开始，并逐渐向低设计层次发展。这种类型的设计通常称为自上而下的设计流程。虽然这种方法在处理复杂性方面非常有效，但不能充分利用可用的自由度，因为它们不能在更高级别上使用。迄今为止，这些问题倾向于使用自下而上的风格。在这种风格中，基于几何设计规则和晶体管特性设计的低层次元素用于设计更高层次的元素。

根据设计过程的方向，目前有以下几种风格可供选择：

自上而下。在自上而下的设计风格中，设计从规范到最终版图都是逐步细化的。

自下而上。采用自下而上设计风格，一个非常小的电路（例如包含两个有源器件的简单电流反射镜）从 Y 图中的电气级开始设计。这样就编译了一个包含不同类型电路的库。然后在下

一个更高级别创建这些电路的宏块。然后可以存储这些宏块以供重复使用。重复此过程，直到按照规格生产出电路。

中间相遇。这种设计风格是上述两种风格的结合。自下而上的设计风格部署在较低的级别，而自上而下的设计风格则用于较高的级别。

现代数字电路使用标准元件（例如标准单元）设计。这些标准元件是用自下而上的策略创建的，随后存储在库中。这发生在电路设计之前，并且独立于电路设计。当设计数字电路时，这些标准元件从库中选择为固定单元，即它们在设计中被实例化，保持不变。因此，电路的实际设计是完全自上而下的设计流程。

中间相遇设计风格是模拟电路常用的设计方法。这里，包括原始器件在内的所有基本元素都是在设计阶段创建的，即实时地通过手动或使用版图生成器以自下而上的方式创建，版图生成器必须由版图设计者通过参数引导。整个（模拟或数模混合信号）系统是自上而下设计的，将模拟功能实体视为构建块。这也在图 4.17 的 Y 图中进行了说明，具体情况是自上而下的结构分解与自下而上的版图生成相结合。

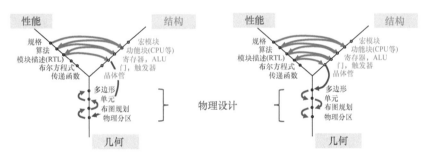

图 4.17　经典（数字）自上而下的设计流程（左图）和自上而下的结构分解，结合自下而上的版图生成，应用于模拟设计（右图）

4.4　设计任务与工具

在介绍了设计模型和设计风格之后，我们现在希望研究可能的设计任务和相关工具。这就需要更详细地研究单个设计步骤中执行的任务。

如前所述，设计步骤是两个设计状态之间的映射。如果我们朝向设计目标考虑设计步骤（几何电路表示，即版图），则相关映射称为综合步骤。然后将相反的方向标记为分析步骤。

4.4.1　创造：综合

综合步骤使设计主题达到更接近实现目标的状态，即最终设计版图。这种步骤的特征通常是抽象程度的下降和描述细节的增加。因此，在设计说明中引入了以前没有明确的新信息。因此，综合步骤是创造性的。

每种情况下的下一个设计状态都必须根据先前生成的数据和文档生成。设计状态可以手动、自动或半自动产生。例如，可以使用放置和布线软件自动生成设计，该软件从结构域中的门电路生成几何域中的单元版图，或者使用硅编译器，该软件可以将任何抽象级别的行为描述无缝地直接编译成版图。

一些版图和布线工具可以实现半自动设计。有了这些软件包，设计者可以与程序进行交互干预或进行预放置。其他的软件包分析算法描述，并为架构提出优先级建议，供设计者选择。

通常，如果视图或视图和设计级别都发生了变化，我们将称 EDA 工具为生成性的（"创建"）工具。在这方面，我们区分了综合工具和生成器。综合工具按照独立于特定问题的一般规则执行设计步骤，而生成器则按照特定问题的操作过程生成结果，但不具备优化能力。因此，将行为描述（如布尔方程）转换为门电路的工具是逻辑综合工具，因为它可以对所有行为描述执行此设计步骤，而不管它们实现什么特定功能。相反，版图生成器使用指定的（电气）参数并生成单元或电路的适当几何表示。一个例子是基于定义期望电阻的参数值生成电阻器版图的单元生成器。由于生成器仅限于特定问题，因此当设计问题发生变化时（如约束或相关操作过程发生变化时），或者如果引入了额外的输入参数时，必须重新编写生成器。

4.4.2 检查：分析

分析步骤包括抽象 / 提取，并且在与设计方向相反的方向上操作（并且因此与综合操作相反）。对给定详细设计描述的细节进行总结和概括，以生成信息。（注意与综合的区别，在设计描述中引入了新信息。）

这些检查步骤通常用于验证综合步骤。如果综合步骤是手动执行的，或者是由未经形式验证的过程执行的，则需要进行分析，从而无法保证"结构正确性"。

唯一不必检查结果的情况是自动执行设计步骤，并且使用的工具可以保证结果的正确性。由于该过程在所有其他场景中都极易出错，因此设计方法必须包含"验证器"。有两种不同类型的可用工具：①验证结果正确性的工具和②验证设计步骤正确性的工具。

第一类工具的示例有：设计规则检查器（DRC），用于验证掩模版图的几何规则；高级描述语言中函数描述的语法检查器；特别是针对不同抽象级别的模拟器。第二类工具包括网表提取器和网表比较器，用于检查从网表到掩模版图的步骤（版图验证）。在不同抽象级别上比较模拟结果的程序也属于第二类工具，以及形式验证，只要可以应用。

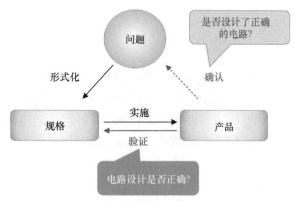

图 4.18　可视化术语"确认"和"验证"之间的区别。例如，当确认检查客户预期的总体设计目标时，验证通过设计规则检查来确认是否符合形式化规格

我们还需要解释确认和验证之间的区别（见图 4.18）。确认是获取足够证据证明设计目标已经实现的过程。确认回答了以下问题："是否设计了正确的电路？"答案为所考虑的对象指定了一个"值"。另一方面，验证

是与已知无错误的标准进行比较，以确认符合明确给出的要求。这些可以源于项目（尤其是规格）或技术（即所有类型的设计规则）。验证回答问题：“电路设计是否正确？”答案“是”或“否”是通过基于数学模型和运算的形式化检验得出的。

4.4.3　消除缺陷：优化

如果 Y 图中达到的点不满足所有要求，则尝试通过（局部）优化来消除任何缺陷。这不是朝向或远离设计目标的一步（即我们对设计步骤的初始定义），就像在综合或分析步骤的情况下，而是当前设计状态在这里被优化。

例如，减少掩模版图所需的表面积的压缩器，减少所需门的数量的逻辑优化器，以及提高性能的架构修改。

4.5　物理设计优化与约束

4.5.1　优化目标

物理设计是一个复杂的优化问题，有几个不同的目标，如最小的芯片面积、最小的导线长度和最少的通孔数量。提高电路性能、可靠性等是一些常见的优化目标。优化目标的实现程度决定了版图的质量。

不同的优化目标可能难以合并到算法中，并且可能相互冲突。然而，多个目标之间的权衡通常可以用一个目标函数简洁地表达。例如，我们可以使用以下公式优化布线：

$$F = w_1 \cdot A + w_2 \cdot L \tag{4.1}$$

式中，A 是芯片面积；L 是总导线长度；w_1 和 w_2 是 A 和 L 的相对重要性的权重。

因此，权重决定了每个目标对总体成本函数的影响。实际上，$0 \leq w_1 \leq 1$、$0 \leq w_2 \leq 1$、$w_1 + w_2 = 1$。

4.5.2　约束范畴

优化版图时，需要考虑约束条件。为了版图的正常运行和实施，必须遵守这些约束（我们稍后将介绍的方法设计约束是一个例外）。

虽然错过的优化目标限制了电路的质量（而不是其整体功能），但约束是关键的“边界值”，如果不遵守，电路版图将变得毫无用处。因此，约束条件要么得到满足，要么被违背；它们满足与否的程度（视情况而定）是无关紧要的（再次注意优化目标的差异）。

版图设计的约束（也称为边界条件）可分为三类，如下所示（见图 4.19）。

1. 技术约束

遵守技术约束确保了 IC 的可制造性。技术约束源自制造技术及其边界值，并转化为几何设计规则（第 3 章 3.4.2 节）。这些规则可分为五个基本组：宽度、间距、延伸、侵入和围绕规则（见第 3 章中的图 3.20）。

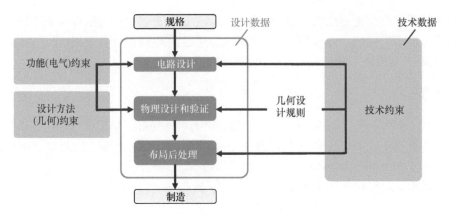

图 4.19　三个约束类别及其与主要设计步骤的关系

几何设计规则存储在一个技术文件中，该技术文件是给定技术设计套件的一部分（工艺设计工具包（PDK），第 3 章 3.5.1 节）。这些规则由制造厂定义，因此，在实际设计之前，这些规则会交给电路和版图设计师。

2. 功能约束（又名电气约束）

遵守这些约束可以确保电路的目标电响应（以及功能）。它们还考虑了所需的电路可靠性。这些规则来自于项目或技术。

项目特定功能约束的示例是相互耦合的上限，以防止各种电路中的信号受到干扰。技术特定功能约束的示例是金属线中的电流密度上限，以防止电路因电迁移效应而退化。

功能约束在版图设计之前定义：它们是模拟的结果，并被转发给版图设计师，例如，在标准延迟格式（SDF）文件中。它们在版图设计期间或之后得到验证，例如，通过基于实际互连几何图形计算信号延迟。

3. 设计方法约束（又名几何约束）

应用这些约束以降低与设计相关的复杂性和难度。它们的目的是使版图任务能够在 EDA 工具的帮助下执行。

理论上可用的自由度受到这些约束的人为限制。它们使算法解决方案成为可能，特别是在数字设计中。这些约束的例子是具有预定义电源和接地连接的标准单元的特定于层的首选布线方向或行分配。

设计方法约束要么在物理设计之前定义，例如在选择设计风格（如标准单元）时，要么在物理设计期间定义某些优化需求（如特定于层的首选布线方向）。

4.5.3　物理设计优化

当考虑优化物理设计中的目标和约束时，会出现以下几个挑战：

· 优化目标可能相互冲突。例如，过多地减少导线长度会导致拥塞并增加通孔的数量。

· 即使在目标函数保持连续的情况下，约束也会导致不连续的定性影响。例如，版图规划设计可能只允许 64 位总线中的一些位用短导线布线，而其余的位必须绕行。

- 由于规模和严格的互连要求而产生的限制越来越严格，并且在每个新技术节点中都增加了新类型的限制。

这些挑战激发了以下物理设计特征 [2]：

- 每种设计风格（4.3 节）都需要自己的定制流程。也就是说，没有支持所有设计风格的通用设计工具。

- 在芯片设计期间施加设计方法约束（几何约束）可能会以牺牲版图优化为代价来缓解问题。例如，基于行的标准单元设计比全定制版图更容易实现，但后者可以产生更好的电气特性。

- 为了处理设计任务的极端复杂性，设计过程分为连续步骤。例如，放置和布线是单独执行的，每个都具有独立评估的特定优化目标和约束。然而，这里有一个警告：这不是全局优化，因为每个步骤都是单独优化的。

4.6　模拟和数字设计流程

4.6.1　模拟和数字设计截然不同

比较模拟电路和数字电路，我们发现它们使用了相同的物理原理、相同的材料和相同的基本元件。此外，在这两种情况下，这些元件大多是晶体管电连接以形成更大的电路。显然，模拟电路和数字电路基于相同的结构原理。

然而，模拟和数字之间有很多不同：两种情况下的设计流程和工具都不同。此外，在两个流程中都会遇到极其不同的自动化级别。事实上，模拟和数字看起来是两个完全不同的世界。

进一步研究这一点，我们发现这两种技术之间存在根本差异，这是这两个不同世界产生的根本原因。如果我们以图 4.20 中的电路为例，可以看到输出是一条连续曲线（见图 4.20 右图）。然而，在数字设计中，我们只对初始和最终电压感兴趣；这是一个二进制函数，当输入信号关闭（"0"）时输出为打开（"1"），或者当输入信号打开（"1"）时输出为关闭（"0"）（见图 4.20 左图）。这就是这个电路被数字设计师称为"反相器"的原因。这里，我们只需要定义电压轴上的阈值和时间轴上的上升和下降时间，作为"禁止"范围（黄色阴影区域），以便控制正确的电压和时序。真实的瞬态响应可能会变化，只要信号在禁止的电压范围之外就无关紧要——这可以通过在禁止的时间范围之外读取它们来实现。

显然，数字设计只需要抽象。另一方面，在模拟设计中，没有抽象：必须考虑所有信号特性。

因此，数字是离散信号的世界，模拟是连续信号的世界。因此，两个电路中的最小设计实体是不同的：

- 数字设计中要考虑的最小实体是逻辑门。这些门是预先设计的子电路，在设计过程中不会改变。

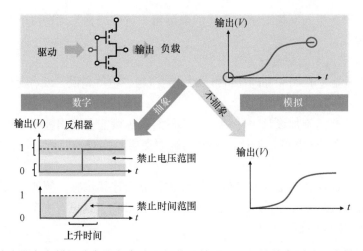

图 4.20　数字（左图）和模拟（右图）电路之间差异的图示。虽然前者侧重于离散时间点的离散值，但模拟电路和模拟设计需要考虑精确的连续信号响应。因此，数字设计处理逻辑状态，而模拟设计需要考虑实际的晶体管参数

　　•　然而，在模拟流程中，基本设计实体必须是晶体管，因为其特性和响应必须详细指定，以便构建模拟电路。例如，在设计过程中必须仔细选择晶体管"宽度"和"长度"参数。

　　图 4.21 说明了这些特征，因为它们也反映在数字和模拟电路设计的 Y 图中。显然，物理设计中需要不同的设计方法来处理上述模拟和数字设计之间的差异。

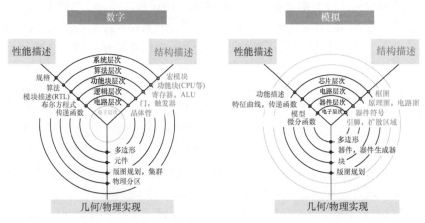

图 4.21　比较数字电路（左图）和模拟电路（右图）的 Gajski-Kuhn Y 图

　　通常，有三种不同类型的集成电路：①数字、②纯模拟和③混合信号；混合信号包括数字和模拟子电路。现在让我们详细研究模拟和数字（子）电路的不同设计方法。

　　就晶体管数量而言，模拟电路的复杂程度通常较低，并且以手动方式设计。由于这里必须考虑许多功能限制，设计自动化和模拟合成的明显缺乏，意味着手动设计在今天仍然很普遍。

　　相比之下，数字电路以其大量的网络和单元以及其完全自动化的设计流程而闻名。虽然模

拟电路的数字复杂性通常不超过几千个网络，但数字电路通常包括数百万个网络。

　　数字电路的设计步骤大多是离散的，并按顺序执行。另一方面，模拟设计步骤通常重叠，并且几个步骤几乎同时执行。在模拟设计中，器件生成、模块放置和布线通常一起执行（见图 4.22）。

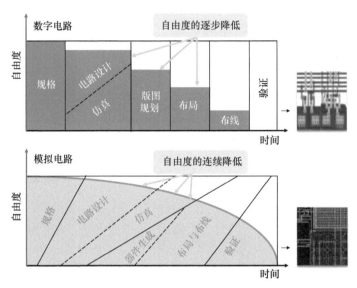

图 4.22　数字电路（上图）和模拟电路（下图）的简化设计流程。在模拟流程中，设计步骤通常重叠并紧密相连[8]。这两种流程的特点还在于整个流程中"设计自由度"的降低

　　你可能还记得，一般来说，当设计电路时，我们在 Y 图中向内移动。换句话说，我们离中心越近，模型和设计就越具体。这也意味着任何给定的设计问题都可以通过依次删除其设计自由度来解决。

　　将设计自由度高的功能模型依次转换为具有较低自由度的等效模型。以功能规范为例：它首先被转换为网表，然后被转换为平面布置图、放置顺序、布线，最后被转换为没有更多设计自由度的物理掩模版图。因此，随着时间的推移，设计流程中的设计自由度受到限制，但在数字设计中，设计自由度会逐步降低，在模拟电路设计中，则会逐渐降低（见图 4.22）。

　　虽然模拟 IC 设计的物理设计自动化最近有了显著的改进，但它的发展速度还没有接近数字设计的速度。（我们在第 1 章 1.2.3 节讨论了模拟和数字设计生产力之间的相关差距，见图 1.11）。多年来，解决模拟版图问题的努力一直集中在那些成功应用于数字领域的技术上。这些技术大多基于优化算法，需要对设计问题进行数学建模，这总是与一定程度的抽象相结合，或者换句话说，与自由度的降低相结合。一方面，由于试图紧密反映物理现实，模型可能被构造为处于低抽象级别。在这种情况下，解空间变得非常复杂，优化算法通常太弱，无法在合理的时间内找到足够的"最优"解。另一方面，可能会强调使用高效的算法，从而损害模型质量。在这种情况下，优化器可以很容易地找到一个形式上的"最优"解决方案，但它的质量受到模型离物理现实太远这一事实的影响。

图 4.23 说明了这种困境。优化算法的效率通常以找到全局最优的速度和能力来衡量，通常与基础数学模型的精度成反比，基础数学模型是从物理世界中推导出来的。图 4.23（圆曲线）中的优化范围显示了这种相互关系。优化器只能满意地解决位于优化范围以下的设计问题。

模拟设计问题在质量上非常复杂，因此需要高度的建模精度。因此，它们位于图 4.23 的红色阴影区域。数字设计问题的情况不同，数字设计问题在数量上非常复杂，因此需要很高的算法效率。因此，它们位于图 4.23 的蓝色阴影区域。

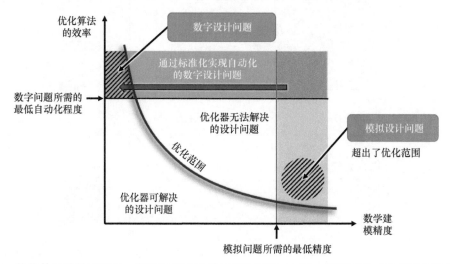

图 4.23 优化算法的效率说明，通常与基础数学模型的精度成反比，可视化为"优化范围"（蓝色曲线）。高质量复杂性的模拟设计要求高建模精度。通常具有高数量复杂性的数字设计需要高算法效率。优化器只能满意地解决曲线下方的设计问题，因此排除了大多数模拟设计问题

在数字设计问题中，高度抽象（即标准化）为基于优化器的设计自动化铺平了道路（见图 4.23 左上），与数字设计问题不同，在模拟设计中，从物理现实中抽象是不可接受的。换句话说，模拟设计者不能放弃使用自由度。恰恰相反，它们广泛地利用了自由度，因为它们是满足所有上述要求以实现期望的电路质量的关键。因此，不幸的是，模拟设计问题超出了优化范围（即曲线上方）。

抽象的不可能性是基于优化的自动化方法应用于模拟设计问题的严重障碍。我们认为，这是观察到的主要原因，尽管偶尔取得了成功，但基于优化的方法尚未能够在模拟领域建立自己的地位。

4.6.2 模拟设计流程

模拟电路设计为单个模块，每个模块都有经过验证的版图。如上所述，设计过程本身只是最低程度的自动化；从可以借助版图生成器创建的原始器件开始，工程师通常使用图形编辑器几乎完全手动绘制模拟电路（以及混合信号设计中的模拟部分）的版图。

模拟电路的最先进设计流程具有两种不同的设计风格，即自上而下和自下而上[8]。所谓的优化器执行自上而下的版图生成时，程序性方法（程序）生成具有自下而上风格的最终版图。

如图 4.24 左图，自上而下方法使用了与传统数字设计流程类似的基于优化的工具。它们的总体结构由搜索引擎和评估引擎给出，搜索引擎通过探索定义的解决方案空间生成解决方案候选，评估引擎以循环方式基于设计目标选择"最佳"候选[7]。优化器可以产生新的（真正的）设计解决方案。

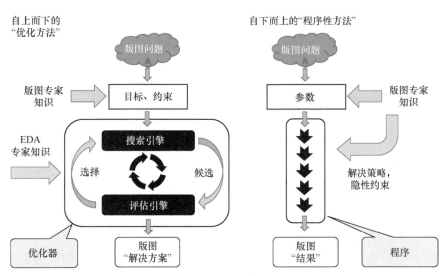

图 4.24 模拟设计中的自上而下优化与自下而上程序[8]。自上而下方法（左图）使用了与传统数字流程类似的基于优化的工具。自下而上的自动化方法（右图）再现了人类专家先前在程序描述中构想和捕获的设计解决方案。灰色箭头表示版图设计过程的数据流。优化器由 EDA 工具专家构建，程序由版图专家构建（粉色箭头）

相比之下，自下而上的程序将"专家知识"与人类专家在程序描述中预先构想和捕获的解决方案的结果进行重复使用，从而以直截了当的方式模仿专家的决策（见图 4.24 右图）。单元生成器，例如 PCell（代表参数化单元）就是一个例子。它们是广泛使用的程序，将所需的电气或几何器件属性作为输入参数进行处理，并自动为特定技术创建正确的版图单元。

如前所述，模拟设计的特点是具有大量的自由度、影响因素和功能约束。电路拓扑、元件参数、匹配元件的排列以及特殊布线模式的应用是模拟设计中的一些自由度。影响模拟电路性能和鲁棒性的负面影响因素包括非线性、寄生元件、电磁耦合、温度和电迁移。如前所述，约束条件描述了电路性能和鲁棒性的边界，而一个成功的设计必须满足这些约束。不幸的是，在模拟设计中往往缺少对影响因素和约束的正式描述。缺乏完整的问题定义是模拟设计过程尚未自动化的主要原因[3, 6, 8]（我们在 4.6.1 节中讨论了这一点和进一步的原因）。

模拟"专家知识"是模拟电路设计中的一个重要"要素"，作为人力资源，它不能正确地转化为高级抽象设计要求（约束）的形式表达。由于程序隐含地包含"专家知识"，因此可以利用它，我们认为基于上述程序方法的"自下而上的自动化"是未来任何"模拟合成流程"中不可或缺的要素（我们将在 4.7 节中进一步探讨）。

4.6.3 数字设计流程

模拟电路和数字电路的主要区别之一是，前者处理模拟值和函数，后者处理数字值。由于数字值相对于时间和幅度是离散的，它们不太容易受到干扰。此外，在设计中需要更少的限制以确保其正常运行。因此，约束处理可以很容易地在数字设计中实现自动化。因此，数字集成电路可以使用易于理解的综合算法来设计；这可以通过逻辑综合（取代图 4.3 中的"电路设计"）来完成，如 4.1 节中关于 HDL 的讨论。

显然，可以在自动化流程中设计比手动更复杂的电路。因此，集成数字电路每年都变得越来越复杂，如今它们可以拥有数十亿个元件和电气互连（也称为网络）。在当今的复杂程度上，它们只能在高度复杂的设计算法的支持下进行经济的设计、验证和分析。由于微型化（摩尔定律，第 1 章）和技术进步，复杂性继续快速增加，集成电路的元件数量也越来越多。

自动版图生成（通常称为版图综合）对数字电路的挑战性小于模拟电路，因为功能约束较少。此外，与模拟电路相比，数字电路对小的电压变化不太敏感。数字逻辑的正确运行本质上取决于几个不同数字逻辑状态之间的可靠区分。此外，这些电路包括相对少量的不同类型的子电路（NAND、NOR、INV 等）。

由于数字集成电路中摩尔定律的不断验证，综合算法（用于逻辑综合和布局综合）的可扩展性是关键。所谓的启发式方法通常用于这种情况，因为它们使综合步骤能够快速地产生实际上的"最优"解决方案。因此，数字电路的版图综合可以用相对简单的算法自动化。

进行版图综合步骤的验证，以检查是否符合基于设计规则的预定义约束。这些验证是自动化设计过程的一个组成部分，因为综合算法从不考虑所有约束，通常针对速度而不是质量进行优化，因此必须验证输出的正确性。验证和综合步骤中的计算开销必须随复杂性而变化。通常无法完全分析整个电路，因为这将需要太多的计算时间。相反，验证过程受益于几种过滤技术，这些技术将这项部分复杂的任务缩小到整个电路的几个选定部分，即特定的关键网络或模块。

因此，今天的数字电路设计流程以一系列综合-分析回路为特征，如图 4.25 所示。一方面，流程由一系列综合步骤组成，这些步骤有条不紊地将电路几何结构具体化（见图 4.25 左侧）。另一方面，除了这些综合步骤之外，还有一组验证步骤。它们检查每个综合步骤的正确性，从而确保生成的电路获得所需的电气特性和功能，并满足可靠性和可制造性标准（见图 4.25 右侧）。

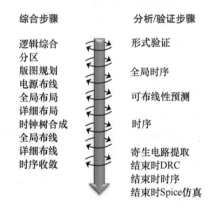

图 4.25 数字电路及其典型合成-分析回路的设计流程 [4]

4.6.4 混合信号设计流程

当今的大多数集成电路是混合信号设计。混合信号集成电路在单个半导体管芯上组合模拟和数字电路。混合信号集成电路通常用于将模拟信号转换为数字信号，以便数字电路能够处理它们。混合信号集成电路由数字信号处理和模拟电路组成，并且它们通常被设计用于非常特定的目的。设计这些芯片需要高水平的专业知识（见图 4.26）。

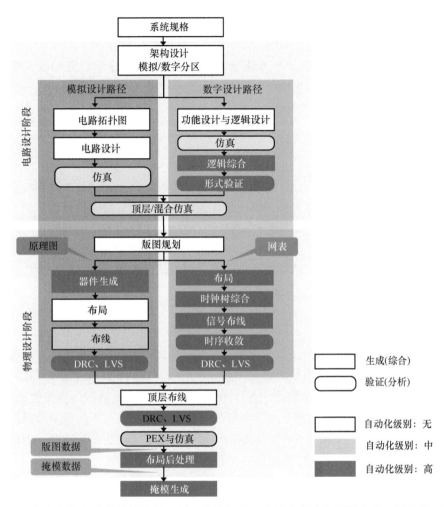

图 4.26　混合信号电路的设计流程示例，其特征是组合仿真程序和顶层布线，然后是相互验证方法。请注意，不同的灰色阴影指示了不同的自动化水平。可通过分析步骤激活的迭代（循环）被省略以帮助澄清

　　模拟和数字设计师都声称他们的设计任务"高度复杂"，事实上两者都是正确的，但意义不同。正如已经指出的，模拟设计的特点是需要同时考虑一组更丰富和更复杂的设计约束，这些约束可能跨越多个领域（例如，电气、电热、机电、技术和几何领域）。因此，在典型的混合信号集成电路中，设计模拟部分所需的工作量通常远远超过数字部分的工作量。这是事实，尽管与数字模块相比，模拟模块通常只包含少量器件。因此，在谈论复杂性时，我们更倾向于区分①数字设计中观察到的数量复杂性，主要指设计元素的数量（根据摩尔定律，也称为"延续摩尔定律"）和②质量复杂性。后者植根于所考虑需求的多样性（也称为"超越摩尔定律"），正如模拟设计中所发现的那样。

　　混合信号集成电路比纯模拟或纯数字集成电路更难设计和制造。例如，快速变化的数字信

号将噪声发送到敏感的模拟输入，需要在设计阶段应用广泛的屏蔽技术。成品芯片的自动化测试也可能具有挑战性。

设计方法必须结合先进的数字设计方法和相当原始的主要是手动设计的模拟电路设计方法。同时，必须特别注意两种类型电路的接口和交互，例如，需要跨越模拟和数字领域的芯片级验证方法（见图 4.26）。

4.7 模拟设计自动化的愿景

如上所述，物理模拟集成电路设计还没有达到数字集成电路设计的自动化程度。这种差距主要根源于模拟集成电路设计问题本身，即使是小问题规模也要复杂得多。接下来，我们将介绍两个可以克服这个问题的设想。在打破传统设计自动化方法的同时，这两种提出的范式变化可能会导致一种新的（更高水平的）设计技术，使我们更接近全面模拟设计自动化的目标。

我们想强调的是，我们的建议不要求对版图设计师习惯的工作方式进行颠覆性的改变。这两种方案都可以作为常见工业设计流程的演变而逐步引入。

4.7.1 "连续"版图设计流程

如前所述，如图 4.22 所示，现代交互式模拟版图设计风格的设计自由度逐渐降低。这不是这种风格的内在特征，而是由所需的大量递归引起的。这些递归是由于重复相同的设计步骤，特别是器件综合、放置和布线，为了进行必要的修改而一次又一次地产生。先前定义的参数，如晶体管的折叠特性或布线段的宽度，必须重新定义，因为在设计过程的后期阶段出现了一些限制，因此无法预见。模拟版图工作中最大量的时间和精力都花在这些修改上。因此，通过减少这些递归的数量，可以大大提高广泛使用的交互式版图风格的效率。

在概述我们的解决方案建议之前，我们需要讨论这个问题的根本原因，即当今版图编辑器中使用的编辑命令是用于交互使用的设计步骤的简单实现。通过查看编辑器命令如何影响设计自由度，可以很好地解释这种相似性引起的问题。

每个设计参数（即设计元素的属性，如线宽）都可以视为设计自由度。当设计参数设置为某个值时，将消除相关的自由度。接下来，我们将检查两个典型的版图任务及其相应的编辑器命令，以显示它们对设计自由度的影响。

"布线网络"任务通常通过绘制路径来执行。路径命令同时消除了电连接可能具有的所有自由度（即层分配、x 和 y 坐标、Steiner 节点、导线宽度等）。这是命令本身不可避免的后果。"放置"器件时也会发生同样的情况，只需单击一次鼠标即可消除所有相关的自由度（即绝对位置、方向的 x、y 坐标以及与其他元素的所有关系）。

上述递归的根本原因是当今版图编辑器的这种"设计步骤式"行为，它只允许组合处理自由度。自由度被隐式地消去了。因此，设计师总是被迫在决策时没有适当信息的情况下做出关于自由度的隐性决策。然后，编辑工作通过试错和多次递归来完成。

尽管存在缺陷，但模拟设计师们接受了当今版图编辑器的这一方面，因为这种工作方式似乎很"自然"，每个人都已经习惯了它。我们希望提高对这一"盲点"的认识，并提出一个解决这一问题的创新连续版图设计流程的建议。

我们建议仅删除在当前设计阶段完全定义的设计自由度。然后，位置和布线等功能与它们各自的固定自由度分离，从而可以直接访问这些自由度，从而独立地进行管理。因此，它们在版图设计过程中不断被消除，但只有在根据其"定义状态"有必要和适当时才被消除。这种固有的流程操作一直执行到物理掩模版图，其中不包含进一步的设计自由度。在这样一个连续的版图设计流程中，版图将首先以几乎符号化的方式生成，然后用实际的物理参数变得越来越详细，直到最终"结晶"为真正的物理设计。

例如，使用这种连续的设计流程，网络的布局如下：首先分配网络布线区域，然后确定首选布线层，在稍后的阶段，当已知电流时，为其相关的网络部分分配适当的导线宽度。

连续的设计流程也将支持重复使用以前的版图解决方案，这是一个众所周知的问题，同时也存在当前的局限性。这些问题中的一些是①设计过于特定于应用，②即使是电路的小改动也可能需要版图的大改动，③使用了新的技术节点，以及④版图模块的形状不适合。但是，仔细考虑会发现，根本原因是版图视图不包含任何剩余自由度。

这个问题可以在连续的设计流程中通过在符号阶段重复使用版图来解决，定义如下：可重用的设计只能包含不影响约束的设计自由度；因此，剩余的设计自由度是不受约束的。反过来，缺少受约束的自由度表示满足所有约束。换句话说，由满足约束引起的设计决策都得到了维护，这实际上是对已实现的专业设计知识的（长期寻求的）重复使用（见图 4.27）。

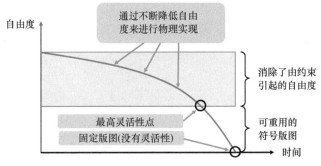

图 4.27　在拟定的设计流程中，设计自由度不断降低 [8]。重新使用未完成的布局（即符号级）支持对新项目特定要求的调整，因为符号级仍然包含调整所需的设计自由度

在剩余自由度的帮助下，可以修改设计以重复使用，以满足项目特定要求。因此可以克服上述问题。大量的剩余自由度意味着更大的剩余灵活性，因此，更大的"可重用性"。要解决的设计问题越像重用候选，修改所需的剩余自由度就越少，所需的工作也就越少。这是相对于当前重用方法的一个主要优势，当前重用方法缺乏修改设计以适应给定项目的能力。

这种"连续"的版图设计流程可以通过增强当今基于图形编辑器的模拟版图工具来实现。每个允许消除单个自由度的新功能都可以作为图形编辑器中的新编辑命令。可以使用现代图形编辑器的现有功能来构建用于可视化符号版图状态的特殊技术。

4.7.2 "自下而上与自上而下"的版图设计流程

我们在 4.6.1 节和 4.6.2 节中得出结论，单靠自上而下的自动化不能完全解决模拟版图问题。解决模拟自上而下优化中讨论的问题的最佳方法是用适当的自下而上程序（例如 PCell）补充该策略。这里的基本原理是，自下而上的程序可能会潜在地提供基于优化的方法中缺失的特征，如接下来所述，如图 4.28 所示。

自上而下自动化的一个常见问题是，算法"发明"的版图解决方案被专业设计师拒绝，因为它们不符合他们的期望。模拟设计师更喜欢重复使用现有的硅验证设计解决方案，这些解决方案通常结合了多年的设计知识，既来自人类专家的个人经验，也来自公司的设计团队组合。

在这方面，底层自动化的一个优势是其内在的能力，即将单一设计解决方案的重复使用（即"复制粘贴"）增强为更复杂的使用设计解决方案策略的方法。因此，需要新的技术，使电路和版图设计者能够有效地将其设计策略转化为新的自动化过程。只有这样，我们才能看到自下而上方法的真正进展。这主要是工具接口的问题。这些技术的界面越接近设计师的思维方式，越能更好地适应他/她的工作风格，这些技术就越容易捕获到有价值的专业知识、技能和创造力，而这些知识、技能与创造力主要是自上而下的自动化所没有的。我们认为，这些接口和技术必须不仅仅是新颖的描述语言或工具向导：对于电路设计者来说，它们应该是"类似原理图的"，对于物理设计者来说，应该是"像版图编辑器的"。

如 4.6.1 节所述，模拟设计自动化严重受制于模拟约束（又名"专家知识"）的定性复杂性。通过将自上而下的优化限制为"策略约束"，例如高级设计需求，并将剩余的约束委托给自下而上的过程，可以消除这个问题。自下而上过程利用隐式集成专家知识的能力是优化方法的理想补充。在这方面，优化器可以被视为"高级工具"，它将特殊任务委托给"下属"程序工具。

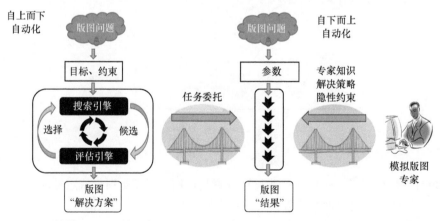

图 4.28 自上而下和自下而上的设计方法的结合需要两座"桥梁"，这样两种设计风格就可以结合起来（中图），而人类设计专家可以很容易地运用他们的设计诀窍（右图）

尽管人们普遍认为程序自动化只是一个手工问题，但我们相信，开发上述技术对未来的 EDA 研究来说是一个具有学术吸引力和实际利润的挑战。将由此产生的自下而上过程与现有的自上而下自动化结合起来，可能是最终实现完整模拟合成流程的关键，这是该领域多年来的圣杯。

为了实现这一愿景，我们至少需要两种"桥梁"（见图 4.28）。首先，必须开发复杂的技术，使人类设计专家能够在自下而上的自动化过程中轻松掌握其设计诀窍。其次，需要智能地结合基于优化（自上而下）和过程（自下而上）方法的不同自动化范式的技术概念。

总之，将自上而下和自下而上的设计风格合并为一个自下而上的设计流程，可以使我们在结合上述专家知识的同时，满足高级设计需求。

参 考 文 献

1. D.D. Gajski, R.H. Kuhn, Guest editor's introduction: new VLSI tools. *IEEE Comput.* (1983). https://doi.org/10.1109/MC.1983.1654264
2. A.B. Kahng, J. Lienig, I.L. Markov, et al., *VLSI Physical Design: From Graph Partitioning to Timing Closure* (Springer, 2011), ISBN 978-90-481-9590-9. https://doi.org/10.1007/978-90-481-9591-6
3. A. Krinke, M. Mittag, G. Jerke, et al., Extended constraint management for analog and mixed-signal IC design, in *IEEE Proceedings of the 21th European Conference on Circuit Theory and Design (ECCTD)*, (2013), pp. 1–4. https://doi.org/10.1109/ECCTD.2013.6662319
4. J. Lienig, Electromigration and its impact on physical design in future technologies, in *Proceedings International Symposium on Physical Design (ISPD)*, (ACM, 2013), pp. 33–40. https://doi.org/10.1145/2451916.2451925
5. C. Maxfield, *FPGAs: Instant Access* (Newnes, 2008). ISBN 978-0750689748
6. A. Nassaj, J. Lienig, G. Jerke, A new methodology for constraint-driven layout design of analog circuits, in *Proceedings of the 16th IEEE International Conference on Electronics, Circuits and Systems (ICECS)*, (2009), pp. 996–999. https://doi.org/10.1109/ICECS.2009.5410838
7. R. Rutenbar, Design automation for analog: the next generation of tool changes, in *Proceedings International Symposium on Physical Design (ISPD)* and *1st IBM Academic Conf. on Analog Design, Technology, Modelling and Tools* (ACM, 2006), pp. 458–460. https://doi.org/10.1145/1233501.1233593
8. J. Scheible, J. Lienig, Automation of analog IC layout—challenges and solutions, in *Proceedings International Symposium on Physical Design (ISPD)*, (ACM, 2015), pp. 33–40. https://doi.org/10.1145/2717764.2717781

第 5 章

物理设计的步骤：
从网表生成到布局后处理

由于其复杂性，物理设计过程被分为几个主要步骤。在第 4 章介绍了当今物理设计过程的流程、约束和方法后，我们现在研究生成其输出（版图）所需的各个步骤。这些步骤将网表转化为优化的掩模数据，在本章中逐一论述。

版图是由网表生成的。我们首先描述了网表是如何创建的，即在数字设计中使用硬件描述语言（HDL）（5.1 节），或通过从模拟设计中常见的原理图中导出网表（5.2 节）。然后，详细介绍了物理设计步骤，包括分区、版图规划、布局和布线（5.3 节）。在数字设计的情况下，所有这些步骤都得到了高度复杂的 EDA 工具的支持，这也是我们在这里的重点。我们还在 5.3 节中讨论了符号压缩、标准单元设计和 PCB 设计的关键方面（模拟电路的物理设计将在第 6 章介绍）。

当物理设计阶段完成后，必须对所产生的版图进行验证。这个验证步骤确认了功能的正确性和设计的可制造性。在 5.4 节中介绍了以物理验证为重点的综合设计验证方法和工具。最后，我们简要介绍了可能影响物理设计的布局后处理方法，如分辨率增强技术（RET）（5.5 节）。

5.1 使用硬件描述语言生成网表

5.1.1 概述和历史

自 20 世纪 60 年代中期以来，数字电子电路的复杂性急剧上升（摩尔定律，见第 1 章 1.2.3 节），这就要求电路设计者越来越多地使用数字逻辑来描述高层次的设计，而不局限于特定的电子技术。这种转变要求对电子系统的结构及其行为进行标准的文字描述。因此，第一批硬件描述语言（HDL）出现在 20 世纪 60 年代末 [2]。它们为电子电路提供了精确、正式的描述，并使其能够被自动分析和模拟。这些语言还引入了寄存器传输级（RTL）的概念，这是一种设计抽象，以硬件寄存器之间的数字信号流和对这些信号进行的逻辑运算来模拟同步数字电路。

随着设计在 20 世纪 80 年代变得更加复杂，第一种现代硬件描述语言 Verilog 在 1985 年由 Gateway Design Automation 推出。Cadence® 设计系统公司后来获得了 Verilog-XL 的权利，该 HDL 模拟器在接下来的十年中成为 Verilog 模拟器的事实标准。

美国国防部于 1980 年启动了超高速集成电路（VHSIC）计划，该计划支持集成电路材料、光刻、封装、测试和算法方面的重大进步。该计划还导致了 1987 年 VHDL（VHSIC 硬件描述语言）的开发，该语言与 Verilog 一起成为当今使用的两大 HDL。VHDL 在概念和语法上大量借鉴了 Ada 编程语言。

最初，Verilog 和 VHDL 被用于记录和仿真已经被捕获并以另一种形式描述的电路设计，如原理图文件。这种 HDL 方法导致了 HDL 模拟，使工程师能够在比原理图级别的仿真更高的抽象级别上工作，进一步提高了设计能力，从数百个晶体管增加到数千个。

然而，HDL 推动的另一项进步是逻辑综合的引入，它将 HDL 从后台推到了数字设计的前沿。综合工具将 HDL 源文件，例如使用 RTL 概念的约束格式编写的文件，编译成可制造的网表描述，以门和晶体管为单位。因此，VHDL 和 Verilog 后来成为电子工业中占主导地位的 HDL，至今仍在使用。

在 20 世纪 90 年代，人们开始努力将模拟功能集成到 HDL 中，以支持模拟和模拟 / 数字混合电路的同步设计。这一努力的结果之一是 VHDL-AMS，它已经成为混合信号电路的工业标准建模语言。它包括定义这些系统行为的模拟和混合信号（AMS）扩展 [3]。VHDL-AMS 同时提供连续时间和事件驱动的建模语义。因此，它非常适用于验证复杂的模拟和混合信号电路。

在同一时期，Verilog 也得到了扩展——Verilog-AMS 是 Verilog 硬件描述语言的派生，包括模拟和混合信号扩展。

今天，有几个正在进行的项目，使用基于语言的文本输入方法定义 PCB 电路的连接。

5.1.2　元素和示例

图 5.1 说明了描述实体的 VHDL 语法，以一个半加器门为例。半加器将两个二进制数字相加，并产生两个输出，即和与进位；XOR 门被应用于两个输入，产生 "和"，AND 门被应用于两个输入，产生 "进位"。通过使用半加器，人们可以在逻辑门的帮助下实现简单的加法。如图 5.1 所示，这个半加器的 VHDL 源代码包括其接口（左）和行为特征（右）的描述。

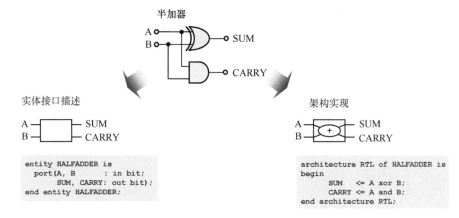

图 5.1　VHDL 实体的接口描述——在本例中为半加器（左图）——及其相关架构实现（右图）。注意关键字 "实体" 和 "架构" 的使用；前者用于描述接口，后者用于描述 VHDL 对象的实现、行为和功能

编写 HDL 描述的过程在很大程度上取决于电路的性质和设计者对编码风格的偏好。HDL 仅仅是"捕获语言",它通常以高级算法描述开始,如用 C++ 编写的数学模型。设计师经常使用脚本语言,如 Python,在 HDL 中自动生成重复的电路结构。特殊的文本编辑器提供了自动缩进、语法相关着色和基于宏的实体 / 架构 / 信号声明的扩展等功能。

硬件描述语言看起来很像编程语言,如 C 语言;它是一种由表达式、语句和控制结构组成的文本描述。大多数编程语言和 HDL 之间的一个根本区别是,后者支持并发语句。并发语句不描述顺序控制流中的一个步骤(就像其他编程语言那样),而是描述一块硬件;这些并发语句可以被认为是同时"并行"执行的,而不是一个接一个。因此,并发语句可以在 HDL 代码中以任何顺序出现。另一个重要的区别是,HDL 明确包括了时间的概念。

5.1.3　流程

现在我们将描述 HDL 是如何在设计流程中应用的。大多数设计都是从一组需求或高级架构图开始的(见第 4 章 4.1 节)。控制和决策结构通常在流程图应用程序中进行原型设计,或者在状态图编辑器中输入。

HDL 设计的关键是模拟 HDL 程序的能力。仿真允许设计(称为模型)的 HDL 描述通过设计验证。(设计验证通常是设计过程中最耗时的部分。)如图 5.2 所示,仿真也允许在系统层次上进行架构探索。在这里,人们可以通过编写基础设计的多个变体,然后在仿真中比较它们的性能来试验设计选择(见 5.4.3 节)。在设计过程的早期阶段,与后期阶段相比,探索此类设计变体和架构权衡相对容易(而且成本低得多)。

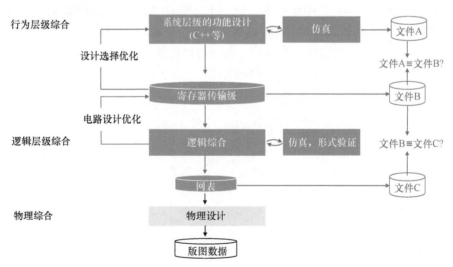

图 5.2　使用 HDL 的设计流程的主要步骤

在系统层次上,必须定义每个模块的功能和连接,这也被称为功能设计。每个模块都有一组输入、输出和时序行为的描述,即在这个阶段只确定高层次的行为,而不是模块内的详细实现。

由此产生的 RTL 的 HDL 代码要经过代码审查或审核,为后续的逻辑综合做准备。在代码审查期间，HDL 描述要经过一系列的自动检查器。这个过程有助于在代码被综合为网表之前解决错误。

在逻辑综合期间，HDL 描述被自动转换为网表，即信号网络和特定电路元件（例如标准单元）的列表。该网表随后用于电路的物理设计（见 5.3 节）。HDL 在物理设计本身中不起重要作用，因为设计步骤中越来越多地包含技术特定信息，这些信息（有意地）不能存储在通用 HDL 描述中。

由于布线（物理设计的一个步骤）对高速集成电路的内部时序延迟有很大影响，现代综合工具通过提供"预放置网表"，能够包含布局和布线特性。在这里，综合工具准备了一个优化的版图，例如，通过使用缓冲器的大小或布局限制，以满足时序要求。"物理综合"这一术语已被引入，因为它模糊了逻辑综合和物理设计之间的分界线。

5.2　使用符号设计输入生成网表

5.2.1　概述

网表也可以用电路原理图来生成（见第 3 章 3.1.3 节）。这种方法在模拟设计和 PCB 设计中很常见，被称为符号设计输入或原理图输入。它是通过一个特殊的图形程序，即原理图编辑器来完成的。使用这样的编辑器，设计者定位代表器件的符号，用线连接它们的引脚，代表实现的电气连接。值得注意的是，这种拓扑结构的安排与最终电路实现的几何特性没有关系，它的主要目的是用图形记录电路中的器件和它们的连接。由此产生的图形，称为原理图或电路图，然后将被转换为包含相同信息的网表，即电子元件的列表和它们所连接的节点（又称网络）列表。

符号设计输入或原理图输入仍然是中小型设计的首选方法，特别是模拟电路和 PCB。然而，模拟电路和 PCB 的特点是越来越复杂，为了应对这种复杂性，通常采用分层设计的概念。在这里，较高的设计层次包含了代表较低层次设计模块的块状符号，此外还有基本电子元件的基本符号，如晶体管。这些块状符号可以在更高的层次结构层面上多次实例化。每个层次的原理图表示通常作为一个单独的文件来维护。

单个符号的数据被存储在一个符号库中。当一个符号被放置到原理图中时，设计中只存储一个指向此库元素的指针。由于同一符号在设计中可能被多次实例化（放置），因此必须用实例名称来区分各个器件。大多数原理图编辑器对这种器件实例化使用了自动编号机制。

原理图输入通常是设计过程中的第一步。除了用图形记录电路外，它还可以进行仿真和验证。然后，电路图被转换为网表，用于进一步的设计步骤，即物理设计。

5.2.2　元素和示例

电路图包含以下元素：
- 符号；
- 器件标签（带有连续数字的识别字母）；
- 器件类型或额定值；

- 电气连接（互连、总线系统）；
- 背面注释数据（可选）；
- 框架和标题栏。

器件符号用于表示电路中的不同功能单元。在这种情况下，一个器件（与一个符号相关联）的复杂程度可以从一个基本的电子元件，如一个晶体管，到一个组合的子设计或模块，如一个复杂的逻辑单元。如前所述，后者通常被赋予一个块状符号。这两种类型的符号在原理图输入时的处理方式是相同的。

电路图中的符号通常根据元件的类型用一个识别字母来指定，后面是一个连续的数字（例如，C4 表示电容编号 4，D1 表示数字门编号 1，R12 表示电阻编号 12）。使用的识别字母大多与 SPICE 网表格式相同（见第 3 章 3.1.3 节）。元件的值也是用通用元件来引用的，如电阻、电容和线圈（例如，2.2μ[F]），其中单位 "F" 在这里被省略了。例如，对于一个电容，可以写成 2.2μ（或 2.2u）而不是 2.2μF。对于其他电子元件，如晶体管或门，应指定其类型，因为它出现在元件库中（例如，与非门 74ACT00）。

常用的初级逻辑门的符号有两套，一套是在 ANSI/IEEE 91-1984 ⊖（补充 ANSI/IEEE 91a-1991）中定义的，另一套是在 IEC 60617 ⊖ 中定义的，还有一套是基于传统原理图的 "独特形状"（见图 5.3 和图 5.4）。后者用于简单的图纸，源于 20 世纪 50 年代和 60 年代的军事标准。

尽管数字门通常位于一个共同的集成电路封装（电路外壳）内，但还是单独绘制。这些门在原理图中由一些具有相同识别字母和相同数字的符号表示，这些符号指的是一个共同的电路外壳。图 5.3 中的例子，左下角描述了在一个封装 D1 中的四个 2 输入与非门。各个门在原理图中被指定为 D1A、D1B、D1C 和 D1D（或者 D1.A、D1.B 等）。

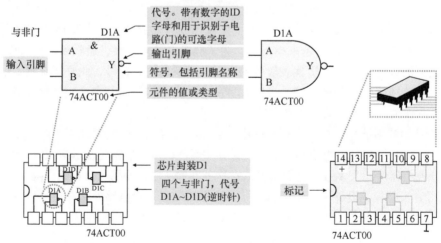

图 5.3 逻辑与非门的原理图（上图，左为 IEEE 格式，右为传统原理图）和它在集成电路内的植入（左下图）[12]。如右下图所示，逻辑集成电路上的引脚通常是按逆时针方向编号的，从标记处开始（按规格表分配引脚，+ 表示电源电压，⊥ 表示接地，IC 如其上插图所示）

⊖ IEEE91-1984，IEEE 标准逻辑函数的图形符号，以及 IEEE91a-1991，IEEE91-1984 的补充。
⊖ IEC 60617 图形符号。

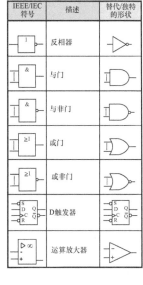

IEEE/IEC 符号	描述	替代/独特的形状
	一次电池 二次电池 蓄电池 较长的线表示正极，较短的线表示负极	
	接地符号	
	直流电压源 / 直流电流源	
	电阻	
	可调电阻	
	电容 / 极化电容	
	电感、线圈、绕组、扼流圈（无芯）	
	半导体二极管（三角形表示阳极，条形表示阴极）	
	发光二极管（LED）/ 光电二极管	

IEEE/IEC 符号	描述	替代/独特的形状
	pnp型 npn型 晶体管	
	n沟道 p沟道 结型场效应晶体管	
	n沟道 p沟道 强型 MOSFET	
	n沟道 p沟道 (n-MOS) (p-MOS) 增强型MOSFET（数字表示）	
	n沟道 p沟道 耗尽型 MOSFET	
	光电晶体管（npn型）	

IEEE/IEC 符号	描述	替代/独特的形状
	反相器	
	与门	
	与非门	
	或门	
	或非门	
	D触发器	
	运算放大器	

图 5.4 模拟电路电子元件（左图）、晶体管（中图）和数字设计中使用的逻辑符号（右图）的示意图符号[12]。晶体管名称 B、C、E 和 G、S、D 分别标记基极、集电极和发射极以及栅极、源极和漏极；它们不是实际符号的一部分，添加到此处是为了便于清晰

图 5.4 显示了不同器件的各种类型的符号，如模拟和数字电路以及 PCB 上的器件。使用哪种符号的决定主要取决于目标应用。

为了连接电路图中的器件，从一个引脚到另一个引脚绘制导线。有以下类型的连接（见图 5.5 和图 5.6）：

- 导线：信号路径的引脚对引脚互连；信号名称是可选的。
- 总线系统：将许多信号路径捆绑在一起；信号名称是强制性的；每个信号都有相同的名称和不同的索引。
- 线：没有电气意义；仅用于装饰目的，例如边框。

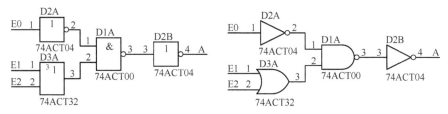

图 5.5 具有 IEEE/ANSI/IEC 标准格式（左图）和传统示意图格式（右图）的数字元件（图 5.3 的与非门 D1A、两个反相器 D2A、D2B 和或门 D3A）的电路图部分。D1、D2 和 D3 是库元素的副本（实例），参考了特定的集成电路。这些 IC 可能包含一个或多个门，通过在这些标签上添加字母 A、B 等来标识（见图 5.3）。在此示例中，元件 D2A 和 D2B 是 IC 74ACT04 的同一芯片封装 D2 中的反相器

电源引脚，通常标注为 VDD（PWR）和 VSS（GND），在大多数情况下在原理图中是不可见的。这些所谓的隐藏引脚是在网表生成过程中，使用全局节点机制自动连接的。例外情况是模拟设计和 PCB 原理图，在这些地方通常使用电源和接地的符号。

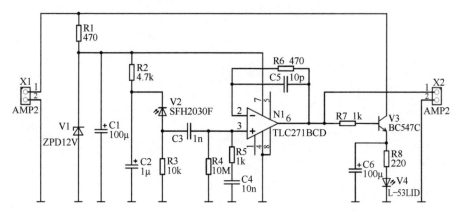

图 5.6　具有运算放大器和不同模拟元件（电阻、电容、连接器、光电二极管、齐纳二极管、LED、晶体管）的示范性电路图[12]。每个符号后面都有一个带有序号的识别字母，以及该元件的类型和 / 或值。工程单位（如 Ω）在电路图中不引用

背面注释数据包含了在电路设计之后的设计步骤中收集到的细节，例如物理设计，这些细节被"写回"了电路图中，以供将来考虑。例如，在版图仿真中计算的特定互连的电流值可以被刻在电路图中。其他的例子是输出连接的电容值或直流分析的数值。为背面注释准备了特殊的符号属性；各自的条目被分配给这些属性，然后在原理图中可见。

5.2.3　网表生成

网表建立了原理图设计条目和后续电路物理设计之间的联系（见图 5.7）。在生成网表之前，要检查原理图是否有错误和不一致的地方。其中一个分析程序是电气规则检查（ERC），它检查未连接的输入、多个相同的实例名称等。原理图输入的正确性也可以通过电路仿真工具（如 SPICE）进行验证。

网表可以以平面或分层的方式生成，后者需要层次示意图。通过使用器件和节点（网络）名称中的路径结构来保存分层信息。

网表中包含的信息可能因其后续使用而不同。为后续仿真生成的网表不仅包含节点和器件信息，还包含控制信息，如仿真的模型信息。一个典型的例子是 SPICE 网表，它除了包含电路信息外，还包含控制信息。显然，传输到物理设计的网表只包含电路信息，即所有信号网络（节点）和它们连接的器件引脚的集合。正如第 3 章 3.1 节所介绍的，网表可以区分为面向网络和面向引脚的清单，如图 5.7 所示。

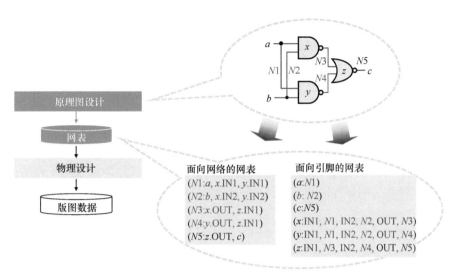

图 5.7　原理图生成的网表。网表可以分为面向网络的（左图）和面向引脚的（右图），前者每个网络都分配了一个器件引脚列表，后者每个器件都有一个相关网络列表

5.3　物理设计的主要步骤

一旦有了网表，就可以生成电路版图。我们接下来研究物理设计中的各个步骤，这些步骤将网表转换为优化的掩模数据，即（数字）芯片或 PCB 上的详细几何版图。物理设计的输入是①网表，②设计中基本器件的库信息，以及③包含制造约束的技术文件（见图 5.8）。

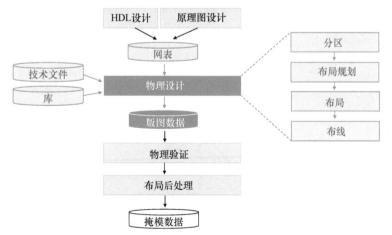

图 5.8　物理设计步骤产生一个电路版图（又称版图数据）；物理设计需要一个网表，以及库和技术信息作为输入

在过去，物理设计是一个相对简单的过程。从网表、技术文件和器件库开始，电路设计者将使用布局规划步骤来确定大型块的放置位置，然后使用放置步骤来安排剩余的单元。接下来

是时钟树综合，然后是信号线布线，任何（时序）问题都将通过反复改进局部版图来解决。

相比之下，今天的大规模电路和多层 PCB 需要一个更复杂的设计流程。大型电路首先被分割，以降低复杂性并允许并行设计过程。由此产生的分区的布局规划已经变得相当复杂，尽管有多种布局规划工具，但它在很大程度上仍然是一个手工过程。在布局规划过程中，软块被分配了一个特定的形状和尺寸，所有块都被排列好，它们的外部连接被指定为引脚位置。定义顶层的电源和地线连接，以及建立时钟网络，通常也被认为是布局规划的一部分。

一旦我们对电路进行了划分，并将块安排在布局规划区域内（即顶层单元），现在就可以独立处理这些块了。布局是第一步，它包括自动全局布局，然后是详细布局（包括合法化）以获得局部改进。然后应用缓冲区和导线尺寸来满足时序约束，因为放置通常会导致一些长互连的延迟增加。

一旦所有的功能单元都已满意地放置，它们的引脚就必须用导线连接起来。由于这个布线过程的复杂性，它通常是通过两个全自动的步骤来解决的：全局布线，然后是详细布线。第一个步骤是将网络分配到一个粗略的网格结构中，而第二个步骤是为所有的网络找到准确的路线。

现在将更详细地介绍上述步骤（5.3.1～5.3.3 节），然后讨论三种特殊应用：符号压缩、标准单元和 PCB 设计流程（5.3.4～5.3.6 节）。第 6 章介绍了另一种特殊应用——模拟集成电路的物理设计。

5.3.1　分区和布局规划

降低大型电路设计复杂性的一种流行方法是将其划分为较小的模块。如图 5.9 所示，这些模块的范围从一小组电子元件到全功能集成电路（IC）或印制电路板（PCB）。因此，分区器将电路划分为几个子电路（称为分区或模块）。分区的主要目标是分割（即分区）电路，以使子电路之间的连接数量最小化。每个分区还必须满足所有设计约束。

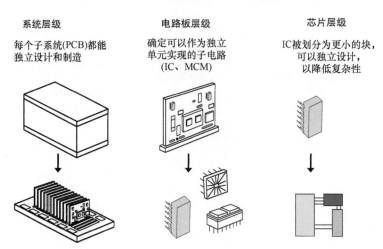

图 5.9　在系统层级设计的背景下，可以通过将一个复杂的系统分解成各种电路板来进行分区（左图），在电路板层级上，可以通过区分模块和 IC 来进行分区（中图），在芯片层级上，可以通过将电路分割成不同的电路块来进行分区（右图）

如前所述，分区的结果通常被标记为"分区"或"模块"；然而，只要考虑到这个分区的形状，"块"一词被广泛使用。

块可以是"硬"的，也可以是"软"的。如果一个分区只由其内容（单元和连接）来定义，那么它的尺寸是可变的；这被称为软块。相反，硬块的尺寸和面积是固定的。硬块的典型例子是被重新使用的（预先存在的）设计模块，即先前验证和优化过的多次使用的电路，如（实际存在的）知识产权（所谓 IP 块）。

块的整个排列，包括它们的位置，被称为布局规划图（见图 5.10）。在布局规划中，每个分区都被分配了一个形状和位置（从而成为一个块），以便于后续的"内部"布局（在块内）；而每个有外部连接的引脚都被分配了一个网络（引脚分配），以便于内部和外部网络的布线。

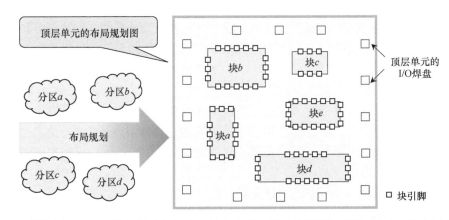

图 5.10　布局规划定义了分区的尺寸和形状，并确定了它们的外部引脚分配；在布局规划过程中"软分区"成为尺寸和位置块

从更广的角度来看，布局规划阶段确定了每个分区的外部物理特性——固定尺寸和外部引脚分配。这些特征对于随后的布局（见 5.3.2 节）和布线步骤（见 5.3.3 节）是必要的，这些步骤决定了这些分区的内部物理特征。

布局规划优化，大部分仍然是手动执行的，涉及多个自由度；虽然它包括放置（寻找位置）和布线（引脚分配）的某些方面，但块形状优化是布局规划所特有的（如前所述，一旦分区获得或正在获得一个固定的形状，我们就把"块"这个词赋予分区）。

布局规划的主要挑战是其多目标优化问题，例如，考虑到软块的大小和块的布局。布局规划器必须能够处理各种不同的形状和大小、拥塞和时序约束[9]。因此，大多数自动布局规划器都增加了由经验丰富的设计师进行手动优化。

布局规划通常包括电源和接地结构。在这里，布局规划区域，即顶层单元，被一组或多组电源和接地环所包围。在大多数情况下，水平和垂直的电源和接地线段是通过适当的接触孔连接的。如果这些条带以一定规则的间隔在垂直和水平方向上延伸，那么这种样式就被称为电源网（见图 5.11）。

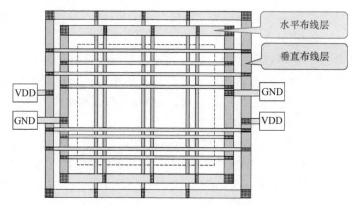

水平布线层

垂直布线层

VDD

GND

GND

VDD

图 5.11　使用电源（VDD）和接地（GND）连接的环形和网状结构进行布局规划期间的电源规划 [5]

强烈建议在电源和接地网络铺设完毕后，检查是否违反设计规则，以及电源和接地的连接情况。应该检查的一个问题是超出制造公差的宽金属。这些限制是由于难以实现一致的金属密度，因为宽金属线不能以均匀的厚度生产（在 CMP 过程中，它们往往变得中间薄、边缘厚，如第 3 章 3.3.2 节所述）。

在布局规划期间的另一个重要考虑是，当模拟和数字块都存在时，必须格外注意确保块之间没有噪声。这就要求为每个混合信号 IC 开发专用电源。具体来说，必须避免通过电源和地线连接从数字块向敏感的模拟块注入任何噪声。这种去耦合可以通过单独设计和规划模拟和数字的电源和接地来实现。

在进行布局规划时，还必须仔细考虑宏的布局。宏是由存储器、单个子电路或模拟电路组成的大型预定义块。这些宏的正确放置对最终（顶层）IC 设计的质量有很大影响。例如，必须特别注意以确保大型宏之间有足够的空间用于互连。

现代布局规划工具通常根据连接性进行初始的宏布局。线路长度优化，即缩短长度，是这里最重要的目标，其次是均衡的布线密度、热要求和其他。

一个经验法则是，宏的放置应使剩余的标准单元区域是连续的（见图 5.12）。推荐使用长宽比接近 1:1 的标准单元区域，因为它可以让标准单元放置器最有效地利用这个区域，并使总导线长度最小 [5]。布线连接必须穿过宏区域才能连接被分割的标准单元区域（见图 5.12 左图），这会导致导线长度过长。此外，宏应该被放置在其端口面向标准单元或核心区域的位置，其方向应该与各自的布线层对齐（见图 5.12 右图）[5]。

在布局规划过程中需要考虑的一个重要方面是引脚分配。这通常在定义块的相对位置后执行。在引脚分配过程中，所有网络（信号）都被分配到唯一的引脚位置，从而优化总体设计性能。常见的优化目标包括块内外的最大化可布线性和最小化电寄生效应 [9]。

图 5.13 用一个图形处理单元（GPU）的例子说明了这种分配。这里，这个单元的 90 个外部引脚中的每一个都连接到下一个层次结构（PCB）上的 I/O 焊盘。在引脚分配后，每个 GPU 引脚都有一个连接到外部器件的引脚，最好是以平面方式布置，即没有交叉。

时钟规划通常是布局规划的一部分。一个理想的时钟分配网络的实现是以对称结构的方式向布局规划图中所有的时钟对象（单元、宏、块）提供时钟信号，例如，网状结构和树状结构

（见图 5.14）。这样的时钟分配网络以最小的时钟偏移将时钟信号传递给所有对象。

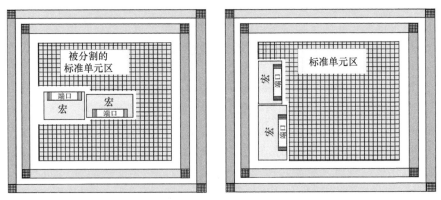

图 5.12　分割的布局规划图（左图）和导线长度最小的布局规划图（右图）[5]。在分割的标准单元区域（左图）内布线的较长导线可能必须"围绕"宏布线，从而增加导线长度，而右侧的布局规划图可以避免这一问题

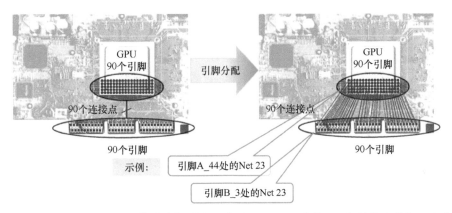

图 5.13　引脚分配将网络分配给块的外部引脚。在这里，GPU 上的 90 个引脚中的每一个都被分配了一个特定的 I/O 网络，以便优化外部布线（GPU 和 I/O 焊盘之间）[9]

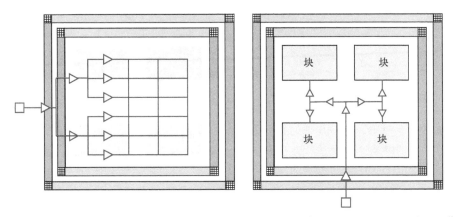

图 5.14　使用网状结构（左图）和树状结构（右图）的时钟分配网络的分层时钟规划[5]

尽管有复杂的时钟树综合工具，高性能和同步的设计仍然依赖于手动实现的时钟网络。这些网络必须考虑到线路电阻和电容，以尽量减少通信对象之间的偏移。分层设计非常适合于此，因为主时钟网络可以在芯片级手动起草，这样它就能为每个块提供时钟信号。为了尽量减少所有叶节点之间的时钟偏移，必须计算每个块的时钟延迟，并相应地规划时钟树的设计[5]。

最后，有必要提到一些混合信号和智能功率芯片的特殊布局规划规则。用于传感器扫描的模拟电路块以及功率级（见第1章中的图1.9）应直接放置在芯片外围，靠近各自的焊盘。

传感器扫描电路将进入芯片的模拟传感器输入转换成芯片内的数字信号。由于这些模拟输入通常是非常低振幅的信号，而且容易受到干扰，因此尽可能地缩短它们的路径是有利的，以避免受到其他电路或导线的干扰。因此，传感器信号应尽快转换为数字信号，即在其进入芯片时直接转换。

功率级通过切换高电流来驱动芯片外部有源器件，即所谓的致动器，如电动机、阀门等。因为芯片中导线的电导率是有限的，所以这些功率级（即大型 DMOS 晶体管）应该直接放置在芯片中电流的入口和出口处。多个绑定线有时并联工作以传导非常高的电流（可能会遇到高达 10A 的电流）。所讨论的封装绑定焊盘直接放置在功率 DMOS 晶体管的源极和漏极上，使得电流不会在芯片上横向流动。

5.3.2 布局

在将电路划分为更小的分区，并对版图进行规划以确定分区/块的轮廓、引脚位置和电源/地线后，布局工作旨在确定每个块中基本器件的位置，如标准单元（见图 5.15）。在这个过程中，它考虑了优化目标，例如，最大限度地减少器件之间连接的估计总长度。

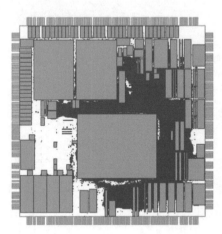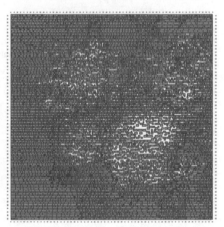

图 5.15 不同大小的宏（浅蓝色）和单元（深蓝色）的布局结果（左图）；标准单元的布局（右图）[15]

将布局应用于 PCB，这一步骤通常分为两个阶段：①在电路板上放置所有固定位置的元件，如连接器和焊盘，以及②通过迭代改进其关于导线长度和其他目标的初始放置来放置所有剩余器件。

相比之下，大型 IC 的布局技术包括全局和精细的布局。（有时合法化被视为第三步；然而，我们认为这是精细布局的一部分。）全局布局为可移动对象分配了一般位置。因此，它通常忽略可放置对象的特定形状和大小，并且不尝试将它们的位置与有效的网格行和列对齐。放置的对象之间允许有一些重叠，因为重点是明智的全局定位和总体密度分布。

合法化是在 IC 的精细布局过程中进行的。这一步旨在将可放置的对象与行和列对齐，并消除重叠，同时尽量减少全局布局位置的位移，以及对互连长度和电路延迟的影响。精细布局通过局部操作（如交换两个单元）或移动一行中的几个单元为另一个对象腾出空间，逐步改善每个基本器件（如标准单元）的位置。

全局布局和精细布局通常具有类似的运行时间，但全局布局往往需要更多的内存，而且更难并行化。

术语"簇"用于指彼此靠近放置的多个单元（见图 5.16 左图）。聚类的目的是控制 IC 布局期间时序关键组件的接近程度，类似于网表中的模块定义[5]。在大多数情况下，在将所有单元放置在簇中之前，簇的位置保持未定义状态。这与"区域"概念形成对比，即在单元放置之前定义区域的位置（见图 5.16 右图）。

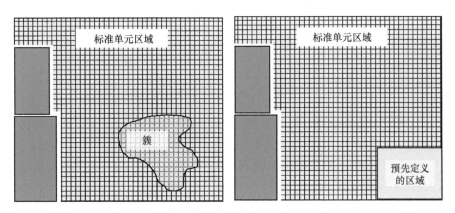

图 5.16　将簇和区域的概念可视化，前者是由在芯片上任何地方相互靠近放置的一些单元定义的，后者是预先定义的放置区域[5]

在簇和区域被定义后，全局布局将所有（标准）单元均匀地分布在可用的放置区域，旨在实现最小的全局导线长度和优化（信号）拥塞。然后执行一个精细布局算法，根据拥塞、功率要求和时间限制等因素完善它们的位置。

拥塞驱动的布局考虑到了所需的布线资源，旨在均衡预期的布线拥塞。图 5.17 说明了它的关键影响。今天几乎所有的自动放置器都考虑了布线拥塞，因为它对确保之后的成功布线步骤非常重要。

时序驱动的布局可以分为基于路径和基于网络两种。路径是信号在电路中移动时经过的一连串网路。基于路径的方法适用于所有路径或路径的子集，即约束条件适用于整个（子）电路的延迟路径。基于网络的方法只处理网络，希望如果我们能很好地处理关键路径上的网络，整个关键路径的延迟可能会被隐性地优化[5]。这可以通过为这些网络分配权重来实现。现代放置器经常使用一种混合方法，将两种方法结合起来。它们将加权连接性驱动的布局与时序分析交织在一起，我们将在 5.4.4 节进一步讨论。

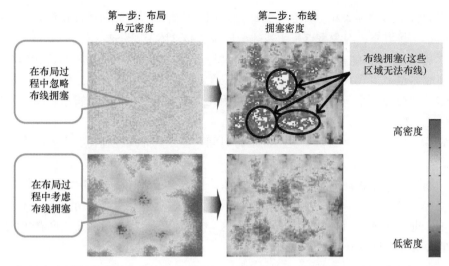

第一步：布局
单元密度

第二步：布线
拥塞密度

在布局过程中忽略布线拥塞

在布局过程中考虑布线拥塞

布线拥塞(这些区域无法布线)

高密度

低密度

图 5.17 如果在布局期间未考虑布线拥塞（顶部，所有单元在放置期间均均匀分布）和如果应用了拥塞驱动的布局（底部，单元放置不均匀）的可视化布线结果（分布）[15]。该示例说明了在布局过程中考虑布线拥塞是至关重要的

5.3.3 布线

布局之后是布线，需要相同电势的引脚用线段连接。这是最复杂和最耗时的物理设计步骤之一。即使是在一个（看似）成功的布局之后，布线也可能失败；它可能需要大量的执行时间；或者，正如在 PCB 版图中经常发生的那样，它可能只提供一个部分的布线解决方案（有一些剩余的开路、未布线的网络）。

在考虑信号网络的布线之前，需嵌入特殊网络，如时钟或电源和接地的连接。由于我们在前面已经讨论过这个过程（见 5.3.1 节），这里只简单考虑一下。我们在图 5.18 中直观地展示了时钟网络的布线，在图 5.19 中展示了电源和接地网络的布线。另一种特殊的布线方法，差分对布线（见第 7 章 7.3.2 节），它使用差分信号，如图 5.20 所示。在这里，信号通过一对紧密耦合的导线进行传输，其中一条传输信号，另一条传输相等但相反的信号。如图 5.20 所示，差分信号在本质上对共模电噪声具有免疫力。另一个优点是最小化由紧密放置信号对产生的电磁干扰（EMI）。

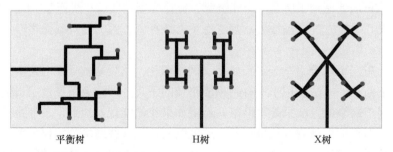

平衡树

H树

X树

图 5.18 图示了几种时钟网络布线的方法，这些方法旨在最大限度地减少偏移，例如，通过均衡所有单元的布线长度。H 树和 X 树的网状结构是图解说明基本原理的示意图

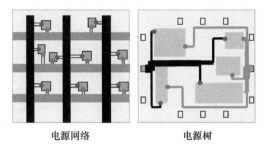

电源网络　　　　　　　　　电源树

图 5.19　电源和地线网络可以通过在不同层上使用电源 / 地线网络（左图）或应用平面树状结构（右图）进行布线。例如，当需要一个具有额外厚度的金属层来驱动电流，而只有一个这样的层可用时，就会选择后者

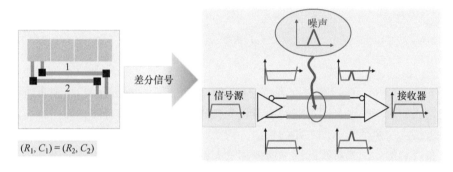

图 5.20　差分对布线的说明，其中两条线"相等"地布线，以便在两条线上实现相同的电阻抗（R，C）（见第 7 章的图 7.13）。使用两个互补的信号可以确保最大的噪声鲁棒性，因为 ① 噪声对两个导体的影响是相同的，② 接收器只检测信号之间的差异（这有效地消除了噪声引起的信号变化）

　　在介绍了首先嵌入到给定的布局结构中的特殊网络后，现在让我们考虑其余"普通"信号网络的布线问题。根据不同的应用，会使用不同类型的布线方法。数字电路的布线任务分为全局布线和详细布线，而模拟电路和 PCB 在大多数情况下使用区域布线。

　　让我们首先讨论一下数字电路的布线问题。在这里，数以百万计的网络布线的巨大复杂性要求这一程序被分为全局布线和详细布线。在全局布线中，网络的拓扑结构的线段被暂时分配（嵌入）在芯片布局中。因此，一个网络的全局布线是连接应该遵循的"一般"路径，但并不指定个别的、详细的布线资源。为了执行全局布线，芯片区域由一个粗略的布线网格表示，可用的布线资源由网格图中具有容量的边来表示。然后，网络被分配给这些布线资源。由全局布线创建的布线区域通常被称为全局布线单元（gcell）。这些单元的容量由布线层的数量、单元的尺寸以及导线的最小宽度和间距（按层计算）定义。

　　在执行全局布线后，几乎所有的布线器都会在所谓的拥塞图中报告这些 gcell 的溢出或不足（见图 5.21）。这种溢出或不足是 gcell 的容量和分配给它的网络数量的比例。只有当这个比例在太多的地方不超过 1 时，才应该尝试详细的布线。

　　详细布线旨在完善全局布线，通常不改变全局布线所确定的网络配置。因此，如果全局布线解决方案很差，详细布线解决方案的质量也同样会受到影响。

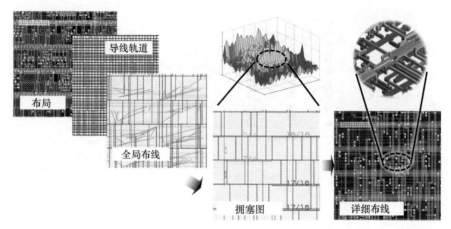

图 5.21　可视化全局布线，其中导线轨道的数量由设计规则定义。全局布线器将这些考虑在内，以确定其分配导线的 gcell 的容量。由此产生的拥塞图（中图）表明了详细布线的预期结果，它将线段分配到详细的布线轨道上（右图）

在详细布线过程中，线段被分配到特定的布线轨道上（见图 5.21）。详细布线涉及一些中间任务和决策，如网络排序，即哪些网络应该先被布线，以及引脚排序，即引脚在网络内应该以什么顺序连接。这两个问题是主要的挑战，因为详细布线的顺序性是不可避免的，网络是一个一个地被布线。例如，先布线的网络所使用的布线资源不能被后布线的网络使用。显然，网络和引脚的顺序会对最终解决方案的质量产生巨大的影响。

为了确定网络的排序，每个网络都被赋予了一个重要性（优先级）的数字指标，称为网络的权重。高优先级被赋予了那些对时序至关重要的网络，连接到许多引脚，或执行特定的功能。高优先级的网络应该避免不必要的迂回绕道，甚至以迂回其他不太重要的网络为代价。

如前所述，将布线步骤分为全局和详细阶段是数字电路的常见做法。这种划分的主要原因是对数百万个网络进行布线的任务极其复杂；这只能通过在详细布线之前进行一些预分配来实现。对于模拟电路、多芯片模块（MCM）和印制电路板（PCB）来说，由于涉及的网络数量较少，通常没有必要进行全局布线，在这种情况下，只需要进行详细布线；这就叫作区域布线。

在应用区域布线时，网络被直接嵌入一个步骤中，不需要事先进行全局布线。这种布线方法包括以下主要步骤：①确定网络被布线的顺序，②将网络分配到布线层，③在分配的布线层内对每个网络进行路径搜索[9]，以及④对由于早期布线网络造成的阻塞而无法布线的网络应用撕毁和重新布线策略。

大多数区域布线器是基于网格的。布线器在版图区域上设置了一个网格，该网格由垂直和水平方向上均匀分布的布线轨道组成，贯穿整个布线区域。布线器然后沿着这些轨道，无论是垂直还是水平方向。由于这些布线轨道是由设计规则（宽度和间距规则）定义的，因此通过这种方式可以保证无设计规则违规的布线。

无网格的布线器可以使用各种线宽和间距，而不考虑布线网格。由于它们的解决空间可以被认为是无限大的，所以它们往往能提供卓越的解决方案，但是，其代价是运行时间大大增加。

因此，它们应该只适用于小电路或特定网络的布线，如时钟网络或传导大量电流的网络。

详细的（区域）布线器经常受到早期已经布线的网络的阻碍，但后来这些网络阻碍了其他布线的连接。在这种情况下，要采用撕毁和重新布线的方法，删除这些早期的布线（"撕毁"），嵌入当前的连接，然后将删除的线路重新布线到不同的路径上。图5.22是这个策略的一个例子。显然，这个过程非常耗时，而且容易出错；因此，它应该只应用于少数剩余开路的网络。

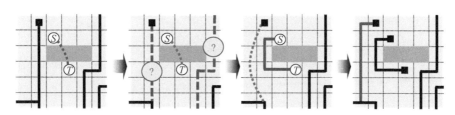

图 5.22　撕毁和重新布线策略的说明。为了连接点 S 和 T，必须将先前布线的网络识别为要移除的障碍物。然后在（现在）未占用的网格单元上布线所述网络，然后重新布线所移除的网络

详细（区域）布线器通常由一个搜索和修复阶段来补充。在这里，详细的布线器试图解决所有类型的违反物理设计规则的问题，如导线短路、填充缺口和金属间距[5]。

由于通孔，即金属层之间的连接，会造成性能和可靠性的损失，它们的数量应该被最小化。因此，通孔最小化通常是在所有网络被布线后进行的。这个过程通过减少与导线连接相关的穿孔次数，尽可能多地去除通孔。

另一种通孔优化方法是通孔加倍。在这里，只要对布线面积没有负面影响，就可以将单个通孔翻倍。这个过程的好处是，①增加通孔产出，②减少电阻，③具有更好的抗电迁移能力（见第 7 章 7.5.4 节）。

5.3.4　使用符号压缩的物理设计

一般来说，压缩是对对象的（放置和布线）拓扑组进行重新排列，以使版图面积最小化，同时保持对象之间的最小间距条件。因此，在压缩版图的同时，压缩也保留了电路拓扑结构和设计规则的正确性。

当采用符号版图设计方法时，符号压缩是一个重要的设计步骤[14]。在这里，设计者通过使用抽象的对象，即所谓的棍棒图，而不是实际的版图对象，如导线和接触孔来创建版图（见图 5.23）[1, 7]。一旦使用上述步骤（见 5.3.1 ~ 5.3.3 节）生成了符号版图，当指定了一个特定的技术时，就会应用压缩工具。这里，符号压缩生成实际的掩模版图，同时考虑最小间距和宽度规则以及所有其他设计规则。

符号版图方法的主要优点是其设计规则的独立性。只要器件的基本构造原理不改变，就可以在不考虑具体技术的情况下生成版图，然后很容易调整到任何设计规则集。因此，压缩器被用来为不同的技术生成不同的掩模版图，这些版图来自于同一个符号版图。

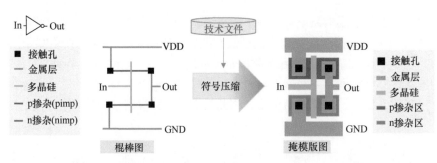

图 5.23 符号压缩的 CMOS 反相器。符号压缩是一种有效的技术，用于调整（符号）版图的标准单元库，以适应不同的技术节点

5.3.5 使用标准单元的物理设计

如第 4 章所述，标准单元的设计具有固定的单元高度与定义的电源（VDD）和接地（GND）端口的位置。单元的宽度根据实施的晶体管网络而变化。由于这种限制性的版图风格，所有单元格都可以按行放置（见图 5.24）。

最终的标准单元格版图由多行组成，每行的底部和顶部都有电源线和地线。这些电源线和地线连接到垂直电源区块，垂直电源区块再次连接到外部电源和接地焊盘（见图 5.25）。

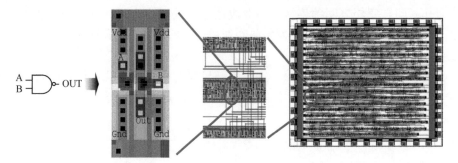

图 5.24 一个标准单元设计中的与非标准单元实现。与非门的信号端口（A、B、OUT）是可见的；它们被垂直地连接到通道（中图），以便被布线到其他单元

在布局之前，用户可以为所产生的标准单元核心指定（即要求）一个特定的高宽比。然后，自动放置器试图实现这一比例。标准单元的自动放置通常会使导线长度最小化；满足时序约束可能是另一个目标。

单元之间（在两层结构中）或单元之上（如果有两个以上的布线层）的空间被用于后续的布线。在第一种情况下，为布线保留的区域被称为通道。在布线阶段，所有（信号）单元端口都被连接起来，或者在相邻的通道内，或者通过使用多个通道。使用多个通道需要标准单元行的各种交叉，例如，通过穿通单元（见图 5.25）。这种通道结构的优势在于它的灵活性——每个通道的高度可以根据里面要布线的网络的数量来调整。

如果有两个以上的布线层，那么单元的端口（通常位于第一个金属层）就不再是一个布线障碍。然后，布线可以在"单元上"进行（所谓的 OTC 布线）。在这种情况下，通道可以被省略，标准单元行被并排放置，最好是通过翻转其他行来共享电源和接地结构（见第 4 章中的图 4.13 右图）。

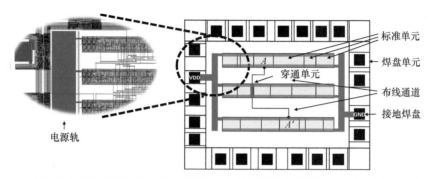

图 5.25　一个标准单元芯片的简化版图，说明了电源和接地焊盘是如何连接到所有标准单元的

完成的标准单元版图既可以作为一个单独的芯片使用，也可以成为一个更大的电路的一部分。在后一种情况下，它可以作为混合信号布局规划图中的一个数字宏单元（见 5.3.1 节）。

5.3.6　印制电路板的物理设计

印制电路板（PCB）在机械上支撑并在电气上连接电子元件。这些元件是基本器件，如电阻、电容等，以及较大的模块，如集成电路（IC）。器件和模块通常被焊接在 PCB 上，以实现电气连接和机械固定。虽然 PCB 的物理设计通常遵循上述步骤，但有些方面需要特别考虑，这是本节的主题。

具有高封装密度的现代 PCB 的设计需要强大的 EDA 工具来促进其版图生成。同时，人工干预仍然很普遍。图 5.26 说明了 PCB 设计的主要步骤，其中包括①原理图输入，②版图设计，以及③后处理，包括生成 PCB 制造所需的数据文件。

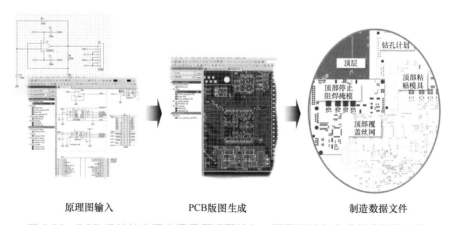

原理图输入　　　　PCB版图生成　　　　制造数据文件

图 5.26　PCB 设计的主要步骤是原理图输入、版图设计和生成制造数据文件

现在让我们更详细地研究这些步骤。如前所述，原理图输入涉及元件（电阻、电容、IC 等）的符号化表示，并将它们连成一个直观的原理图，以便于查看，了解电路功能。由此产生的原理图表示通常被划分成几个页面和层次，以增加其可读性。原理图还支持电气检查，如使用电气规则检查（ERC）工具。这些工具验证是否符合基本的设计和电气规则，例如，标记出未连接的引脚和端口、相同的器件参考或不同电源网络之间的连接。仿真工具也被用来在虚拟环境中评估真实世界的元件的行为，从而允许设计者通过模拟和可视化 PCB 的特性来对 PCB 原理图进行高级分析（见 5.4.3 节）。

如果所有需要的功能都被执行并通过仿真验证，PCB 网表将从原理图中自动生成。该网表包含所有列出的符号及其引脚和各自的连接（信号网络和电源网络）。网表还可以包括额外的属性，如进一步布局后处理所需的属性。

下一步，生成 PCB 版图，定义板子的轮廓，放置所有元件并生成它们之间的连接。在 PCB 版图设计阶段，所设计的就是制造后所看见的。

首先，原理图中的每个符号都与一个焊盘图案相关联，也被称为封装（见图 5.27）。焊盘图案直观地表示电子元件的物理尺寸。它包括将元件连接到 PCB 上所需的所有实体，如焊盘、焊接区和孔。本质上，焊盘图案将原理图元件的符号转化为放置在 PCB 布局上的封装。这种放置可以交互进行，由设计者决定在哪里放置特定的元件，也可以自动完成。

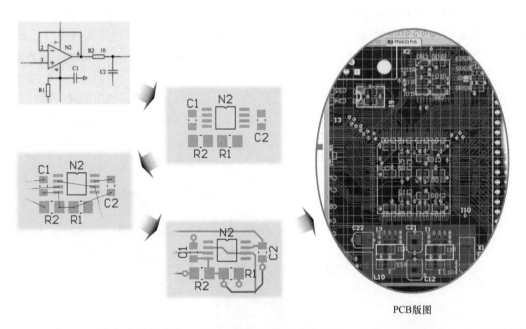

PCB版图

图 5.27 说明了布局和布线的步骤。布局定义了元件的焊盘图案，并将其放置在 PCB 上（橙色区域），而随后的布线则使用不同布线层的导线连接其引脚

手动的布局方法通常伴随着自动规则检查，以防止无效的布局。互连以橡皮带的形式显示，说明哪些引脚是由同一网络连接的。设计者挑选和放置元件；除其他外，他 / 她还以有关布线可行性的溢出信息为指导。

手动布局可以与自动布局有效结合。在这种情况下，所有关键或预先指定的元件首先被手动放置；然后对它们进行保护（"固定"），随后所有剩余的元件由 PCB 版图工具自动放置。

在所有的元件都被有效地放置后，进行布线。这将创建一组使用特定布线层连接 PCB 上的元件引脚的迹线（见图 5.27）。这个步骤可以交互式完成，也可以完全自动完成，或者两者结合。

布线层可以被区分为电源层和信号层。前者包含电源网，即电源和地，用于连接元件的电源和地线引脚。信号层主要包含连接元件上的信号引脚的迹线。有些 PCB 也允许电源和信号线在同一层上布线。层与层之间的连接由孔提供，孔可分为通孔、盲孔和埋孔（见第 1 章中的图 1.2）。后两种类型在技术上更具挑战性，因此更昂贵。

大多数 PCB 版图程序都包括一个工具——所谓的"自动布线器"，它可以自动分配导线轨道。该工具通常只用于数字电路部分，因为在一块 PCB 上必须同时遵守的不同约束的数量非常多。受益于该工具的一个典型应用是总线系统，其中大量的数据线在元件之间进行布线。在模拟电路中，如传感器 - 信号调节电路，或电源输出级，或混合信号电路部分（包括模拟和数字子电路），手工设计仍然优于自动布线器。

禁止区域（又名区域禁止）是重要的 PCB 特征，这些区域应该没有元件和迹线。禁止区域作为特定层禁止对象或全层禁止对象放置，用作放置和布线屏障。例如，图 5.28 显示了为了将 PCB 固定在壳体内而需要的螺钉孔周围的禁止区域，这些防护装置确保了部件和迹线不会与螺钉头重叠，螺钉头通常比孔本身大得多。

图 5.28　用于安装 PCB 的螺钉孔周围禁止区域的例子（用红色圆圈表示）

    PCB 版图非常容易受到电磁兼容性（EMC）相关问题的影响，如干扰发射以及电感和电容耦合。符合 EMC 标准的版图设计通过防止信号耦合和定义适当的参考地等来解决这些问题。有大量的设计规则可用于执行符合 EMC 的 PCB 版图设计。由于这些设计规则的理论背景相当复杂，本书没有涉及。请读者阅读参考文献 [12] 的第 6 章，以了解该主题的详细介绍。尽管如此，我们还是想总结一下符合 EMC 要求的版图设计的基本规则；它们在图 5.29 中得到了说明，如下：

- 避免信号线和电源线的（电流）环路。电路需要信号线和回流线；在 PCB 上将信号线和回流线相互靠近（见图 5.29 左上方）。干扰和干扰耦合大约与环路面积成正比。

- 为电流实施定义的返回路径。电流总是采用阻抗最小的路径。接地平面优于单独的回流线。在没有接地平面的 PCB 上的信号线附近运行回流线，最好在不同的层上采用相同的路线。如果回流线与（正向）信号线交叉，则以与（正向）信号线相同的方式实现回流线（见图 5.29 右上方）。

- 如果接地平面中存在断点，则在断点周围布设（正向）电流迹线（见图 5.29 左下方）。

- 如果要从一个逻辑输出驱动几个模块，例如，将一个时钟信号布线到一些器件上，则将迹线尽可能靠近目标模块（见图 5.29 右下方）。

- 如果你想在 PCB 上的两条信号线之间提供电容去耦，可在这两条线之间引入一条接地线。将具有快速开关信号的线路，即具有高电流峰值或高电压峰值的线路，远离"敏感线路"，如模拟输入。

- 模拟和数字模块应单独接地。

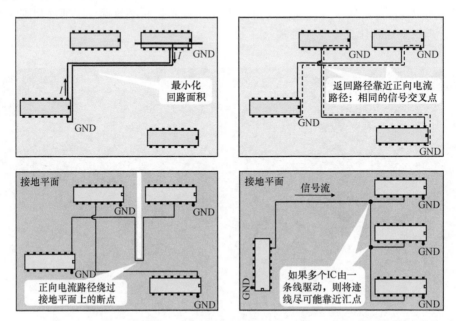

图 5.29　说明执行符合 EMC 标准的 PCB 版图设计的几个基本规则，没有（顶部）和有（底部）接地平面（深灰色）[12]

执行这些和其他符合 EMC 的版图设计规则需要有经验的 PCB 设计者，因为需要耦合和接地机制的知识来选择合适的应对措施。例如，在后期通过屏蔽和过滤来调试 EMC 问题，这涉及大量的工作，应该通过 PCB 的适当位置和路线设计来避免[12]。

布局和布线程序成功完成后，PCB 版图由设计规则检查（DRC）工具检查。DRC 确保所有线迹和其他版图图案都是按照设计规则放置的；无误地通过 DRC 运行，证明该 PCB 版图可以在预定的制造技术中生产。

在最后一步，制造文件被生成。它包括所有层的文件以及额外的制造信息（见图 5.30）。一般来说，这种输出数据可以被区分为独立于技术的文档数据和制造数据，后者是制造商（因此也是技术）特有的。文档数据包括原理图、网表和元件列表。制造数据包括每层的掩模描述、钻孔表和进一步的 PCB 组装数据。

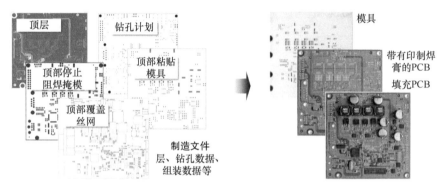

图 5.30 生成所需的输出文件（左图）用来制造 PCB（右图）

5.4 验证

当物理设计完成后，必须对版图进行全面验证。这个验证步骤证实了功能的正确性和设计的可制造性。事实上，验证的主要目的是确保设计的功能正确，并将制造过程中发生问题的风险降到最低。

设计一个电子系统既具有挑战性又耗费时间。在这个过程中，可能会遇到危及或完全破坏设计的问题。研究和实践经验表明，如果一个故障没有被发现，那么在以后的阶段纠正它的成本会高得多。事实上，在版图处理的每一个步骤中，如果故障没有被发现，纠正故障的成本就会增加一个数量级。因此，当前的目标是在流程中尽可能早地发现故障。这需要多个验证步骤。

在设计过程中，产品不能被测试或验证，因为它在这个阶段还不存在。然而，在设计过程中，需要为后续阶段的检查指定可靠的、信息丰富的标准。这些标准可以从技术和功能约束中推导出来；我们在 5.4.1 节中描述了这一操作，然后在随后的各节中阐述了各个验证技术。

如图 5.31 所示，任何全面的设计验证过程都包括以下检查：形式验证（5.4.2 节）、功能验证（5.4.3 节）、时序验证（5.4.4 节）和物理验证。物理验证可以进一步分为几何验证（5.4.5 节）

与基于提取和网表比较的验证（LVS，5.4.6 节）。由于物理设计者需要知道在版图生成之前已经应用了哪些验证步骤，我们在详细介绍物理验证程序（DRC、ERC、提取、LVS）之前，首先介绍这些"早期"验证（形式、功能和时序）。

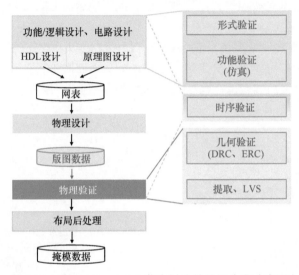

图 5.31　在 5.4.2～5.4.6 节中讨论的验证步骤（右图）

5.4.1　基本原理

正如我们所知，由于电子系统的高度复杂性，其设计要分许多步骤。每个设计步骤都会产生一个新的中间结果，使我们越来越接近最终的设计。这些中间结果必须被检查是否违反了指定的技术和功能约束。功能约束来自于项目，包括一些在项目启动时定义的约束，一个例子是规范中定义的信号的信噪比。其他的可以在设计过程中定义，这里的示例是线路中允许的最大电压降。技术约束是由制造厂指定的，它们基于所使用技术的制造极限。

我们在第 2 章 2.3.4 节中指出，IC 设计的结果，即完成的版图是正确的，这是至关重要的，因为如果一个有内在设计缺陷的 IC 被制造出来，有缺陷的芯片将产生严重的经济损失。为了实现这一点，必须将相关的约束条件转换为可以被这些验证工具使用的格式。

这些约束条件在一个两阶段的映射过程中被转换。图 5.32 说明了所有约束条件的情况。基于物理 / 现实的约束在第一次映射中被转换为正式的规则或标准，这些规则或标准是以文本等可读格式制定的。这种对约束的正式描述是一种元格式（见图 5.32 中的中间一栏）。然后，这些元描述被转换为验证工具所需的数据格式（见图 5.32 中的右栏）。

在第二次映射之后，约束条件以技术文件的形式提供给验证工具，例如图 5.32 中的右栏。验证工具，如 DRC 工具，可以自动检查设计步骤的中间结果是否符合预设的标准。如果在检查过程中发现有违反规定的情况，会被标记为错误。

图 5.32 清楚地显示了不同类别的约束的重要性。（我们在第 4 章 4.5.2 节中介绍了这些类别。）技术和功能约束被转换到物理设计领域（见图 5.32 中的右栏），以便能够自动检查。对这些检查的遵守决定了是否可以制造一个芯片或 PCB，以及它是否适合于用途。剩下的约束类别（设计方法约束），其目的是为了实现这种映射，从而实现自动处理。

让我们考虑一个例子。DRC 工具需要以特定格式编写设计规则。复杂的设计规则可以通过由许多命令组成的例程来描述（示例见第 3 章 3.4.3 节）。尽管这些语言的语法和语义都非常强大，但它们仍然是有限的。因此，需要以这样的方式在元级描述规则，使它们能够在物理设计中进行第二次映射，而不会有任何信息损失。

设计方法学约束是在制定元级设计规则时必须遵守的限制，以便这些规则可以随后被编程。因此，图 5.32 中的设计方法学约束代表了从第二次映射到第一次映射的反馈。在物理设计中（即图 5.32 中第二次映射的结果，也就是右栏），设计方法学约束通过限制自由度来促进标准化。

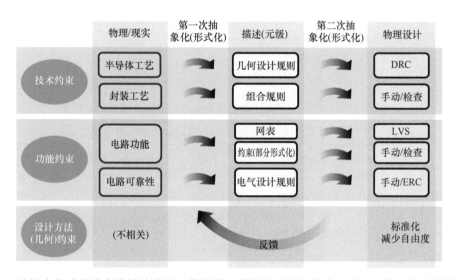

图 5.32　使技术和功能约束能够被验证工具使用，需要进行两次转换。第一次转换的结果是形式化的规则（中间一栏），然后转换为各自验证工具的数据格式（右边一栏）。设计方法约束提供了从第二次抽象到第一次抽象的反馈；它们也限制了物理设计中的自由度

设计工程师应该永远记住，这两种映射都是抽象的，因为真正的约束（见图 5.32 的左边）是由这些映射形式化的。这意味着一个形式化的约束，如物理设计约束，并不等同于技术或物理设计方案中的真实需求。我们将用一个技术约束的例子来说明这一点。

由于现代技术的复杂性，可能并不总是能够通过设计规则来准确地模拟技术约束。在这些

情况下，在设计规则中引入了一个相对于实际要求来说小的安全系数。这导致版图结果不能通过 DRC，即使它们没有违反真正的技术约束。这种类型的错误被称为虚拟错误或虚假错误。

在解释 DRC 结果时，可以忽略虚拟错误的影响，并且版图结构保持不变。然而，设计工程师必须非常有经验，并且准确理解底层技术，以正确处理这些情况。

物理设计领域的几何规则（见图 5.32 中的右栏）通常是保守制定的，以确保实际的要求（即原来的技术约束）毫无疑问地得到满足。因此，技术约束往往是以一个安全系数来满足的。事实上，只要有一个完美的 DRC 结果，通常可以百分之百地保证可制造性。与此相反，在现代设计环境中，功能约束只能被部分建模。因此，它们不能被完全检查。

这是一个重要的观察结果，因为它是进一步检查的原因，例如仿真，也是为什么一个有效的验证（"电路设计正确吗？"）会导致一个无效的验证（功能上）（"是否设计了正确的电路？"）的原因之一（见第 4 章 4.4 节中的图 4.18）。

在下面的各节中详细讨论物理设计中的不同验证方法之前，我们首先对它们进行分类。表 5.1 给出了验证电路的各种选择的概述。表 5.1 还包括了一种超出本书范围的方法——测试，它是针对客户的要求来验证电路设计的（见第 4 章中的图 4.18）。还请注意，我们省略了基于断言的验证（ABV），其中设计者使用断言来捕捉特定的设计意图。这种验证方法现在可以通过形式验证技术（模型检查）以及传统的仿真策略来解决。

图 5.33 将验证方法与 Y 图联系起来（见第 4 章 4.2.2 节）。

表 5.1 以下各节介绍了验证电子电路的不同方案。为了完整起见，
我们还包括测试，即从客户的角度验证一个电路设计

检查	检查什么	如何检查	方法
模型检查	逻辑特征（假设是真的吗？）	数学模型	形式验证
等价检查	两种描述的逻辑等价性	数学模型	形式验证
仿真	电路性能与规范对比	虚拟实验（激励和输出）	功能验证
DRC（OPC, RET）	版图与技术限制（可制造性）对比	几何设计规则	几何验证
LVS	版图与原理图的对比	基于规则，从版图中提取网表	几何验证
PEX（加仿真）	寄生对电路性能的影响	基于规则，从版图中提取参数	几何和功能验证
ERC	版图与电气工艺边界（可靠性）	基于规则，从版图中提取连接	几何验证
测试	符合实际使用的要求	真实实验，客户检查	生效

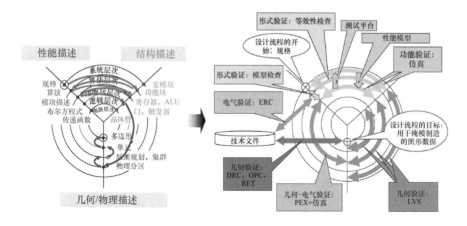

图 5.33　使用 Y 图（右图）说明各种验证方法（见表 5.1），其中自上而下的设计
风格是可视化的（左图）

5.4.2　形式验证

形式验证的目标，也称为形式功能验证，是为了证明一个电路实现对其规范的正确性。更具体地说，它使用形式化的数学方法来显示一个预定电路在特定的形式化规范或属性方面的正确性。最著名的形式验证方法是"模型检查"——在商业工具中通常称为"属性检查"——以及"等价检查"。

模型检查验证了一个设计或一个实现的某种属性。它证明（或反驳）被验证的设计（通常用 HDL 代码描述）满足其规格，也就是说，它的行为在各个方面都符合预期（而且仅如预期的那样）。验证中的设计模型和规范都是用精确的数学语言制定的。本质上，在该检查中，给定的结构必须满足给定的逻辑公式。

另一方面，等价检查是对两个电路描述进行比较。它详尽地检查两个设计表示，如 HDL 代码和派生门级网表，提供相同的功能行为。有不同的方法来执行这种类型的证明。例如，两个电路描述可以用标准化的符号表示，如网表语法，以简化比较。等价检查是综合验证的主要方法。

形式验证要么提供一个成功的验证结果，要么证明①电路描述不符合所需的属性（模型检查），或者②两个电路描述不一样（等价检查）。

形式验证是早期设计步骤的一部分，例如我们在 5.1 节中涉及的基于 HDL 的网表生成。由于版图设计者并不直接处理这种布局前的验证方法，我们在此不做进一步探讨；关于形式验证的更多信息见参考文献 [13]，这是一篇写得很好、容易掌握的主题介绍。

5.4.3　功能验证：仿真

一个电路的功能正确性可以通过仿真来验证。在这里，典型的输入模式，即所谓的激励，被用来检查仿真的输出是否与预期的输出相同。另外，激励也可以应用于设计的性能描述和最终门的描述。在这种情况下，将比较和评估它们的响应。

仿真结果的任何差异可能是由①设计错误或②仿真错误或不准确造成的。在这两种情况下，都需要进一步调查。然而，如果仿真结果与设计值相同，那么对设计的正确性的信心就会增强。不幸的是，仿真永远不能保证设计的全部正确性。

在实际构建电路之前对其行为进行仿真，可以在流程的早期标记出设计故障并提供对电路性能的洞察力，从而极大地提高设计效率。几乎所有的 IC 设计都在很大程度上依赖于仿真。最著名的模拟仿真器是基于 SPICE（以集成电路为重点的仿真程序）的原理（或直接衍生自 SPICE）；数字仿真器通常使用 Verilog 或 VHDL 语法（见 5.1 节）。

流行的仿真器经常包括模拟和事件驱动的数字仿真能力，被称为混合模式仿真器。这意味着，任何仿真都可能包含模拟、事件驱动（数字或采样数据）或两者的结合。混合模式仿真在三个层面上进行。①使用时序模型和内置数字逻辑仿真器的原始数字元件，②使用集成电路的实际晶体管拓扑结构的子电路模型，以及③使用内嵌布尔逻辑表达式。整个混合信号分析可以从一个集成原理图中驱动。

仿真工具通常与原理图编辑器、仿真引擎和屏幕上的波形显示连接（见图 5.34）。这些工具允许设计者快速修改被仿真的电路，并查看这些变化对输出的影响。仿真器通常还包含广泛的模型和器件库。

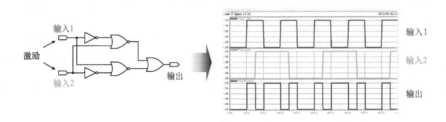

图 5.34　具有或非功能的五门电路的例子和（正确的）波形显示

在通过仿真验证电路时，我们应该始终牢记，基于仿真的验证需要很长的执行时间，特别是对于大型设计。更糟糕的是，通常缺乏一套全面的激励来验证整个设计。即使是快速仿真器和小型电路，也不可能考虑所有可能的输入模式和电路状态。（例如，对两个 32 位二进制数字的乘法器进行详尽的仿真需要 2^{64} 种输入模式，即使仿真速度为每秒 1 亿次乘法，也需要 5849 年的执行时间[8]。）这常常迫使设计者依赖某种随机激励生成的方法，尽管要求全设计覆盖[5]。因此，由于"错误的激励"⊖，一些设计错误可能无法被发现。

⊖　所谓的"奔腾 FDIV 漏洞"就是一个负面的例子，一个经过良好仿真的英特尔处理器在除以一个数字时返回不正确的二进制浮点结果，给英特尔造成了 4.75 亿美元的损失[6]。

5.4.4　时序验证

术语"时序验证"被用来描述检查数字电路的时序在其版图制作完成后是否仍然有效的过程。

电路中的关键路径是在逻辑综合过程中计算出来的；所有的路径都要检查由信号变化引起的最坏情况下的延迟时间。由此产生的关键路径定义了电路能够产生正确输出信号的最快可能的时钟速率。电路的版图也必须满足时序限制。从本质上讲，电路必须通过两个时序检查：与建立（长路径）约束有关的最大延迟和与保持（短路径）约束有关的最小延迟（见图 5.35）。设置检查表征了性能，而未通过保持检查则表明电路有问题。

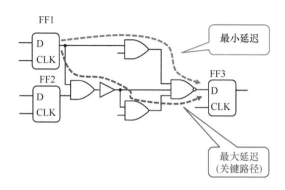

图 5.35　说明最短和最长路径造成的最小和最大延迟

时序验证的一种方法是动态时序分析。在这里，所有的导线容量和电阻都是从版图中提取的，考虑到这些数值，对电路进行仿真。这种方法非常耗时，因为必须考虑许多激励。将动态时序分析限制在关键路径上（在逻辑综合过程中定义的）并没有帮助，因为这个路径在这个后期阶段是未定义的，布线很容易产生一个与逻辑综合过程中计算的不同的关键路径。

静态时序分析（STA）已发展成为一种更有效的时序验证方法。它以从版图中提取的网表为基础，同时考虑到导线容量和电阻。在所有路径上计算的信号延迟与设计者定义的时序约束进行比较。具体来说，STA 将实际到达时间（AAT）和所需到达时间（RAT）传播到每个门或单元的引脚。STA 快速定位时序违规，并通过追踪电路中导致这些时序故障的关键路径来诊断它们 [8]。过去，在这些关键路径上使用更严格的时序约束来重复逻辑综合；现在，STA 产生一个优化的网表作为输出。

逻辑门和导线以及它们各自的延迟是动态和静态时序分析的输入。虽然门的延迟是在库的时序模型中指定的，但导线的延迟是用各种技术计算的。在这些技术中，基于矩的技术目前被广泛应用，其中通过时频变换方法分析 RLC 网络的脉冲响应 [5]。另一种基于矩的互连延迟计算使用脉冲响应的第一矩，这被称为 Elmore 延迟模型 [4]。

版图生成后，任何与时序相关的电路仿真都需要与布局相关的时序信息，以模拟当前的工作状态。标准延迟格式（SDF）被用于这种时序信息。SDF 文件包含互连延迟、门延迟和时序检查，这些都是从物理设计工具中导出的抽象格式。这里最重要的是与器件和端口之间的互连相关的延迟，即在物理设计期间布置的线段延迟。

时序验证还需要检查电阻和电容耦合的情况。例如，当相邻导线的信号在逻辑值之间转换时，就会出现串扰引起的噪声，这些导线之间的电容耦合会导致电荷转移[5]。这种电容对相邻导线的延迟也有严重影响。因此，在版图设计后的时序验证中，有一个准确的时序引擎来计算耦合系统的延迟是至关重要的。

当设计满足所有的时序约束时，通常使用诸如"设计具有封闭的时序"这样的口头表达。更确切地说，术语"时序收敛"是指通过版图优化和网表修改来满足时序约束的过程[9]。这些版图优化包括时序驱动的布局和时序驱动的布线。由于它们对版图设计者很重要，让我们用更多的细节来阐述这两个过程。

时序驱动的布局优化了电路延迟，要么满足所有的时序约束，要么实现尽可能高的时钟频率。它使用 STA 的结果来识别关键网络，并试图改善信号通过这些网络的传播延迟。正如我们在 5.3.2 节中所介绍的，时序驱动的布局可以分为基于网络的和基于路径的。有两种基于网络的技术：①延迟预算确定了每一条线网的长度或时间的上限，②网络的加权在布局期间为关键网络指定了更高的优先级[9]。基于路径的布局旨在缩短或加快整个时序关键路径，而不是单个网络。尽管它比基于网络的布局更准确，但基于路径的布局不能扩展到大型的现代设计，因为在某些电路中，如乘法器，路径的数量可以随着门的数量呈指数级增长[9]。

在详细布局、时钟网络综合和后时钟网络优化之后，时序驱动的布线阶段旨在纠正剩余的时序违例。它力求把下面一项或两项最大限度减小：①最大汇点延迟，即从源节点到给定网络中任何汇点的最大互连延迟，以及②总线路长度，它影响网络驱动门的负载相关延迟[9]。时序驱动布线的具体方法包括为关键网络生成最小成本、最小半径的树，以及最小化关键汇点的源到汇点的延迟[9]。

如果仍然存在未解决的时序违例问题，则应用进一步的优化，如重新缓冲。

5.4.5　几何验证：DRC、ERC

术语"几何验证"总结了所有在完成（几何）版图时或版图设计期间执行的检查。这里最值得注意的是设计规则检查（DRC）和电气规则检查（ERC）。

每个芯片制造商都向芯片设计机构提供其技术的几何设计规则（见第 3 章 3.4 节和第 4 章的图 4.19）。它们被存储在技术文件中，是特定技术的设计套件（工艺设计包，PDK）的一部分。这些规则是制备光掩模的解决方法，可以在 IC 设计过程中应用，并提供可制造的版图。更确切地说，设计规则集合规定了某些几何和连接限制，以确保有足够的余量来考虑应用半导体制造工艺中的变化。

正如前面所讨论的（见第 3 章 3.4.2 节和第 4 章 4.5.2 节），几何设计规则可以分为宽度、间距、延伸、侵入和围绕规则（见图 5.36 左图；参考第 3 章的图 3.20）。另一类可以在几何验证过程中检查的规则是天线规则（见图 5.36 右图），我们将在下面详细介绍。

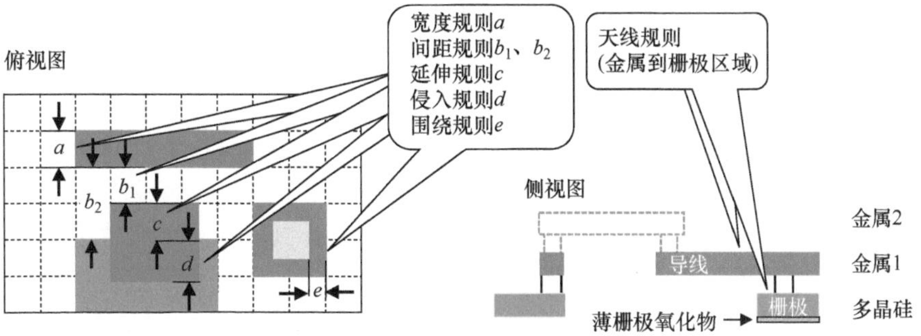

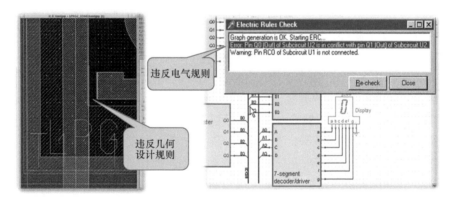

图 5.36　基本的 DRC（宽度、间距、延伸、侵入和围绕规则，见第 3 章中的图 3.20）和天线规则的可视化，即这是多晶硅或金属面积与栅极面积的允许比例（右图）

DRC 软件在验证过程中使用上述的技术文件，有时称为 DRC；版图数据通常以 GDSII/OASIS 标准格式提供。DRC 已经从简单的测量和布尔检查发展到更复杂的规则，可以修改现有的特征，插入新的特征，以及检查整个设计的工艺限制，如层密度。现代设计规则检查器对几何设计规则进行完整的验证检查（见第 3 章 3.4 节）。DRC 工具要么直接在版图中标记任何违规行为（见图 5.37），要么生成一份设计规则违规报告。

图 5.37　DRC 验证了几何设计规则是否得到满足，暴露出最小距离的违例（左图）。相比之下，ERC（右图）检查电气网络中的不一致之处，这些不一致之处可以通过电路原理图或版图中的几何和连接来确定。简单地说，DRC 对版图进行语法分析，ERC 对网络进行语法分析

在一些特殊的设计案例中，设计者可能不会选择纠正任何违反 DRC 的行为。在这里，小心翼翼地"拉伸"或放弃某些设计规则是一种策略，用来提高性能和元件密度，而牺牲成品率。显然，设计规则越保守，设计就越有可能被正确地制造出来；但是，性能和其他目标可能会受到影响。

如前所述，天线规则可以包括在 DRC 中。所谓的天线是指在制造过程中仅部分完成的互连，即多晶硅或金属等导体。在这段时间内，由于上面的层还没有处理，这个互连在晶圆加工步骤中暂时没有与硅电连接或接地（见图 5.36 右图）。在制造过程中，电荷可能积累在这些（临

时死端）连接上，以至于产生漏电流，并对薄晶体管栅极氧化物造成永久性的物理损坏，导致立即或延迟的故障。这种破坏性现象被称为"天线效应"。制造厂通常提供天线规则，这些规则通常表示为多晶硅和金属面积与栅极面积的允许比例。每个互连层都有一个这样的比例，然后在 DRC 期间进行验证。有时还需要多晶硅和金属形状的周长与栅极面积的特定比例，因为电荷最好是在天线边缘收集。

随着可制造性设计（DfM）越来越重要，DRC 工具越来越多地包括对可制造性的检查，这超出了基本的几何设计规则。这包括我们在第 3 章中提到的布尔运算和大小调整函数；不同层之间的关系也可以包括在自动验证中。同样，这些规则是由 IC 制造商直接提供的。

最后，我们必须指出，DRC 可能非常耗费运行时间，因为检查通常在电路的每个子段上运行，以尽量减少在顶层检测到的错误数量。现代设计的 DRC 运行时间可能长达一周。大多数设计公司要求 DRC 的运行时间不超过一天，以达到合理的周期时间，因为在设计完成之前，DRC 可能会被执行几次。

到目前为止，我们希望向读者传达的是，DRC 可以确保电路能正确制造。同样应该清楚的是，不能通过这种方式来检查正确的功能，这取决于操纵电路性能的仿真器和验证器，我们在 5.4.2 ~ 5.4.4 节中已经讨论过了。

现在让我们研究一下简单的版图检查和复杂的行为分析之间的"中间地带"，这就是电气规则检查器（ERC）的领域。电气（设计）规则使电路更加可靠，例如，通过保护它免受静电放电的损害；它们还通过减少由于电过载引起的老化来提高其可靠性。这些规则在很大程度上取决于①应用的半导体技术，②电路类型，以及③电路将来在大型系统环境中作为组件的用途。此外，电气规则通常由设计公司的特定规则和基于经验的规则来补充。

因此，电气规则检查是一种方法，用于在原理图和版图层面上根据各种"电气设计规则"验证设计的鲁棒性和可靠性。它验证电源和地线连接的正确性，检查浮动网络或引脚以及开路和短路。例如，通过在电路原理图和 / 或版图中传播电源、地线、输入和时钟信号，可以检查出不正确的输出驱动、信号规格的不一致、未连接的电路元件等。结果可以在原理图 / 版图编辑器中显示，也可以在表格中显示（见图 5.37 右图）。

电气规则通常被指定为拓扑结构，而不是单一器件 / 引脚检查。来自版图的几何规则也与这些拓扑结构相关，以确保正确的设计功能、性能和成品率。一些规则，如与电压有关的金属间距规则，同时结合了几何和电气检查。

5.4.6　提取和 LVS

版图与原理图工具，通常简称为 LVS 检查，将用于生成版图的原始网表与从生成的版图中提取的网表进行比较。这最终证明了生成的版图与原始网表是完全对应的。更确切地说，LVS 检查通过检查①器件实例之间的电气连接，②网表和版图中正确的器件实例，以及③功能关键的器件实例参数来确保电路设计和版图设计的匹配。这个工具和 DRC 是任何 IC 设计流程中最重要的验证工具。

为了比较两个网表，LVS 工具必须首先从版图数据中提取一个网表。这是在一个提取步骤中进行的。它需要一个与技术相关的提取文件，包含三个定义：

- 各层是如何连接的，即形成网络的是什么？
- 多边形和图层的什么组合构成了一个器件？
- 哪个器件多边形属性决定了电气参数？

图 5.38 直观地显示了这样一个提取文件的内容。网表的内容只能通过这三个信息（层连接、器件、器件参数）从一个给定的版图中导出，因为版图毕竟只由多边形组成[⊖]。

提取算法能够根据这一描述从版图的图形数据中生成网表。其程序如下。

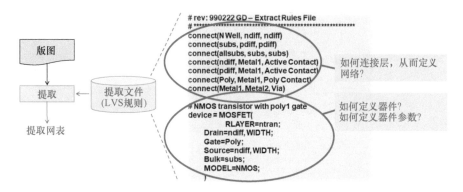

图 5.38　需要从版图的多边形中提取网表来提取一个文件，因为这只能通过了解哪个多边形配置形成一个通孔或一个器件来实现

（1）定义基本器件

　　（a）确定所有代表基本器件的几何结构。

　　（b）将基本器件与其他版图结构分开。

（2）确定电气节点

　　确定所有形成电气连接单元的几何结构。这是一个掩模内的操作。

（3）生成网表

　　（a）确定与基本器件相邻的几何结构所属于的节点。

　　（b）指定连接类型（例如，晶体管的栅极和源极）。

然后将这个网表的内容与从电路原理图中得到的网表进行比较。图 5.39 描述了整个 LVS 过程。

LVS 将输出数据（版图）与输入数据（电路原理图）进行比较，其中包括以下三个电路图属性。

- 网络：电路原理图中是否有所有电气连接，版图中是否只有这些连接？
- 器件类型：电路原理图中的所有器件是否都存在，版图中是否只有这些器件？

⊖　值得注意的是，为什么我们没有考虑任何其他的版图信息，例如库信息。当然，这将大大简化任务并加快网表识别。然而，库中的任何错误也会被考虑在内。最后的网表检查将检查相同的网表，因为两个网表都受到相同的基于库的错误的影响。这将使 LVS 毫无用处。

- 器件参数：版图中的所有器件是否具有原理图中指定的电气参数？

LVS 的结果是一个报告文件（见图 5.39），其中包含器件的数量和类型，以及原始网表（来自原理图）和从版图中提取的网表的节点。这个文件还列出了两个网表中所有不匹配的元件。设计者应该进一步调查这些问题，因为这些比较产生的错误或警告可能是严重的错误，或者只是被提取工具标记的无法识别的特征。

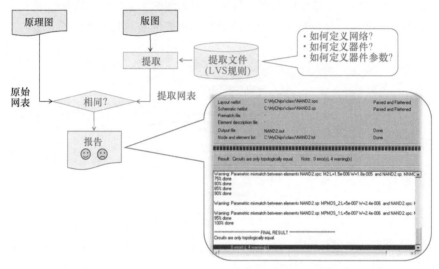

图 5.39　LVS 方法基于从版图中提取的网表。该网表与用于生成版图的原始网表进行比较

LVS 验证的主要问题之一是需要反复进行设计检查，以找到并删除两个网表之间的这些不匹配的元件[5]。由于这可能是非常耗时的，所以应该使用分层验证功能（而不是平面比较）。在这里，内存块和其他知识产权（IP）元素以分层的方式进行比较，而其他设计元素，如模拟块和宏单元，保持平面表示[5]。因此，可以大大减少验证（调试）时间。

到目前为止，我们已经看到了提取工具如何从版图中生成网表。提取工具还具有寄生提取（PEX）的功能。这里，计算互连中的寄生效应。有关的寄生效应是，①寄生电容，②寄生电阻，以及③寄生电感⊖。

为了建立一个更准确的模拟电路模型，需要进行寄生提取。基于器件模型和 PEX 结果，详细的仿真可以模拟实际的数字和模拟电路响应。寄生现象引起人们关注的另一个因素是导线容量在先进技术节点中的重要性：互连电阻和电容开始对 0.5μm 技术节点以下的电路性能产生重大影响。互连寄生会导致信号延迟、信号噪声和电压降，这些都是影响电路时序和性能的重要问题，尤其是模拟电路。总之，时序分析、功率分析、电路仿真和信号完整性分析都依赖于寄生提取。

寄生提取方法大致可分为①现场求解器，它提供物理上准确的解决方案，②使用模式匹配

⊖　额外的寄生耦合效应是由芯片衬底引起的，这是所有器件所共有的。然而，并非所有仿真工具都考虑这些影响。

技术的近似解决方案。由于现场求解器只能应用于小的问题实例，模式匹配技术是完整的现代IC 设计中提取寄生效应的唯一可行的方法。

该提取工具也可用于天线检查（见 5.4.5 节）。在这里，提取栅极面积和导体面积，它们的比例被计算出来，并与一个参考值进行比较。

最后，提取工具也需要用于特定的 ERC 功能（见 5.4.5 节）。一个例子是 ERC 内的引脚对引脚检查，为了满足 ESD 要求，不应超过特定的电阻值。

5.5　布局后处理

传统上，在 IC 规格被转换为物理版图、验证时序以及多边形被证明为 DRC 正确之后，物理设计就可以被制造出来了[10]。各层的数据文件被交给掩模车间，该车间使用掩模写入设备将每个数据层转换成掩模。之后，掩模被运到晶圆厂，在那里它们被用来在硅上制造设计。因此，版图创建和验证终止了实际的设计过程。

现在，集成电路的物理设计数据需要大量的后处理，我们在第 3 章 3.3 节已经详细介绍了这一点。在那里我们介绍并定义了布局后处理步骤，对芯片布局数据进行修正和补充，以便将物理布局转换为掩模生产的数据（见图 5.40）。

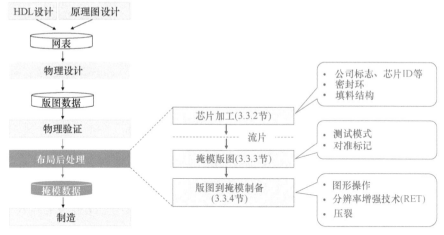

图 5.40　布局后处理的主要步骤是对版图数据进行修正和补充，以便将其转换为掩模数据（见第 3 章中的图 3.14）

如图 5.40 所示，布局后处理可分为三个步骤：

- 芯片加工，包括自定义名称和结构，以提高版图的可制造性（见第 3 章 3.3.2 节）。
- 生产具有测试模式和对准标记的掩模版图（见第 3 章 3.3.3 节）。
- 版图到掩模制备，通过图形操作增强版图数据，并将数据调整到掩模生产设备（见第 3 章 3.3.4 节）。

虽然前两个步骤与实际的物理设计过程没有直接关系（因此，我们请读者参考第 3 章的讨论），但版图到掩模制备可能直接影响物理设计。在这里，用图形操作修正布局，然后进行操作以提高光学分辨率，最后适应掩模生产设备。

分辨率增强技术（RET）在版图到掩模制备中发挥着关键作用（见第 3 章 3.3.4 节）。这些技术必须应用于尖端的集成电路，以应对由其极小的特征尺寸引起的制造和光学效应。由于 RET 对物理设计可能产生的影响，如版图限制[11]，我们在本节中简要介绍一下。

即使最终的版图可能是在硅中所需的，它仍然必须在集成电路掩模制造之前进一步处理。如图 5.41 所示，这些版图的改变是由 RET 进行的。它们大致可分为①失真校正和②中间掩模增强[10, 11]。

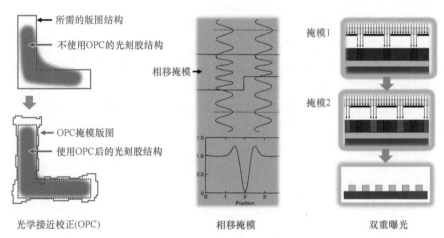

图 5.41　分辨率增强技术（RET）的说明，如光学接近校正（OPC）、相移掩模和双重曝光。OPC（左图）使掩模上的图案失真以抵抗衍射效应。相移掩模（中图）改变通过掩模某些区域的光的相位，从而减少掩模尺寸小于照明光波长的散焦效应。双重曝光（右图）在两个掩模上将密集的图案分成两个交错的图案

失真校正是对制造过程中固有的失真进行补偿。一个例子是光学接近校正（OPC），它解决了由于衍射效应造成的图像误差。如图 5.41 左图所示，OPC 通过在曝光不足的地方略微扩大掩模开口，在曝光过度的地方略微缩小掩模开口来抵消这些影响（我们在第 2 章中讨论了光刻技术中的衍射效应和可能的校正措施，见图 2.9）。

中间掩模增强可以提高光刻工艺的可制造性或分辨率。这方面的例子有：①相移掩模，它是利用相位差产生的干涉来提高图像分辨率的光掩模（见图 5.41 中图）；②双重或多重曝光。这里，多重光刻曝光通过使用两个（或更多）掩模，将密集的图案分割成两个密度较低的图案，来提高特征密度（见图 5.41 右图）。

双重 / 多重曝光设置了新的版图约束，以避免设计者必须解决的后续分解违规问题[16]。例如，根据间距要求，为掩模层分配颜色，然后用这些颜色将原来绘制的版图分割成（两个或多个）新层。

由于一般的布局后处理，特别是 RET，都在不断地改进和调整，以适应新的技术，我们将

不再进一步研究这些问题，而是请读者参考关于这些主题的最新文献。

参 考 文 献

1. R.J. Baker, CMOS circuit design, layout, and simulation, in *IEEE Press Series on Microelectronic Systems*, 3rd edn. (Wiley-IEEE Press, 2010). ISBN 978-0470881323
2. M.R. Barbacci, A comparison of register transfer languages for describing computers and digital systems. *Technical Report* (Carnegie Mellon University Research Showcase @ CMU, Department of Computer Science, 1973)
3. E. Christen, K. Bakalar, VHDL-AMS-a hardware description language for analog and mixed-signal applications. *IEEE Trans. Circuits Syst. II Analog. Digit. Signal Process.* **46**(10), 1263–1272 (1999)
4. W.C. Elmore, The transient response of damped linear networks with particular regard to wideband amplifiers. *J. Appl. Phys.* **19**, 55–63 (1948). https://doi.org/10.1063/1.1697872
5. K. Golshan, *Physical Design Essentials* (Springer, 2007). ISBN 978-0-387-36642-5. https://doi.org/10.1007/978-0-387-46115-1
6. T.R. Halfhill, An error in a lookup table created the infamous bug in Intel's latest processor. *BYTE* (20), 163–164 (1995)
7. M.Y. Hsueh, Symbolic layout compaction, in *Computer Design Aids for VLSI Circuits*, ed. by P. Antognetti, D.O. Pederson, H. de Man. NATO ASI Series (Series E: Applied Sciences), vol. 48 (Springer, 1984). ISBN 978-94-011-8008-5. https://doi.org/10.1007/978-94-011-8006-1_11
8. D. Jansen et al., *The Electronic Design Automation Handbook* (Springer, 2003). ISBN 978-14-020-7502-5. https://doi.org/10.1007/978-0-387-73543-6
9. A. Kahng, J. Lienig, I. Markov et al., *VLSI Physical Design: From Graph Partitioning to Timing Closure* (Springer, 2011). ISBN 978-90-481-9590-9. https://doi.org/10.1007/978-90-481-9591-6
10. L. Lavagno, G. Martin, L. Scheffer, *Electronic Design Automation for Integrated Circuits Handbook* (CRC Press, 2006). ISBN 978-0849330964
11. L. Liebmann, Layout impact of resolution enhancement techniques: impediment or opportunity?, in *International Symposium on Physical Design (ISPD)* (2003), pp. 110–117. https://doi.org/10.1145/640000.640026
12. J. Lienig, H. Bruemmer, *Fundamentals of Electronic Systems Design* (Springer, 2017). ISBN 978-3-319-55839-4. https://doi.org/10.1007/978-3-319-55840-0
13. B. Murphy, M. Pandey, S. Safarpour, *Finding Your Way Through Formal Verification* (CreateSpace Independent Publishing Platform, 2018). ISBN 978-1986274111
14. S.M. Sait, H. Youssef, *VLSI Physical Design Automation, Theory and Practice* (World Scientific, 1999)
15. P. Spindler, Personal communication (TU Munich, 2008)
16. B. Yu, D.Z. Pan, *Design for Manufacturability with Advanced Lithography* (Springer, 2016). ISBN 978-3-319-20384-3. https://doi.org/10.1007/978-3-319-20385-0

第 6 章

模拟 IC 设计的特殊版图技术

虽然第 4 章和第 5 章介绍的物理设计步骤是通用的，但模拟集成电路提出了进一步的挑战，需要额外的版图技术。模拟和数字之间有许多不同之处，因此，这两种情况下的设计流程和工具都是不同的。模拟电路在晶体管数量方面通常没有那么复杂，而且是以手工方式设计的。设计自动化的明显缺乏意味着手工设计在今天仍然被广泛使用，这需要模拟设计所特有的专业知识。本章将介绍这种专业知识。

我们之前在第 4 章（4.6 节和 4.7 节）讨论了模拟设计流程。现在我们介绍伴随着这些模拟流程的版图技术，模拟版图设计师必须完全了解这些技术。我们从介绍方块电阻和阱开始（6.1 节和 6.2 节），因为这些知识对于模拟器件的尺寸和理解是需要的，然后我们在 6.3 节中介绍了这些知识，在 6.4 节中介绍了产生这些模拟器件的单元生成器的方法。对称性的基本重要性的解释和由此产生的匹配概念的论述（6.5 节和 6.6 节）结束了本章关于模拟设计的特殊版图技术。

6.1 方块电阻：用正方形计算

当电流 I 流经导电材料时，其大小与施加的电压 V 成正比，这被称为欧姆效应。V 与 I 的比例（V/I）被称为导线 / 导体的欧姆电阻 R。换句话说，$R = V/I$。这个比例也被称为欧姆定律。如果导体是由同质材料制成，我们可以将欧姆电阻表示为

$$R = \rho \frac{l}{A} \qquad (6.1)$$

材料的电阻率用 ρ 表示，电流流过的长度为 l，A 是电流流经的截面积。我们在半导体中主要遇到的是平面（扁平）特征。如果电流在这样的薄片中横向流动，电阻可以表示为

$$R = \rho \frac{l}{tw} \qquad (6.2)$$

式中，电流流经宽度为 w、厚度为 t 的矩形截面，因此，截面积为 $A = tw$（见图 6.1）。

集成电路上单层的厚度是由工艺技术规定的。这适用于掺杂区和金属层。对于一个给定的工艺技术，层的厚度 t 被认为是一个常数，只有导线的横向尺寸 w 和 l 在版图设计过程中是可变的。

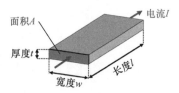

图 6.1 具有宽度（w）、长度（l）和厚度（t）的导线图示

因此，除了材料常数 ρ 之外，在式（6.2）中与每一层相关的第二个常数项是层厚度 t，它是特定于一个给定的工艺技术。我们现在可以根据式（6.2）中与这两个项形成的商来定义一个新的值

$$R_{\mathrm{Sh}} = R_{\square} = \frac{\rho}{t} \tag{6.3}$$

式中，R_{Sh} 是方块电阻或方块电阻率。如果我们将式（6.3）代入式（6.2），得到电流横向流动的方块电阻为

$$R = R_{\mathrm{Sh}} \frac{l}{w} = R_{\square} \frac{l}{w} \tag{6.4}$$

如果我们设定 $l = w$，我们发现方块电阻 R_{Sh} 等于薄片的方形部分的电阻，其中方形的大小并不重要。换句话说，一个正方形导电片的电阻是相同的，不管它是什么尺寸，只要它仍然是一个正方形。因此，系数 R_{Sh} 通常被命名为 $R_{\square}$。$R_{\square}$ 的物理单位与标准电阻相同，也就是 Ω。它有时也被标记为 $\Omega/\square$（欧姆除以一个"方形符号"），以表明它是一个方块电阻。

掺杂层和金属层的方块电阻率 $R_{\square}$ 在每个工艺设计包（PDK）中都有定义。随后，式（6.4）允许我们计算所有横向流动电流的版图特征电阻。我们可以将这个方程可视化如下。简单地计算沿线有电流流动的方形部分（方块）的数量，然后将这个数字乘以 $R_{\square}$，就可以得到该线的电阻。

这种方法通常用于互连，以估计其寄生电阻。图 6.2 中的两个上层互连（a）和（b）具有相同的长宽比 $l_a/w_a = l_b/w_b = 10$。两个互连都是由 10 个方块组成；记住，方块的各自大小并不重要，这里的互连（a）是由 10 个大小为 2×2 的方块组成的，而互连（b）是由 10 个大小为 1×1 的方块组成的。因此，它们都有相同的电阻值 $R_a = R_b = 10R_{\square}$。

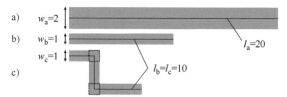

图 6.2　计算互连的电阻值的例子。（a）和（b）两根导线都包含相同数量的方块（即有相同的长宽比），因此，尽管尺寸不同，但都有相同的方块电阻率 $R_a = R_b = 10R_{\square}$。导线（c）的长度和宽度与导线（b）相同，然而，由于（c）中的两个角，这根导线的电阻减少了（大约）一个格子，即 $R_c = 9R_{\square}$。

使用方块来计算电阻是很容易理解的。不过要注意一些问题。首先，用这种方法只能计算名义值。由于工艺公差的原因，现实中的电阻值通常与标称值相差很大。

此外，通过计算方块来计算电阻，只有在电流在导线截面上均匀分布的情况下才能得出有效的结果。在电流流向发生变化的地方，如转角处，以及截面发生变化的地方，计算结果将是不正确的。

方向的变化发生在互连中，例如在图 6.2c 中，导线有直角弯曲。在这种情况下，通过只

计算角落里的方块（用虚线画出）的一半值来估计电阻。考虑到制造公差，这种粗略的估计是足够的。在图 6.2 的例子中，导线（b）和（c）具有相同的长度和宽度。然而，当考虑到两个角时，导线（c）的总电阻被两个一半方块的电阻所减少。因此，我们估计导线（c）的电阻为 $R_c = 10R_\square - 2R_\square/2 = 9R_\square$。

电流通常垂直地流经接触孔和通孔，进入或离开一个层。在这些地方，电流的流动也是不均匀的。这些电流进入和退出点对总电阻的贡献必须用其他方法估计。这些影响通常在 PDK 中引用的接触孔和通孔的电阻值中得到考虑。当我们在 6.3.2 节谈到电阻时，我们将回顾这些问题。

6.2 阱

为了使集成电路正常工作，元件必须相互电隔离。有些器件是自动隔离的，例如，在 p 衬底中的 NMOSFET。其他器件的电隔离则需要具体的措施。在这些情况下，被称为阱的元件就会发挥作用。

6.2.1 实施

阱是集成电路中与周围环境电隔离的掺杂区域。它们被用来容纳一个或多个器件。图 6.3 显示了基于轻 p 掺杂基础材料的不同类型的阱。

创建隔离阱的主要方法如下：

1）在所需的地方将现有的电导率类型掺杂为互补的电导率类型。图 6.3a ~ c 显示了三个例子。

2）用互补电导率类型的阻挡层封闭一个具有所需电导率类型的区域。阻挡层的形成是通过对现有区域进行再掺杂。因此，在图 6.3d 所示的例子中，在 p 外延中产生了一个 p 阱，其中有一个埋藏的 n 掺杂（"NBL"，n 埋藏层）和一个深埋的 n 掺杂（"Deep-n$^+$"，有时称为沉降器）。这种阱也被称为槽或盆。

3）具有所需电导率类型的区域被电介质氧化物阻挡层封装（见图 6.3e）。这些类型的阱是用 SOI（绝缘体上硅）技术创建的[5, 9]，其中可以创建埋藏的氧化物层。

在使用方法 1）和 2）时，所产生的 p-n 结必须以相反的方向极化，以保持电隔离。这种方法被称为结隔离（JI）。

如果衬底是 p 掺杂的，就像我们的例子一样，它被固定在电路中的最低电位上，这通常被称为地（GND），根据定义，它的电位是 0V（见图 6.4）。程序如下。将焊盘连接到外部地。这个地通过金属互连分布在整个芯片上，并通过与 p 衬底（或 p 外延）进行低电阻接触的（重 p 掺杂的）衬底连接。

建议使用与载流的 GND 网络分开的专用网络，用于衬底接地。图 6.4 中的"SUB"网络满足了这个功能。其拓扑结构被称为星形布线。由于连接 SUB 和 GND 的"星形点"直接位于焊盘上，应该没有电流，或几乎没有电流流过这个网络。这可以防止衬底电位在互连线上局部上升（由于电压降）。

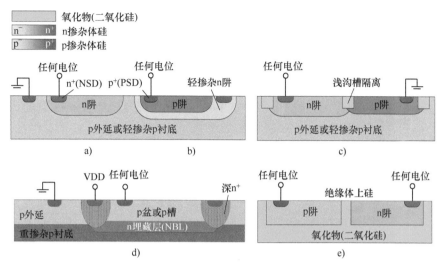

图 6.3 CMOS 工艺中采用不同隔离技术图案化的阱:结隔离（JI）(a, b, d),浅沟隔离（STI）(c)和绝缘体上硅（SOI）(e)。还显示了用于进行电气连接的重掺杂接触点。在（d）中需要 p 外延来创建埋藏层。其他选项也可以在轻掺杂的 p 衬底中实现

当 p 衬底处于 0V 时，每个 n 阱都可以处于任何需要的电位。如果用一个 n 阱来容纳一个 p 阱，一般为 n 阱选择电路中的最高电位（通常由电源电压 VDD 定义），以允许 p 阱有任何电位。阱通过金属互连和相应的重掺杂区域与这个电位（类似于衬底触点）电连接。这些区域在图 6.3 中标有 n⁺ 和 p⁺（在标准 CMOS 工艺中，作为源区和漏区的 NSD 和 PSD 掺杂区通常被用于这一目的）。

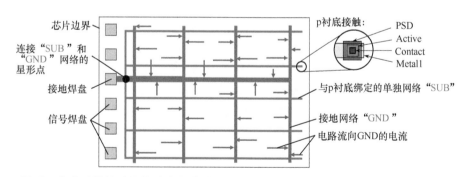

图 6.4 通过一个单独的接地网络（本例中的 "SUB"）将芯片中的 p 衬底与地连接起来。"SUB" 网络通过一个星形点直接连接到焊盘上，因此（几乎）没有电流流过它

隔离阱也可以通过方法 3）创建，其中电介质专门将阱与周围环境隔离。这种技术被称为电隔离。

如今，上述技术在具有沟槽隔离的工艺中被结合起来（见图 6.3c）。在这里，器件通过 STI（浅沟槽隔离）与相邻的特征进行横向电隔离，而与半导体衬底（底部）的电隔离则通过结隔离

实现。这个工艺在第 2 章 2.9.3 节中有详细的介绍。

6.2.2   击穿电压

绝缘材料的介电强度是由该材料在不击穿的情况下所能承受的最大电势差给出的，也称为击穿电压。绝缘阱的击穿电压可以通过调整氧化层的厚度来设置。垂直层的厚度总是由工艺规定的，因此，只能通过选择不同的工艺来改变。

如果阱是通过结隔离（JI，6.2.1 节）的方式进行电隔离，情况就更加关键。除了偏置和尺寸之外，在这种情况下，形成结的硅掺杂强度也会影响隔离。我们在这里只简单地解释这种影响。要想详细了解这一主题，请读者阅读参考文献 [9]。

鉴于 p-n 结上电荷载流子浓度的巨大差异，多数载流子（p 型区域的空穴，n 型区域的电子）扩散到结的另一侧，在那里它们成为少数载流子，主要是重新结合。因此，p-n 结周围的区域遭受了三种电荷载体的耗损。一个空间电荷区，也被称为耗尽区[⊖]，由（静止的）电离的掺杂原子而形成。这些空间电荷产生一个电场。由扩散和这个电场引起的电流相互作用并相互抵消。电场抑制了多数载流子，从而导致了 n 侧和 p 侧之间的隔离效应。

较低的空间电荷密度会导致空间电荷区扩大，从而增加阱的击穿电压。这种效应是由较弱的掺杂产生的并在参考文献 [9] 中做了解释。如果 p-n 过渡区的两个掺杂区中至少有一个是轻掺杂的，那么该阱的电压能力就会大大增强。然后，电场可以在低掺杂的区域扩散。

因此，版图设计者在使用结隔离时应牢记以下两条规则：
- 击穿电压以及 p-n 结的阻断能力随着掺杂浓度的增加而降低。
- 高阻断能力要求结的至少一侧是轻掺杂的。

6.2.3   电压相关间距规则

根据 6.2.2 节的考虑，我们现在可以解释为什么电压依赖的间距规则通常适用于使用横向结隔离的工艺中的阱。

我们应该记得，在通过晶圆表面的掺杂操作中，最大的掺杂浓度发生在硅表面附近，而在硅的更深处，掺杂浓度会急剧下降（见第 2 章中的图 2.16、图 2.18 和图 2.19）。在横向结隔离的情况下（见图 6.3a、b、d），空间电荷区主要在轻 p 掺杂的阱周围的表面扩散。这种扩散效应在图 6.5 中描绘出来。

因此，施加在阱上的电压越高，两个相邻阱之间的要求距离就越大。这就是为什么在汽车电子行业中根据电压对阱进行分类，因为在汽车电子行业中高电压的工艺很常见。间距是由这些分类得出的。图 6.5 显示了 n 阱的间距规则是如何产生的。该规则是由两倍的外扩散加上 p 基底中两个空间电荷区的扩展，再加上两个空间电荷区之间的电间距组成。空间电荷区的扩展是由电压等级定义的。

⊖   空间电荷区也被称为耗尽区，因为它是由所有的自由电荷载流子被移除而形成的，几乎没有自由电荷载流子来 "传输" 电流。在本章中，我们倾向于使用空间电荷区这个同义词，因为空间电荷产生的电场对我们的讨论至关重要。

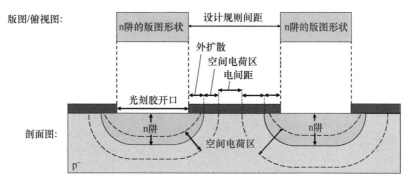

图 6.5　与电压有关的阱间距规则。左边阱的电压比右边阱的电压低，这从后者较大的空间电荷区可以看出

当阱被电隔离时，通常不需要与电压有关的间隔规则。因此，有沟槽隔离的阱可以被更密集地填充。深垂直 p-n 结（见图 6.3c）不会对填充密度产生负面影响，因为空间电荷区可以在这些区域垂直扩展。这些阱中的掺杂浓度在这里通常也要低得多。

6.3　器件：版图、连接和尺寸

我们将在 6.3 节中讨论标准 CMOS 工艺中最重要的器件。我们展示了带有相关剖面和原理图符号的版图。

这些版图是用工艺设计包 "GPDK180" [1] 中的单元生成器生成的。这是一个用于典型的 180nm CMOS 工艺的通用 PDK。剖面图是基于这些版图结果⊖。层的名称与第 2 章相同，在第 2 章中我们介绍了 CMOS 工艺。尽管在版图中也创建了接触孔和金属引脚，但我们没有把它们放在剖面图中，因为理解主题时不需要它们，而且也是为了简化表述。

我们对每个器件进行了以下问题的研究：①器件是如何构造的，②它们是如何进行电接触的，以及③它们的尺寸是如何确定的？

6.3.1　场效应晶体管（MOSFET）

我们已经在第 2 章 2.9.1 节中了解了最常用的器件 MOSFET。有两种类型的 MOSFET：NMOSFET 和 PMOSFET；它们分别如图 6.6 和图 6.7 所示。

当在控制电极（栅极 G）和衬底（背栅 B）之间施加适当的电压时，在源极和漏极的掺杂区（S 和 D）之间就会产生一个导电通道。然后电流可以流过这个通道。

该通道的宽度 w 和长度 l 是 MOSFET 电气性能的关键参数。这两个参数是在版图中定义的，即 MOSFET 的 "尺寸" 被确定。

宽度 w 是由场氧化物开口定义的。在版图中，这是 "有源" 层（通常称为 "有源区"）中垂直于电流流动的结构尺寸。请注意，在图 6.6 中的 NSD 区域和图 6.7 中的 PSD 区域（各自形成源

⊖　这些版图与第 2 章中的版图略有不同，例如，我们没有用氧化物来区分衬底和源 / 漏极门。

极和漏极）在截面图（ii）中是看不到的，因为各自的切割线（ii）与通道区域的晶体管相交。

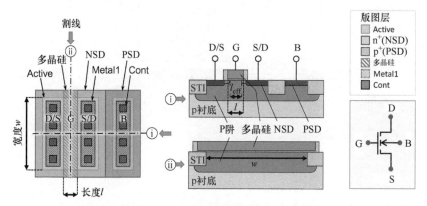

图 6.6 NMOSFET。版图（左图）；剖面图（中图），漏极和源极触点是可以互换的；原理图符号（右图）。原理图符号的漏极和源极引脚以电压从上到下为正的方式排列

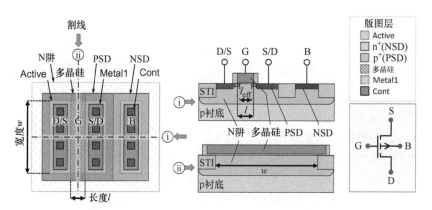

图 6.7 PMOSFET。版图（左图）；剖面图（中图），漏极和源极触点是可以互换的；原理图符号（右图）。原理图符号的漏极和源极引脚以电压从上到下为正的方式排列

栅极通过自对准工艺定义源极和漏极掺杂区域之间的间距，从而定义沟道长度。因此，长度 l 由多晶硅层中电流方向上的结构尺寸定义。这些变量在图 6.6 和图 6.7 的版图结构和截面图中进行了注释。还显示了相关的电路示意图符号（见图 6.6 右图和图 6.7 右图）。

从剖面图中可以看出（见图 6.6 和图 6.7，顶部和割线 i），电有效沟道长度 l_{eff} 比标称沟道长度 l（由多晶硅尺寸定义）短。在 MOSFET 的仿真模型中考虑了校正因子 dl。仿真模型还包括一个类似的通道宽度 w 的校正因子 dw，使得

$$l_{\text{eff}} = l - dl \qquad (6.5)$$

$$w_{\text{eff}} = w - dw \qquad (6.6)$$

对于具有 STI 的工艺而言，值 dw 并不重要。在具有 LOCOS 场氧化物的工艺中，情况非常

不同，其中鸟喙效应$^{\ominus}$将电有效沟道宽度 w_{eff} 显著缩短了两倍鸟喙长度。dw 值大约与场氧化物的厚度相同。

由于是对称版图，哪一边是源极，哪一边是漏极，由电路中的布线决定。鉴于源极和背栅极通常在同一电位上，使用彼此相邻的触点作为源极和背极触点是合理的。

1. 折叠场效应晶体管

具有非常大的 w/l 比例的场效应晶体管通常用于跨沟道的大电流或小电阻。这里，通道宽度可以超过通道长度的几个数量级。在这些情况下，晶体管被折叠，以避免版图中出现不利的长宽比。这是什么意思？

当场效应晶体管被折叠时，它被分割成 n 个相等的子晶体管，具有相同的长度 l，但宽度较小 w/n。通过分流子晶体管将这些宽度加在一起，再次达到所需的值 w。

在图 6.8 中，我们以一个宽度为 $w = 20$、长度为 $l = 2$ 的 NMOSFET 为例，展示了折叠原理，该器件被折叠为 $n = 4$。首先，该器件被分成四个假想的子晶体管，每个宽度为 $w/4 = 5$（步骤 1），每个包含四个通孔，其数量和间距由设计规则决定。然后，这些假想的子晶体管中的两个被翻转，使其各自的源极和漏极彼此面对（步骤 2）。由于这些区域总是处于相同的电位，它们可以被子晶体管所共享。这是通过实际上将这些区域推到彼此的顶部来实现的（步骤 3）。这导致了一个非常紧凑的配置，其触点现在被作为一个并联电路进行布线（步骤 4）。

这个版图在现实世界中实际上并不是这样产生的。我们只是用这个例子来说明折叠场效应晶体管的内部构成。它在电气上与左边画的电路原理图相同，我们在现实世界中也不会遇到这种情况。图 6.8 中底部的版图是由一个单元生成器产生的（见 6.4 节），其中所需的折叠数量由一个参数定义。

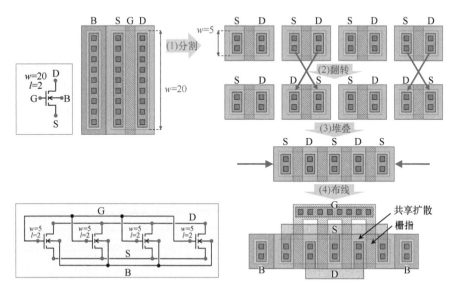

图 6.8　说明场效应晶体管是如何折叠的。左上角宽度为 $w = 20$ 的晶体管以 $n = 4$ 进行折叠。右下角有四个宽度为 $w = 5$ 的晶体管并联在一起

$\ominus$　当执行 LOCOS 步骤时，鸟喙效应是很常见的。氧化物在氮化物掩模下横向生长，这是为了阻止氧化物在硅表面上生长。由此产生的氧化物的几何形状相当于鸟喙（见第 2 章 2.5.4 节和图 2.13）。

由于其形状，通过折叠产生的多晶硅栅极通常被称为栅指。由于栅指垂直于电流，因此需要注意与栅指相关的术语。当有人谈论多边形栅指的"宽度"（或"厚度"）时，他或她指的是通道的"长度"！因此，"栅指长度"沿着通道的"宽度"延伸。

2. 折叠属性和版图说明

正如我们所看到的，版图中 MOSFET 的长宽比可以通过折叠设置在很宽的范围内，以产生一个紧凑的器件。人们主要是为了获得一个接近四边形的版图。一般来说，使用共享扩散也可以节省空间。

在确定指长时，必须记住，当 MOSFET 接通和断开时，栅极和背栅之间的寄生栅极电容 C_{GB} 必须分别被充电和放电。为了操作该器件，充电电流必须克服寄生栅极电阻 R_G。响应时间取决于时间常数 $R_G C_{GB}$。只有通过限制 R_G 才能保证特定的响应时间。因此，PDK 通常包含对栅指的最大长度或允许的方块数量的限制。使用式（6.4），我们可以估计栅极电阻为

$$R_{G} = \left(R_{\square,\mathrm{poly}} \frac{l_{G}}{l} \right) / 2 \tag{6.7}$$

式中，多晶硅的方块电阻 $R_{\square,\mathrm{poly}}$ 通常有两位数的欧姆值$^{\ominus}$。栅指长度为 l_G，其宽度为通道长度 l。该值在式（6.7）中被除以 2，因为与标准电阻相比，充电电流 I_G 并不完全流经多晶硅指。

图 6.9 是沿着栅指的电流分布图。由于电流的线性减少，总电阻减半（通过从两端通电，栅极电阻 R_G 可以进一步减半）。例如，如果 $R_{\square,\mathrm{poly}} = 50\Omega$，根据式（6.7），栅极电阻 R_G 只需 20 个方块就能达到 $0.5\mathrm{k}\Omega$。

因此，折叠使栅极电阻最小化。折叠栅指 n 次后，栅指长度减小到 l_G/n，即栅指电阻按式（6.7）减小了 n 倍。所产生的 n 个子晶体管是并联的，因此总电阻又缩小了 n 倍。除了所占面积更小之外，这也是一个巨大的优势，也是折叠技术经常被使用的一个原因。

源极和漏极应始终由金属连接，并有尽可能多的触点。这可以确保源 - 漏电流从金属线均匀地流向通道，从而使产生的（寄生）电阻 $R_{DS,on}$ 最小。

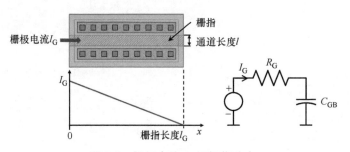

图 6.9 栅极电流 I_G 沿栅指分布

$\ominus$ 在一些工艺中，通过"硅化"对多晶硅进行掺杂，从而达到非常高的掺杂浓度。这种工艺选择使多晶硅的方块电阻值达到个位数。

6.3.2　电阻

1. 扩散电阻

所有的导电层都可以通过适当地确定其版图区域的大小来制作无源电阻。我们接下来研究一些典型的例子。图 6.10 描述了来自掺杂层 NSD、PSD 和 N 阱的电阻。这种类型的电阻通常被称为扩散电阻[○]。电流分别从标有"R1"和"R2"的触点进入和离开。

NSD 电阻位于 p 阱中，p 阱与 p 衬底一起接地。因此，该器件不需要任何进一步的电隔离。因此，示意图符号通常没有比自己更深一层的触点。我们在图 6.10 的版图和截面图中包括了衬底触点，以可视化偏置。

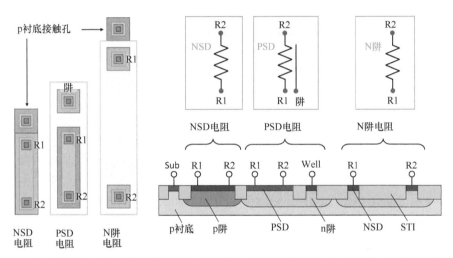

图 6.10　NSD、PSD 和 N 阱电阻的版图结构（左图），以及这些器件的剖面图和原理图符号（右图）。缩写 NSD 和 PSD 表示用于 MOSFET 的源极和漏极区域的 n 型掺杂和 p 型掺杂

N 阱电阻是用 p 衬底封进内部的；其电气接触孔与 NSD 电阻相同。N 阱电阻的方块电阻明显高于 PSD 和 NSD 的电阻。这不仅是因为它的掺杂程度更轻，而且还因为导电层被电阻上部的场氧化物（这里通过 STI 实现）耗尽，那里的掺杂浓度要高得多。因此，电流只能流经电阻的下部，那里的电阻明显更高。

PSD 电阻位于一个 n 阱中，与第三个标有"Well"的引脚电连接。这个引脚的电位应该被选择以至于 N 阱 -PSD 二极管在反方向上被极化。当阱的电位至少与 R1 和 R2 的高电位一样高时，就属于这种情况。这在实践中：要么①将 N 阱连接到电路中的最高电位，要么②将其与处于较高电位的电阻接触孔连接。

方法②只有在该电位在整个工作期间存在的情况下才有效，也就是说，如果电阻没有连接到交流电。这种方法有两个优点。为了解释第一个优点，让我们假设 R1 处的电位高于 R2 处。通过将 R1 与阱短路，布线更容易，因为不需要通过导线提供其他电位。其次，方块电阻的定义更加精确。为了理解这种情况，有必要意识到有效的电阻截面从底部被 N 阱和 PSD 之间的耗

○　尽管在现代工艺中，掺杂是通过注入而不是通过扩散进行的，但这种命名仍然很普遍。

尽区所限制。如果 N 阱和 R1 连接到同一个电位上，这个耗尽区就会自己适应电阻的电压水平，也就是说，它独立于电阻电压水平。

2. 多晶硅电阻

尽管多晶硅在制造低电阻多晶栅极时掺杂得相当严重，但它可以成为电阻的良好基础材料。由于它可以做得很薄，因此可以在小面积上放置许多"方块"，以获得可观的电阻值。图 6.11 描述了一个简单的多晶硅电阻以及相关的剖面图和原理图符号。

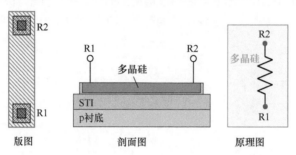

图 6.11 多晶硅电阻；版图、剖面图和原理图符号

多晶硅电阻是最常用的电阻类型，因为它们具有几个优点。它们的主要优点是，它们与其他器件电隔离。因此，不会出现与 p-n 结有关的寄生现象，而且相对于其周围环境，它们具有更高的击穿电压（由其周围的电介质强度决定）。由于多晶硅电阻不需要阱或空间电荷区，因此还可以节省空间。此外，多晶硅电阻的温度系数比扩散电阻低。

3. 尺寸调节电阻

电阻的大小是通过设置电阻体的长度和宽度来确定的，电阻值是用式（6.4）计算的。请注意，R1 和 R2 两个接触点的电流通过接触孔垂直进入和流出，这迫使它改变其在电阻体中的流动方向。在计算中必须考虑这种强制改变方向的情况。这些与电流密度相关的注意事项如图 6.12 所示，以 NSD 电阻为例。对于其他类型的电阻也需要考虑同样的问题。

在电流进出电阻的区域，电流流过的有效截面和流动方向同时发生变化，导致电流不均匀。电阻的这一部分被称为电阻头（见图 6.12）。对于每个电阻，电阻头的额外电阻值 R_H 必须考虑两次。

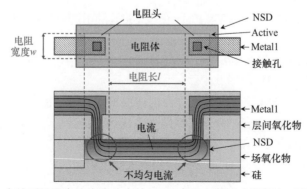

图 6.12 一个特别强调电流密度分布的 NSD 电阻；版图（顶部），剖面图（底部）

　　图 6.13 展示了两个不同尺寸的 NSD 电阻。如图 6.13 底部所示，由于使用了尽可能多的触点，所以电阻头 R1 和 R2 在尺寸确定时随宽度缩放。考虑到这一点，并应用式（6.4），我们可以将一个真正的电阻 R_i 的电阻值表示为

$$R_i = R_\square \frac{l_i}{w_i} + 2R_H(w_i) \tag{6.8}$$

式中，$R_\square$ 是方块电阻；l_i 是电流均匀分布的电阻体的长度[○]；w_i 是电阻的宽度；$R_H(w_i)$ 是一个电阻头的电阻值（它是宽度的函数）。PDK 通常包括根据式（6.8）自动创建电阻版图的单元生成器（见 6.4 节）。

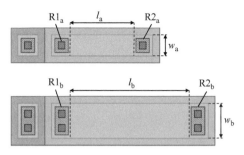

图 6.13　两个不同尺寸的 NSD 电阻

6.3.3　电容

　　让我们首先回顾一下众所周知的理想平行板电容的电容值 C 公式：

$$C = \varepsilon_0 \varepsilon_r \frac{A}{d} \tag{6.9}$$

式中，$\varepsilon_0\varepsilon_r$ 是板之间的介电常数，d 是板之间的距离，A 是板的表面积。鉴于芯片上可用的表面积非常小，而且可用的表面积很有价值，我们需要使用分层，在电极之间提供非常小的间隙 d，以获得有用的电容。[○]

　　栅极氧化层是一个非常薄的高质量氧化层。这就是为什么 MOSFET 非常适于在标准 CMOS 工艺中作为电容使用。在这种情况下，使用栅极和背栅极之间的电容。在这里，有许多配置可供选择。一种流行的方法是通过短路源极、漏极和背栅极触点来产生背栅电极。图 6.14 显示了这种配置的一个例子，一个 NMOSFET 被用作电容（也称为 "NMOS 电容"）。一个 PMOSFET 可以用同样的电路变成一个 "PMOS 电容"。

　　○　如图 6.12 所示，由于掺杂浓度向下递减，扩散电阻中的电流在 z 方向也是不均匀分布的。然而，这种影响可以被忽略。在 PDK 中定义的相应的方块电阻 $R_\square$ 是一个均方根有效值。

　　○　在现代工艺中，也使用了比 SiO_2 更高的介电常数的电介质。然而，它们通常不是用来增加电容的。应用这些 "高 k" 电介质的最常见原因是为了实现更大的厚度 d，因为这可以在保持电容水平的同时减小漏电流。

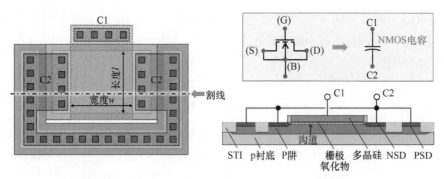

图 6.14 使用 NMOSFET 配置为电容；版图（左图），剖面图和原理图符号（右图）

虽然这样的 NMOS 电容和 PMOS 电容很容易构建，但它们有严重的电气问题。特别是，在晶体管阈值电压 V_{th} 附近操作它们是不可取的（即不是耗尽模式），因为电容将显著下降。电路可以在晶体管的反向模式（通过少数载流子的积累形成沟道）和累积模式（多数载流子的进一步积累，即不形成沟道）下运行。然而，这只有通过 NMOSFET 的负电压才是可行的，因为 p 衬底总是连接到 0V。这些电容在反向模式下的问题是，电容在高频率下会崩溃。当背栅电极连接到交流地时，它们的性能最好。

在标准 CMOS 工艺中，仅使用 N 阱层作为多晶硅的对电极是将栅极氧化物用作电介质的另一种方法。这实际上是一个没有源极或漏极的 PMOSFET（见图 6.15）。这种组合的主要问题是 N 阱电极的高寄生体电阻和 N 阱衬底二极管的空间电荷区，它对地形成了一个串联寄生电容。

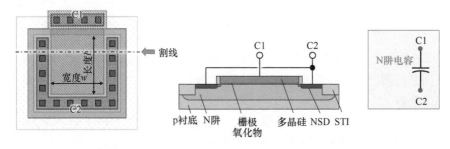

图 6.15 多晶硅 N 阱电容的版图（左图）、剖面图（中图）和原理图符号（右图）

一些工艺扩展可用于制造更好的电容，例如，在栅极氧化物上方放置额外的非常薄的氧化物层用作电介质，以及由多晶硅或金属制成的额外导电层用作电极。这些扩展能够实现所谓的 PIP 电容（多晶硅 - 绝缘体 - 多晶硅）和 MIM 电容（金属 - 绝缘体 - 金属）。MIM 电容只能部署在具有非常好的平坦化的工艺中（如 CMP（化学机械抛光）），因为它们位于用于布线的金属化层之间。图 6.16 是一个"Metal2"和"Metal3"之间的 MIM 电容示例。这些结构受益于通过使用金属和与硅表面的距离而产生的微小的寄生效应。

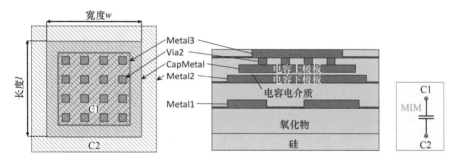

图 6.16　MIM（金属 - 绝缘体 - 金属）电容的版图（左图）、剖面图（中图）和原理图符号（右图）

尺寸。电容的尺寸是根据式（6.9），通过定义用于计算电容的电极表面积 A 来确定的。一般来说，首选矩形的电容极板。器件在版图中被水平和垂直拉伸，使宽度 w 和长度 l 的乘积产生所需的总面积 A，如图 6.14 ~ 图 6.16 所示。

还有其他使用横向电场的条纹金属电极的设计；这些是所谓的边缘或磁通电容。如想了解有关这些设计的更多信息，请读者阅读参考文献 [9] 等。

6.3.4　双极型晶体管

20 世纪 60 年代的第一批芯片只有双极型晶体管，没有场效应晶体管。双极型晶体管的设计是基于发生在两个相隔非常小距离的连续 p-n 转换的现象。有两种可能的分层：n-p-n（NPN）和 p-n-p（PNP）。

所谓的双极工艺是为 NPN 型晶体管定制的。这些工艺有一个重掺杂的 p 衬底，上面沉积了轻掺杂的 n 外延。n 外延被划分为具有深 p 掺杂的 n 阱（通常称为 "iso"），形成集电极的周围环境（见例如参考文献 [3]）。

1. NPN 型晶体管

如今，我们只需将最先进的 CMOS 工艺扩展几层，就能制造出非常出色的 NPN 型晶体管。这些工艺被称为 BICMOS 工艺（双极型和 CMOS）。因此，我们将其称为具有附加层 "Deep-n^+""NBL"（n 型埋藏层）和 "基极" 的宽扩展版本。NBL 是一种重 n 掺杂的埋藏层，只能通过允许外延层生长来生产。我们在示例中使用这种配置，这种配置在标准 CMOS 工艺中也很常见。

我们首先用图 6.17 中的截面图来解释晶体管的工作原理，图中还标明了电流的流向。如果由 NSD（NMOS 的源极和漏极的 n 掺杂）和 "基极" 组成的基极 - 发射极二极管被正向偏置（"允许电流"），发射极就会向基极注入电子。这些电子在那里是少数载流子，它们进一步扩散，直到被反向偏置（"阻断"）的基极 - 集电极二极管所产生的电场吸引。它们在这个电场中漂移，直到到达集电极，在那里它们找到了通过重掺杂的 NBL 和 Deep-n^+ 到达集电极引脚的低阻抗路径。这就是集电极电流 I_C [⊖]。

⊖　所谓的 "集电极电流" 的定义是基于对 "正" 电荷载流子的感知。这就是图 6.17 中所示电流沿相反方向流动的原因，即从集电极流向发射极。

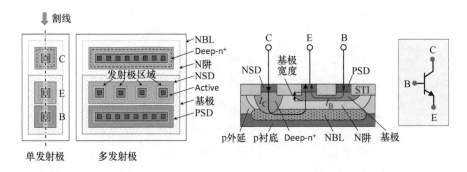

图 6.17　NPN 型晶体管；单发射极和多发射极版图（左图），剖面图（中图）和原理图符号（右图）

一些电子与基极中的空穴重新结合。这发生在基极和发射极，因为基极也会向发射极注入空穴。重组产生的电流是基极电流 I_B。因此，我们可以将发射极电流表示为 $I_E = I_B + I_C$。

比值 $B = I_C : I_B$ 是双极型晶体管的特征，被称为电流增益，其数值可以高于 100。（大）集电极电流可以由（小）基极电流控制。因此，从 I_E 重新结合的电子数量越少，晶体管就越好。重新结合的风险通过两个因素降到最低。①基极掺杂应尽可能低，以确保可用的空穴数少，②基极中的路径，即基极宽度，应尽可能短（见图 6.17 中图）。

掌握了这些知识，我们应该能够理解 NPN 型晶体管的构造。基极必须在一个非常轻的 n 掺杂环境中生产，这样它本身就不需要重掺杂。如果不采取进一步措施，寄生集电极电阻将非常大。通过重掺杂的 Deep-n$^+$（通常称为"沉降器"）和 NBL，可以有效地将这个体电阻降到最低。短基极宽度是由两个扩散深度（"基极"和 NSD）之间的差值定义的。在这个过程中可以非常准确地检查这个值。重要的是，注意它完全不受版图的影响。

尺寸。 NPN 型晶体管的性能是工艺参数的一个函数，即掺杂浓度和层厚度。它能承载的电流受版图的影响。电流是发射极面积的函数，其面积是由场氧化物中的开口定义的（见图 6.17 左图）。在确定尺寸时，晶体管可以被拉长，使这个表面区域具有所需的尺寸。

一般来说，电流在发射极表面的分布是不均匀的。造成这种情况的原因之一是参考文献 [3] 中描述的"电流拥挤"效应。这种效应导致更多的电流在基极触点附近被注入，以至于基极 - 发射极电压在该触点附近略高。因此，我们应该只在垂直于图 6.17 左图所示割线的方向拉伸发射极。

改变发射极会引起进一步的非线性。为了避免这种情况，整个发射极表面往往不是连续拉伸的，而是通过复制单个发射极来复现的，如图 6.17 所示（这种"整数尺寸"还有更多与匹配有关的原因，我们将在 6.6.1 节讨论）。

2. PNP 型晶体管

PNP 型晶体管的工作方式与 NPN 型晶体管相同，只是电子和空穴的角色互换，集电极由 p 衬底组成。这种所谓的"衬底 -PNP"很少被使用，因为衬底电流会通过电压降改变接地。

考虑到由于有 MOSFET 和 NPN 型晶体管的存在，PNP 型晶体管几乎不被使用，因此使用更多的层来创造更好的垂直 PNP 型晶体管其实是不值得的。尽管如此，我们可以通过在具有 p 掺杂（例如，"基极"）的 N 阱中创建同心圆来构建没有额外层的水平 PNP 型晶体管，如图 6.18

左图所示。

如图 6.18 所示，内环是发射极，外环是集电极。底部是轻掺杂的 n 阱。基极宽度是由圆半径的差来定义。主要的电流（空穴）从发射极径向流向集电极。因此，这些掺杂的区域不能被 STI 分开。鉴于发射极和集电极是用同一个掩模图案，基极宽度不受对准公差的影响。

这些晶体管也具有相当高的电流增益 B。B 的值通常可以达到 50；也可以获得更高的值，即 100 个空穴中有 98～99 个空穴可以从发射极到达集电极环。当我们看一下截面时，这是很特别的。发射极将其电荷载流子注入基极 - 发射极过渡的整个界面。事实上，很大一部分载流子在底部进入基极。有人会想，这些电荷载流子通过扩散到达集电极环的机会非常小。n 型埋藏层（NBL）是这个过程中的关键。尽管 N 阱和 NBL 是两个 n 掺杂区，但在它们之间的界面上形成了一个小的空间电荷区，因为这两个区的掺杂浓度相差极大。从顶部扩散下来的空穴被这个空间电荷区所排斥（见图 6.18 中图），因此大部分空穴最终到达集电极。

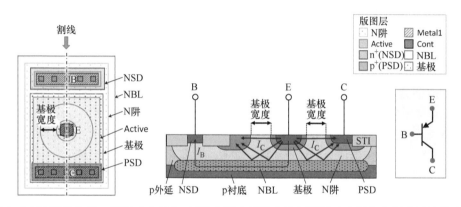

图 6.18　PNP 型晶体管；版图（左图），显示主要电流流向的剖面图（中图）和原理图符号（右图）

尺寸。如果发射极或集电极的尺寸被调整，其电性能（特别是电流增益 B）会发生极大的改变。因此，PNP 型晶体管的基本版图（环形半径）必须保持不变。因此，只能通过复制这一基本版图来确定晶体管的尺寸，以获得更大的电流。

6.4　单元生成器：从参数到版图

6.4.1　概述

集成的模拟 IC 器件通常都是单独的尺寸。在 20 世纪 80 年代，通过改编库中的基本形状来手动放置器件的做法仍然很普遍。这种耗时的版图工作，通常被称为"多边形推演"，是在图形编辑器中手动完成的，而电路就是这样建立起来的。

在 20 世纪 90 年代，单元生成器变得很普遍。单元生成器是将所需的电气或几何器件属性作为输入参数进行处理，并为特定的技术自动创建一个正确的版图单元的程序（见图 6.19）。

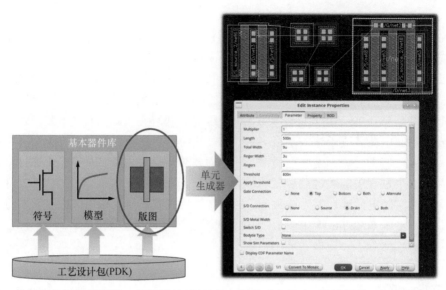

图 6.19　单元生成器是晶圆代工厂提供的 PDK 的一部分（左图）。模拟器件，如晶体管，可以利用单元生成器的尺寸参数进行布局（右图）

单元生成器通常是直接从电路原理图中调用的（"挑选和放置"）。它们从器件原理图符号的实例中加载尺寸参数。

除了电气尺寸的参数外，其他参数被用来定义进一步的版图属性。它们包括接触引脚的数量、形状和位置，以及将器件分割成更小的子器件（例如，折叠 FET）。然后，这些子器件被适当地放置在一起，并在进行彼此间的布线。

单元生成器是目前每个工艺设计包（PDK）的标准配置（见第 3 章 3.5.1 节），并可用于大多数半导体工艺。它们的功能因 PDK 而异，并且与领先的 EDA 公司的设计工具紧密相连。这些单元生成器通常被称为 PCell，代表参数化单元。

基于 PDK 中的单元生成器的版图生成器是由大公司的 IC 设计团队开发的。如今，整个电路或至少是标准的子电路通常由这些版图生成器自动创建 [6, 7]。这些高级版图生成器有时也被称为模块生成器。

6.4.2　示例

我们展示了如何借助 Cadence® PCell Designer[4] 建立 NMOSFET 的单元生成器。在这个例子中，我们建立的晶体管的 PCell 将获得 5 个参数："宽度""长度""栅指"（栅指数）以及"左衬底"和"右衬底"（背栅触点）。

图 6.20 显示了命令屏幕。命令树在"命令"栏中被描述出来。每一行（在"行"栏中编号）包含一个命令，其参数集在"参数"栏中给出。为了更好地理解该程序，我们用棕色添加了一些语义说明，用深蓝色添加了一些关于语法的说明。5 个参数用粉红色突出显示，以说明它们在代码中出现的位置。

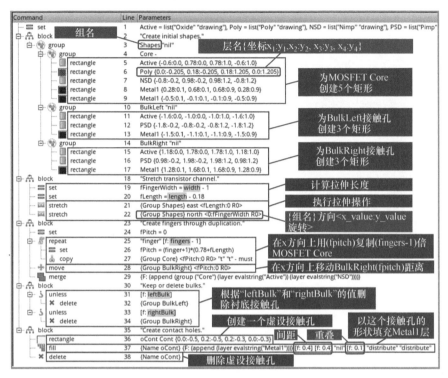

图 6.20　Cadence 公司的 PCell Designer 中 NMOSFET 的单元生成器的示例代码，以及关于语法（深蓝色）和语义（棕色）的注释。代码中高亮显示了 PCell 的参数（粉色背景）

Cadence "GPDK180" 中的层名在第 1 行被映射到我们例子中的层名。剩下的代码由 5 个块组成（在第 2、18、23、30、35 行中命名），其功能我们将在下面简要说明。

基本的 NMOSFET 版图（见图 6.21 左图）是在"创建初始形状"块中产生的（第 2 ~ 17 行）。在这个例子中只有矩形形状；它们被分配到 3 个组 "Core" "BulkLeft" 和 "BulkRight"。在"拉伸晶体管通道"块中，通道被拉伸到所需的"宽度"和"长度"（第 18 ~ 22 行）。用拉伸命令将一个组中的所有形状的角相对于组中心线进行拉伸。

折叠操作在下一个块中进行（第 23 ~ 29 行）。MOSFET Core 在这里被复制，并按计算的间隔 "fPitch" 放置。右边的衬底接触孔在这里只被移位。未使用的背栅接触孔在下一个块中被删除（第 30 ~ 34 行）。

在最后一个块（第 35 ~ 38 行）中，用金属填充接触孔。在第 36 行生成的样本接触孔在最后又被删除。填充命令是所提供功能强大的一个很好的例子。

当 PCell 被开发时，这些命令被实时执行。因此，PCell 设计者可以立即看到代码所产生的版图。所需的形状可以在图形编辑器中简单地绘制。如果有一个样本版图，一个有经验的开发者可以用这个工具在约 1h 内创建此处显示的 PCell。

PCell 菜单（见图 6.21 中图）是根据参数定义自动生成的。为图 6.21 中图的参数设置创建的 PCell 实例如图 6.21 右图所示。

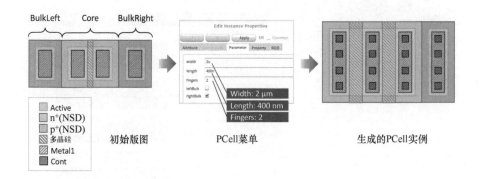

图 6.21　图 6.20 所示的 NMOSFET 的 PCell 的应用：初始版图（左图），PCell 菜单的参数设置（中图），生成的 PCell 实例（右图）

6.5　对称的重要性

6.5.1　绝对精度和相对精度：巨大的区别

如果测量一个完整的芯片中各个器件的电气参数，我们会发现它们的绝对值往往与它们的标称值有很大差别。造成这种情况的原因是半导体制造的复杂性，它包括非常多的制造步骤（通常是数百个）。尽管每一个制造步骤都是以最大的精度进行的，但始终存在着不可避免的公差。由于最终的变化是由这些公差的总和造成的，所以最终的变化可能非常大，通常是两位数的百分比。

如果比较相同的器件类型，我们会发现，如果器件来自同一制造周期（生产运行），则一个器件和另一个器件之间的参数差异总是小得多。这是因为这些器件经历了许多共同的工艺步骤。换句话说，它们有相同的"制造历史"。这些制造历史越精确地吻合，相对变化就越小，或者换一种说法，相对精度就越高。

以一个标称电阻值为 $1k\Omega$ 的多晶硅电阻为例。这种电阻类型通常有 ±30% 的公差。这意味着该器件的实际电阻值可能在 $0.7 \sim 1.3k\Omega$ 之间。现在，两个这样的 $1k\Omega$ 电阻以同样的方式布置在一个芯片上，并排放置。例如，如果在随机抽样中，这两个电阻中的一个测量值为 $1.16k\Omega$，我们会发现另一个电阻的阻值也非常接近 $1.16k\Omega$。另一个电阻的值与这个值仅有很小的偏差，也就是说，这两个器件的相对精度很高。

表 6.1 回顾了两个具有不同制造历史的相同设计的器件的相对精度。这些结果是基于上述例子，绝对值公差为 ±30%。这个值与来自不同生产周期的两个器件的相对精度相同，因此在表的第一行数据中给出。

表 6.1　两个相同设计的器件的相对参数精度与制造历史的关系

制造特定的"距离"（制造历史）		相对精度（%）
工厂内	从一个批次到一个批次①	±30
一个批次内	从晶圆到晶圆	±20
一个晶圆内	从掩模段到掩模段	±15
一个掩模内	从芯片到芯片	±10
一个芯片内	任意	±5
一个芯片内	进一步的版图措施	±1 ~ ±0.01

① 在晶圆制造厂的生产运行中处理多个晶圆。晶圆的数量是由盛放晶圆的容器以及将晶圆从一个站运输到另一个站的容器来定义。容器中的晶圆构成了一个"批次"。

表中的数值只是例子，旨在表明相对参数变化的大小。它们可以从一种技术变化到另一种。电容的电容值通常比多晶硅电阻的电阻值波动得稍小。双极型晶体管的电流增益往往波动较大。

表中的最后一行表明，通过某些版图措施——这被称为匹配——可以大大改善相对精度。匹配的基本前提是

- 器件的绝对精度很差。
- 芯片上相同类型器件的相对精度良好。
- 只有相同类型的器件才能具有相对精度。
- 可以通过匹配措施在版图中优化相同类型器件的相对精度。

匹配器件的能力是一个模拟版图设计者可以拥有的最重要的技能之一。因此，我们将在 6.6 节中彻底讨论这个问题。但首先我们要解释为什么相对精度，以及匹配是如此重要（6.5.2 节）。

6.5.2　通过匹配器件获得对称性

鉴于集成器件的电气参数的绝对值有如此大的变化，几乎不可能制造出质量取决于这些绝对值准确性的优质模拟电路。取而代之的是采用特殊的模拟电路技术，其性能取决于特定器件的电气性能的对称性。这就是模拟集成电路，特别受益于器件的相对精度的原因。

这些相对精度在很大程度上受到版图的影响。两个或更多的器件的相对精度可以受到匹配的很大影响，事实上，可以提高大约两个数量级。因此，以下知识和能力是模拟 IC 版图设计者必须具备的：

1）设计者必须确定电路中的哪些器件应该具有对称性。这些器件必须在版图中被"匹配"。

2）有几种匹配方法，它们在所需的工作量和芯片面积上有很大不同。因此，他 / 她必须能够选择一个合理的匹配水平。

3）他 / 她必须选择和实施适当的匹配措施：器件如何布局、放置和布线。

为什么模拟电路的版图设计师需要原理图作为输入数据，而不是网表，在这一点上应该很清楚。从图形化的电路图中更容易理解电路拓扑结构和电子电路的工作方式。这对于挑选出需要匹配的子电路尤其重要。因为这些子电路的元件通常在电路原理图中是对称的，而且彼此之

间很接近，所以这就更容易了。在无法做到这一点的情况下，应该给予适当的指导。此外，先进的设计环境允许在必要时定义对称性约束。

一些基于器件对称性的标准子电路有[8]：

* 电流镜：参考晶体管中流动的电流被复制到电流镜中的一个或多个晶体管中。对于MOSFET 来说，复制电流与参考电流的比例可以通过通道宽度来设定，对于双极型晶体管来说，可以通过发射极面积或发射极数量来设定。

* 差分对：差分对计算出控制电极（栅极或基极）上两个成对晶体管的电压差。差分对是所有运算放大器的输入驱动器。

* IPTAT 电路：该电路产生温度比例电流（IPTAT：电流 I 与绝对温度成比例）。它只能用双极型晶体管创建，并运用在温度补偿和与电源电压无关的电压参考电路和电流参考电路中。

* 许多电路基于无源器件（即电阻或电容网络）电气性能的同步性。一个简单的例子是分压器。

我们在第 3 章 3.1.3 节中描述了一个带隙电路作为集成模拟电路的典型代表。这是一个相当小的电路，包含了许多上述的子电路。我们在图 6.22 中再次描述了这两个原理图，并将需要匹配的器件置于蓝色框内。框（d）和（f）包含电流镜，框（e）包含差分对，框（b）和（c）共同组成了一个 IPTAT。

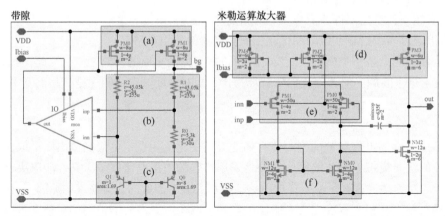

图 6.22 带隙电路的示意图，标有匹配的器件组。米勒运算放大器（右图）是带隙原理图（左图）中的一个功能块，在这里它由一个标有"moa"的三角形原理图符号表示。匹配器件由蓝色框（a）~（f）包围。框（b）和（c）共同构成了 IPTAT，框（d）和（f）包含电流镜，框（e）包含一个差分对

6.6 版图匹配概念

在布置电路时，应尽可能使要匹配的元件的电参数相同。由于电参数的偏差是无法避免的，所以匹配的目的是为了实现相同的参数偏差。换句话说，匹配的目的是为了消除相对参数偏差。

此外，我们需要知道参数变化的可能原因，以便可以选择合适的版图措施。参数变化的原因可能是，①制造公差，②器件版图的非线性，以及③集成电路应用的影响。

制造公差。所有的制造步骤（第 2 章）都有公差，这些公差往往是随机的。这里的典型问题包括晶圆上不均匀的光刻胶涂层；例如，由于热膨胀引起掩模尺寸稳定性发生变化；掩模对准公差，光学映射的失真（例如，透镜故障）；以及整个晶圆上发生的不同的不均匀性，例如，在层生长、掺杂、刻蚀和化学机械抛光（CMP）期间。

器件版图中的非线性。模拟电路中的器件在版图中被单独确定尺寸。由于设计的非线性，这导致了"非理想"的行为。问题是电气参数不会与图形操作符中使用的参数（例如，拉伸函数中的距离）成比例地变化。

集成电路应用引起的影响。当使用时，芯片暴露在各种物理影响下，如加热和机械应力。这些影响因素影响着器件的电气性能。

这些效应的累积影响是非常多样和复杂的。幸运的是，可以选择适当的匹配措施，而不需要对所有这些影响之间的物理关系进行详尽的调查。我们能够对它们对参数变化的影响进行粗略的分类，然后可以根据这些类别来决定适当的方法。

我们现在将解释这些问题的类别，并在此基础上提出一般的匹配概念。这些类别的定义如下：

- 边缘效应，分为内部器件边缘效应（6.6.1 节）和外部器件边缘效应（6.6.3 节）。
- 位置相关效应，通常称为梯度，细分为未知梯度（6.6.2 节）和已知梯度（6.6.4 节）。
- 方向相关效应（6.6.5 节）。

在我们的版图实例中，我们部分地使用了简化的表示方法，例如，我们用 N-Active 表示 NSD 和 Active，用 P-Active 表示 PSD 和 Active（见第 3 章中的图 3.18）。

6.6.1　内部器件边缘效应的匹配概念

我们已经在 6.3 节中看到，电子器件参数与特定版图结构的尺寸成正比。器件的尺寸是通过拉伸其结构尺寸来确定的。然而，在结构外围会发生一些影响，这些影响也会影响电气参数，但不会随着这些变化而扩展。这些效应，我们称之为边缘效应，可以是随机的，也可以是确定的。它们导致电气参数随着拉伸呈非线性变化。

我们通过用完全相同图案的基本器件构建待匹配器件来解决这个问题。换句话说，我们用几个大小合适的基本器件来构建器件。根据要求，这些基本器件可以串联或并联。因此，如果需要的话，我们可以实现不同于 1∶1 的参数比。从现在开始，我们将把这个过程称为拆分器件。在这里，边缘效应是以相同的比例复制的，这样在最终结果中就能保持所需的比例。

以上是对拆分的简单介绍，这是一个非常重要且强大的匹配概念，适用于所有器件类型。现在我们将通过几个例子来深入了解它的内部工作原理。

1. 电阻

有两个与电阻有关的边缘效应：在电阻体和在电阻头。我们将在这里依次对它们进行更仔细的研究，先从电阻体开始。

根据式（6.4），电阻体的电阻与它的长度 l 和宽度 w 的商成正比。这两个变量都受制于随机的边缘移动。我们在这里只需要考虑宽度，因为长度是由电阻头的位置决定的。宽度的变化是由曝光和刻蚀时的公差造成的。这适用于多晶硅电阻以及 PSD 和 NSD 电阻，因为 PSD 和 NSD 电阻的宽度是由 STI 的位置决定的。这些公差形成附加的贡献，当通过拉伸电阻体来确定电阻的尺寸时，这些公差并不扩大。

对于 N 阱电阻（见图 6.10），其宽度受到横向向外扩散的影响。这是一个决定性的影响，在模拟模型中使用一个修正系数来考虑它。然而，在版图后期过程中，它没有通过预设尺寸来处理（第 2 章 2.4.2 节和第 3 章 3.3.4 节）。因此，它在版图中是不可见的，也就是说，版图测量与掩模开口相对应。因此，在不同电阻宽度的情况下，向外扩散会导致不匹配。

例如，让我们假设这些额外的数量加起来，有效的电阻宽度比标称宽度增加了 50nm。因此，对于两个标称宽度为 1μm 和 0.5μm 的电阻来说，1/0.5 = 2 的宽度比变为（1 + 0.05）/（0.5 + 0.05）= 1.91。这相当于（2−1.91）/2 = 4.5% 的不匹配！如果我们以相同的宽度布置电阻，这种不匹配是可以避免的。这里的结论很清楚：匹配的电阻总是有相同的宽度。

第二个边缘效应是电阻头中的不均匀电流，我们在 6.3.2 节末尾讨论了这一点。例如，假设我们希望设计两个电阻 R_1 和 R_2，其比例为 $R_1 : R_2 = r > 1$，作为分压器。基于上述对电阻宽度的了解，我们将两个电阻布置为相同宽度 $w_1 = w_2 = w$。因此，它们仅在长度 l_1 和 l_2 上有所不同。图 6.23 给出了一个 $r = 3$ 的例子。

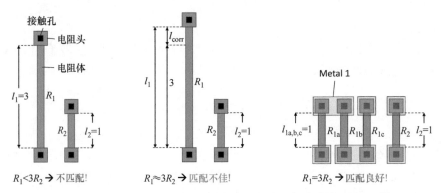

图 6.23　匹配两个电阻的比例 $R_1 : R_2 = r = 3$ 的例子（示意图）。如果不考虑电阻头，则电阻不匹配（左图）。生成的不同长度的电阻匹配不佳（中图）。当分成相同的电阻时，然后适当地连接，电阻匹配良好（右图）

根据式（6.8），可以使用单元生成器（6.4 节）确定电阻的尺寸。对于两个电阻 R_1 和 R_2 的两个电阻率之间所需的比例 r，它们的长度 l_1 和 l_2 由以下因素决定：

$$l_1 = r \cdot l_2 + l_{corr}, \text{ 其中 } l_{corr} = 2(r-1) \cdot \frac{R_H}{R_\square} \cdot w \tag{6.10}$$

电阻 R_1 必须按距离 l_{corr} 进行校正。如果不这样做，比例 r 将只是在两个电阻体之间。由于两个电阻有两个（因此相同数量）头，在这种情况下，电阻 R_1 将缺少 $2(r-1)$ 个头的电阻，以便在最终结果中达到所需的比例 r（见图 6.23 左图）。

"缺失"电阻头的贡献被长度 l_{corr} 所取代（见图 6.23 中图）。因此，两个电阻的比例在数学上是正确的。但是，请记住，只有 PDK 中 R_H 和 $R_\square$ 的名义值才能用于计算 l_{corr}。实际值受到巨大的过程公差的影响。尽管如此，我们可以预期 R_H 和 $R_\square$ 公差略有相关，因为 R_H 也受到 $R_\square$ 值的影响。因此，$R_H/R_\square$ 比值的误差可能更小。然而，由于 R_H 也受其他因素的影响，总有残余误差。这种影响只能通过从连接的"基本电阻"设计匹配电阻，并确保电阻头的比例与所需的电阻比相同来消除。这正是当所有"基本电阻"长度相同时的情况（见图 6.23 右图）。

经验法则。 匹配电阻必须始终具有相同的宽度和长度。使用拆分方法创建电阻比 $r = 1$。这是通过从相同的小电阻构建电阻，这些电阻最好是串联（见图 6.23 右图中的例子），或者并联（如果这样可以获得更好的布局方案）。

最后一个关于电阻大小的注意事项。显然，电阻可以很容易地"缩放"为二次方数，因此，电阻值本身 [见式（6.4）] 保持不变。同时，通过这种方式放大器件，减少了边缘效应对绝对尺度的相对影响，从而提高了器件的相对精度。因此，我们可以通过均匀拉伸 w 和 l 来改善电阻匹配。

2. MOSFET

在 MOSFET 中，场氧化物开口的大小和多晶硅栅指的宽度分别决定了沟道宽度 w 和沟道长度 l，会受到随机边缘偏移的影响。确定性的边缘效应也在起作用。通过多晶硅栅极下的源极和漏极区的次扩散，沟道长度被一定程度地缩短。

在具有 LOCOS 场氧化的工艺中，由于鸟喙效应（第 2 章 2.5.5 节），场氧化开口有一个明显的边缘移动（第 2 章中的图 2.13）。有效的电通道宽度会因这种边缘移动而减少。

这些变化的处理方式与电阻的变化相同。这意味着匹配的 MOSFET 应该被分割成具有相同通道长度和宽度的"基本晶体管"。我们还想指出，即使没有这些影响，由于电路限制，MOSFET 只能通过统一的通道长度进行合理的匹配。这是由 MOSFET 响应特性的特殊性造成的，例如，在"短"通道的情况下，阈值电压 V_{th} 是通道长度的一个函数。

经验法则。 匹配的 MOSFET 总是具有均匀的沟道长度。通过折叠来设置 w/l 比，使得单个晶体管的沟道宽度尽可能地全部相同。因此，所有单个晶体管中的栅指具有相同的长度和宽度。

我们在图 6.24 中用一个简单电流镜的例子说明了这一点，该电流镜将通过晶体管 M_1 的参考电流以 1：2 的比例镜像到网络 N_1 中的晶体管 M_2 中。M_2 的通道宽度是 M_1 的两倍。由于边缘效应总是相加的，在第一种版图变体中，这些边缘效应使沟道宽度的比例恶化（见图 6.24 中图），其中晶体管具有不同的宽度。结果匹配不好。在第二种版图变体（见图 6.24 右图）中，通过简单折叠拆分较大的晶体管来抵消边缘效应。在这种情况下匹配更好。

3. 电容

用式（6.9）计算理想平行板电容的电容值 C 仅适用于极板间均匀场产生的电容所占的比例。边缘场（见图 6.25）也对电容有贡献，发生在主电场之外。由于计算理想平行板电容的电容值的式（6.9）中没有模拟边缘效应，因此边缘场会造成明显的边缘效应。

最接近理想平行板电容的设计被用于匹配电容，因为它们具有最小的边缘场。横向层作为电极，其主电场仅在 z 方向对齐。式（6.9）中的距离 d 是由工艺定义的层厚度，因此与版图无关。因此，主电场产生的标称电容值与在版图设计中设定的板面积 A 成正比。

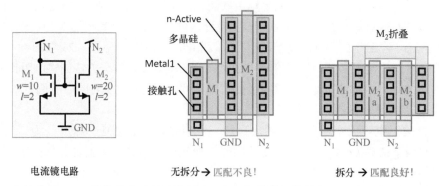

图 6.24　电流比为 1：2 的简单电流镜（左图），没有晶体管折叠的版图（中图），有折叠晶体管 M_2 的版图（右图）（版图在没有 bulk 接触的情况下简化）

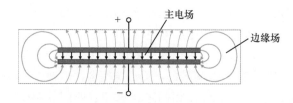

图 6.25　平行板电容电场的形成，包括边缘场

在下面的讨论中，我们假设电容是矩形的，但不失一般性。我们在版图中使用宽度 w 和长度 l 时，根据式（6.9）调整电容的尺寸。表面积 A 表示为这两个参数 w 和 l 的乘积：

$$A = w \cdot l \tag{6.11}$$

与电阻和 MOSFET 类似，这两个参数受制造公差的影响，这会导致边缘效应。在电阻和 MOSFET 的背景下所说的边缘效应同样适用于这里。

我们来看看由边缘场引起的边缘效应（见图 6.25）。其中一个板通常做得比另一个稍大，从而在一定程度上减小了边缘场（见图 6.16 中图）。尽管如此，仍然存在一个对电容有贡献的边缘场。这种贡献不与极板面积 A 成正比，而是与电容的外围长度成正比。以矩形为例，这是周长 P，计算公式如下：

$$P = 2w + 2l \tag{6.12}$$

电容极板的表面积及其周长必须处于所需的比例，以创建匹配的几何形状，该几何形状尽可能准确地表示两个电容值的所需比值 $C_1 : C_2$。这意味着必须满足以下关系：

$$P_1 / P_2 = A_1 / A_2 = C_1 / C_2 \tag{6.13}$$

有两种可能的方法来满足这一需求，我们将在下面讨论。

第一种方法类似于电阻和晶体管的选项：将电容拆分为并联的相同单个电容。因为这些单个电容是对称的，所以边缘场和主电场的比例相同，即满足式（6.13）。制造公差改变了板的宽度和长度，由于其尺寸相同，因此对所有单个电容都有相同的影响，也就是说，不存在不匹配。图 6.26 中图、右图显示了 $C_2:C_1 = 1.5$ 比例的两个选项。我们将在 6.6.2 节中回顾图 6.26 右图中对称轴的额外积极影响。

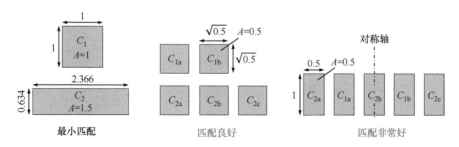

图 6.26　通过拉伸电容（左图）或将其拆分为相同的基本电容（中图、右图），两个电容比值为 $C_2:C_1 = 1.5$ 的匹配选项。所有情况都旨在保持主电场和边缘场之间所需的比例，从而使两个电容 C_1、C_2 的失配最小化。中图和右图的解决方案还将制造公差引起的失配降至最低

在第二种方法中，式（6.13）被用作两个矩形电容的尺寸的条件方程。然后我们对两个电容应用式（6.11）和式（6.12），得到一组未知数 w_1、l_1、w_2、l_2 的方程。理论上，这组方程有无限多的解。

通常，电容的版图应尽可能紧凑。我们的目标是使周长与表面积之比 P_1/A_1、P_2/A_2 最小化；这最好由一个二次电容来实现。我们选择电容 C_1 作为我们的"二次候选"，其中 $w_1 = l_1$。这个值可以很容易地通过式（6.11）和式（6.9）来确定。

然后从这组方程中得到一个具有第二个电容器 C_2 尺寸的两个解的二次方程。这两个解是

$$w_2 = \frac{C_2}{C_1}\left(1 + \sqrt{1 - \frac{C_1}{C_2}}\right)\cdot w_1 \qquad (6.14)$$

和

$$l_2 = \frac{C_2}{C_1}\left(1 - \sqrt{1 - \frac{C_1}{C_2}}\right)\cdot w_1 \qquad (6.15)$$

为了使方程产生真实的解，应始终选择形状为正方形、具有最小电容值 C_1 的电容。这一点从式（6.14）和式（6.15）中可以看出。图 6.26 左图显示了比值 $C_2:C_1 = 1.5$ 时的解决方案。

这种单独拉伸的方法，即面积与周长比的匹配，也适用于两个以上的电容。它最大的优点是减少了配置所需的总表面积，因为不需要拆分为多个电容。也不需要进一步布线。

不幸的是，我们的第二种单独拉伸的方法有一些相当大的缺点。它只有在匹配电容的电容值彼此相差不大的情况下才有意义。其原因是，随着 $C_2:C_1$ 比例的增加，较大的电容的长宽比会下降。当 $C_2:C_1 = 1.5$ 时，该比例已经是 $l_2/w_2 = 3.73$（见图 6.26 左图）。

我们还应该记住，影响尺寸 w 和 l 的制造公差是相加的，对表面积的影响是不同的。尽管根据式（6.13），由边缘场引起的不匹配在数学上被最小化了，但个别拉伸的方法导致了不可避免的剩余失配。这种影响随着 $C_2 : C_1$ 比例的增加而不成比例地扩大，是由上述的制造公差造成的。因此，用这种拉伸方法不能制造高精度的匹配电容。这只能通过分割（即我们的第一种方法）来实现，如图 6.26 中图和左图所示。

4. NPN 型晶体管

正如我们在 6.3.4 节所述，NPN 型晶体管的总电流由其发射极面积决定。因此，它的尺寸是根据其发射极面积确定的。在没有 STI 的旧工艺中会发生发射极外扩散，即有额外的电子横向注入基极，从而引起大的边缘效应。这样的 NPN 型晶体管只有通过复制相同的单个发射极才能成功匹配。

这种已知的边缘效应在更先进的工艺中已经被消除了，在这种工艺中，外扩散被随后施加的 STI 所削减。然而，随机的边缘移动确实发生在 STI 开口处，它定义了发射极区域。在这种情况下也会出现边缘效应，因为这些边缘移动不会随着发射极尺寸的增大而扩展。因此，只有通过创建所有具有统一发射极结构的晶体管才能实现高精度的匹配，如图 6.17 所示。

另一个选择是拉伸单个发射极。然而，发射极只应在平行于基极触点的方向上被拉伸，以避免"电流拥挤"，如 6.3.4 节所述。这可以确保所有发射极和基极接触之间的距离保持不变。然而，这个方案的匹配精度低于上述通过复制均匀的发射极结构来实现的匹配。

5. PNP 型晶体管

我们在 6.3.4 节中解释过，这种横向晶体管类型只能通过复制基本结构来确定其尺寸，而基本结构是不可改变的。该器件也可以通过这种方式进行匹配。在图 6.27 左图中，我们展示了一个使用两个 PNP 型晶体管的比例为 1 : 3 的电流镜的简化版图。请注意，在这个例子中，两个晶体管位于一个共同的 n 阱中，也就是共同的基极。

PNP 型晶体管的集电极环在旧工艺中被径向切割，结构尺寸大于 $1\mu m$，如图 6.27 右图所示。因此可以产生具有共享基极和发射极的节省面积的电流镜。

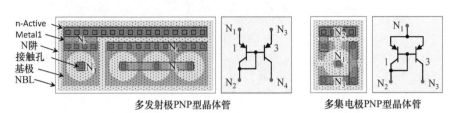

多发射极PNP型晶体管　　　　多集电极PNP型晶体管

图 6.27　两种版本的 PNP 型晶体管电流镜像（不含 p-Active）；左图为多发射极版本，右图为多集电极版本

6.6.2　未知梯度的匹配概念

正如我们在 6.6 节开头提到的那样，晶圆上参数设置的位置相关变化是由制造步骤中的公差引起的。这些参数变化会影响器件的电气性能。图 6.28 左上角中的伪彩色图像显示了晶圆上

N 阱方块电阻的示例。晶圆上沿轴的数据绘制在图的下方。我们可以对所有其他器件参数使用类似的图，例如，栅极氧化物厚度或其他参数可以用 y 轴表示。这些曲线（以及决定它们的参数）通常是未知的，因为制造公差是随机的。我们如何应对这些不确定性？

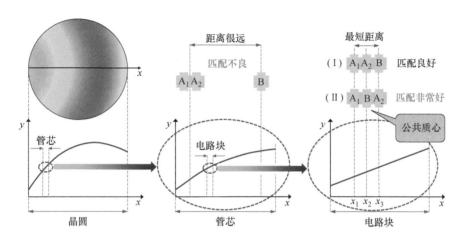

图 6.28　由制造公差引起的器件参数的位置相关梯度。例如，在晶圆上考虑 N 阱方块电阻（y 轴）（左图），在晶圆上的一个管芯内（中图），在一个晶圆的电路块内（右图）

图 6.28 中图显示了管芯上曲线的放大（沿 x 和 y 方向延伸）部分。曲线上方描绘了两个器件（MOSFET）的假想位置。这两个 MOSFET 将以 A：B = 2：1 的比例相互匹配。这些器件分别放置在左侧和右侧管芯边缘附近，并在版图中相隔几毫米的非常大的距离。在这种情况下，尽管考虑了边缘效应，但匹配质量显然很差。这是因为参数设置（此处为 N 阱方块电阻）对器件 A 和 B 的影响非常不同，因为它们之间的距离很大。我们现在可以在此场景的基础上制定另一个关键匹配概念。

经验法则。在版图中，匹配器件应始终放置在尽可能靠近的位置。版图距离越小，未知梯度就越少，无论是什么原因造成的，它们的大小都会导致失配。

曲线的另一段摘录被放大（在 x 和 y 方向上拉伸）并绘制在图 6.28 右图中。现在，在版图变体（Ⅰ）中，器件被放置在最小的距离（微米级）。这种情况有利于良好的匹配。如果我们将这些器件分开，然后将子器件相互缠绕（或交叉指状），匹配可以进一步提高。在这种情况下，器件焦点之间的距离越来越近，器件之间的有效距离进一步缩短。

公共质心版图

在最佳情况下，这些焦点会恰好位于彼此的顶部，如图 6.28 右图的版图选项（Ⅱ）所示。事实上，这种方法可以获得有效的"零距离"。这种类型的星座被称为公共质心版图。现在我们将用一个示例计算来验证其效果。

我们可以量化匹配对 y 值的影响（图 6.28 示例中 N 阱方块电阻 $R_\square$），因为它直接影响电路块的电学性能。我们可以假设在这么小的电路块内参数曲线是线性的。因此，我们可以将曲线表示为 $y = mx + b$ 的简单线性方程。这使我们能够进行以下计算：

版图变体(I)：$A_1 \triangleq y(x_1) = mx_1 + b$, $A_2 \triangleq y(x_2) = mx_2 + b$, $B \triangleq y(x_3) = mx_3 + b$

因此$A / B = \dfrac{A_1 + A_2}{B} = \dfrac{m(x_1 + x_2) + 2b}{mx_3 + b} \neq 2$，因为$x_1 + x_2 < 2x_3$

版图变体(II)：$A_1 \triangleq y(x_1) = mx_1 + b$, $A_2 \triangleq y(x_3) = mx_3 + b$, $B \triangleq y(x_2) = mx_2 + b$

因此$A / B = \dfrac{A_1 + A_2}{B} = \dfrac{m(x_1 + x_3) + 2b}{mx_2 + b} \neq 2$，因为$x_1 + x_3 < 2x_2$

上面的数学计算表明，由于梯度的原因，图 6.28 中的版图变体（Ⅰ）并不能精确地产生所需的 2∶1 的比例。如果我们将元素 B 正好放在 A_1 和 A_2 之间的中间（版图变体Ⅱ），焦点就会聚集在一起。在这种情况下，梯度是恒定的，因此器件 A 的平均值正好等于 B 的值。因此，我们精确地获得了所需的比例 A∶B = 2。

这种效应也用于图 6.26 右图中前面讨论的两个匹配电容的配置。在这个版图解决方案中，未知的梯度以及边缘效果会被抵消。由于单个元素的长宽比为 2∶1，因此示例中的版图也很紧凑。紧凑的版图片段最大限度地减少了梯度的影响。

电流镜电路的两种版图版本如图 6.29 所示。网络 N_1 参考电流以 1∶2∶4 的比例镜像在网络 N_2 和 N_3 中。电路示意图如图 6.29 左图所示。在第一个版本中（见图 6.29 右上图），晶体管 B 折叠在两个栅指中，晶体管 C 折叠在四个栅指中。这个版本在边缘效果方面非常匹配。只有当所有单个晶体管再次折叠时，我们才能获得公共质心版图（见图 6.29 右下图）。

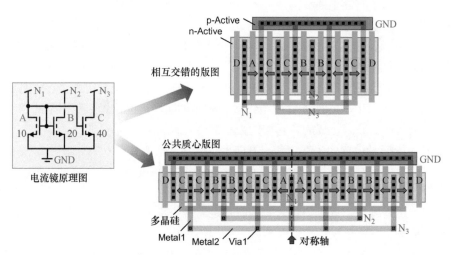

图 6.29　电流比为 1∶2∶4 的 NMOSFET 的电流镜电路（左图）；相互交错的版图（右上图）、公共质心版图（右下图）（所有版图都是示意性绘制的，D 虚设）

经验法则。通过拆分器件和交叉子器件，可以进一步缩短有效距离。因此，可以更有效地抵消未知的梯度。理想的情况是没有有效距离的公共质心结构。这些几何图形总是以轴或点对称为特征。

6.6.3　外部器件边缘效应的匹配概念

良好的匹配几何学由相同的、紧密排列的单一元素组成——正如我们现在所知。这样一个群中位于群中心的元素具有相同的周围环境。不幸的是，这并不适用于位于组边界的元素。如果在一个（或多个）制造步骤中由于相邻的结构而出现局部不均匀性，那么匹配组边缘的这种不连续性会导致失配。

例如，放在匹配组旁边的特征可能需要特别强（或弱）的刻蚀。在这种情况下，由于局部过度的刻蚀剂饱和度或刻蚀剂饱和度不足，在匹配组边界的器件的特性相对于该组的其他器件可能会被改变。为了避免这些影响，匹配组被所谓的虚设元素所包围，这些元素与匹配组中的器件相同，但没有电气功能。它们的目的是为匹配组中的所有器件提供相同的"邻近条件"。

在图 6.29 中的两个版本的版图中，虚设元素也被放置在两边。它们是标有"D"的多晶硅门，不与任何其他元素相连。

此外，虚设元素被放置在任何匹配的电阻系列的开始和结束。二维电容阵列也完全被虚设元素所包围，不幸的是，它们占据了大量空间。

阱邻效应（WPE）。这是一个众所周知的可怕的效应。由于在阱的植入过程中发生了散射，在距离阱的边缘约 1μm 处出现了较高的掺杂浓度[2]。这种效应会严重改变 MOSFET 的阈值电压 V_{th}，从而导致巨大的失配。

沟槽隔离压力。这种影响不是由制造公差造成的。相反，它是沟槽隔离对直接相邻的硅施加的机械压力的结果。由于硅和氧化物的热膨胀系数（CTE）不同，所施加的压力程度与温度有关。该压力增加了空穴的载流子迁移率，降低了电子的迁移率（载流子迁移率是衡量空穴或电子在一种物质中移动的速度的指标）。这些迁移率的变化也是一个非常可怕的影响，它可能导致大的失配。

经验法则

- 匹配组的边缘和内部应采用相同的邻近条件，以防止一般（不可预见）的外部器件边缘效应。这是通过使用与内部相同的元素围绕组来完成的。这些虚设元素没有电气功能。
- 通过在距离阱边界一定距离处放置匹配元素，可以避免阱邻效应（WPE）。
- 根据参考文献 [2]，虚设元素也应用作标准措施，以抵消浅沟和深沟隔离引起的压力。

6.6.4　已知梯度的匹配概念

与芯片的使用情况相关的条件产生了已知的梯度。芯片上的热量分布和机械应力是典型的使用条件。当然，6.6.2 节中关于未知梯度的匹配概念也适用于此。鉴于梯度是已知的，我们可以在这里应用额外的优化选项，如下所述。

1. 芯片上的热量分布

集成电路具有极高的功率密度。因此，它们产生相当大的热损失，这些热损失必须从外部消散。然而，热量不是均匀地在芯片上产生的，而是在单个器件中产生的。因此，热量不是均匀地分布在整个芯片上，特别是在智能功率集成电路中。电气特性，如电阻、二极管正向电压降等，是器件匹配的关键，因为它们在很大程度上是温度的函数。

功率晶体管（DMOSFET）是重要的热源：它们在芯片上可以产生几十 K 的温差。鉴于功率晶体管由于其大电流而总是被置于芯片边界，我们可以很好地估计其热量分布。匹配过程被简化了，因为匹配的关键是温差而不是绝对温度。图 6.30 左图是一个带有 DMOSFET 的芯片。图中显示了具有相同温度的线条，即所谓的等温线，以及垂直于它们的温度梯度方向。

经验法则。匹配器件应沿着等温线放置。因此，与温度有关的失配可以被最小化。上述内容也适用于公共质心版图。

2. 机械应力

当芯片被封装时（见第 3 章中的图 3.24），注入的模具质量对裸片施加压力。裸片因此而永久变形，类似于船的矩形帆在受到风吹时的变形。这种变形导致硅晶体中产生机械应力。这种机械应力对电荷载流子的流动性有很大的影响，从而影响到器件的电性能。由于影响的程度也取决于晶格排列，我们只能大致知道芯片上哪些区域受到影响。

图 6.30 右图描述了晶体中的恒定机械压力线，即所谓的等压线，它垂直于应力梯度。等压线之间的距离反映了应力梯度的大小，类似于地图上等高线的斜率。最低的应力在芯片中心（明亮），最高的应力在角落（黑暗）。芯片边缘中间的应力梯度是适中的。

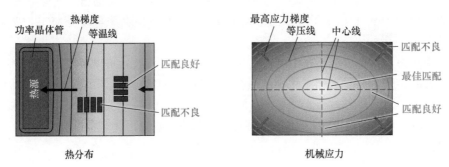

图 6.30　芯片上的器件与热梯度（左图）和芯片封装的机械应力（右图）的匹配建议。前者要求器件沿等温线放置，而机械应力则应考虑避免高梯度区域放置器件，如角落

经验法则。如果匹配要求严格，应避免具有高应力梯度的芯片区域。芯片中心是取得良好匹配结果的理想场所。沿着两条芯片中心线也能取得良好的结果。

6.6.5　方向相关效应的匹配概念

经验法则。对于电容来说，方向是不重要的。为了与所有其他器件相匹配，它们应始终相互平行排列。

我们将在下面解释提出这一建议的原因。

对准公差。对准公差是不可避免的。然而，通过以相同的方式对齐所有匹配的元素，我们至少可以确保对准公差将统一影响所有元素。电阻接触孔的错位就是一个典型的例子。以图 6.31 为例，接触孔相对于电阻材料层（如多晶硅）向上移动。虽然垂直电阻（或者说它们的电阻）不受这种移动的影响，但水平电阻的接触孔却偏离中心。电阻头的电阻值将因此而增加。平行电阻（见图 6.31 中图和右图）总是匹配的，无论这种偏移如何。

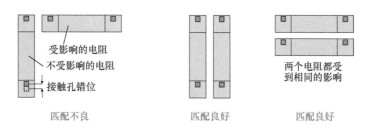

图 6.31 补偿错位的匹配措施

载流子迁移率。我们在前面已经触及了这个话题。当受到机械应力影响时,电荷载流子的迁移率会受到晶格排列的影响。上述对准公差的版图原理同样适用于此。匹配组中的所有元素必须对齐,以确保它们以相同的方式受到影响。

热电效应。两种不同材料之间的每个接触面都会产生一个电位差。这适用于所有的界面:p-n 结、硅 - 金属或金属 - 金属。这些电压在电路中通常是相互抵消的。鉴于这种效应是温度的函数,当接触边界处于不同的温度时,上述电压不会被抵消。对温度的依赖是由特定材料的塞贝克系数定义的,并在界面处产生 0.1 ~ 1mV/K 的所谓塞贝克电压[3]。这些电压极大地影响了器件的匹配,因为芯片上往往有很大的温度差异。

金属 - 硅触点尤其重要。对于分体式器件,在一个器件的分段中,电流应尽可能地在两个方向流动(每个方向有一半的电流)。然后,塞贝克电压将相互抵消。

在图 6.29 右下图的公共质心版图中采用了这种方法。图 6.32 左图描述了另一个带有分体式电阻的例子(请注意,图 6.32 左图并没有显示完整的匹配情况,而是只显示了匹配组的一个元素)。

如果这个措施不能实施,或者只是部分实施,那么一个好的方法是确保匹配器件中的电流流向相同。这种情况在图 6.32 右图中描述。

版图设计师在追求对称性时,不应该依赖几何对称轴。如图 6.32 右图所示,这可以反映出相关器件中的电流,应该避免。

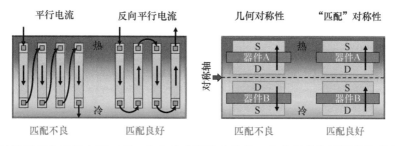

图 6.32 通过使用反向平行电流,在一个分体式器件(这是一个未显示的匹配组的成员)内补偿塞贝克电压(左图)。如果在一个器件内进行这种拆分是不可行的,那么要匹配的器件(这里是 A 和 B)应该被放置成各自的电流在同一方向流动(右图)

经验法则。如果可能的话，分体式器件段中的电流应反向平行排列，以抵消塞贝克电压。如果不能实现这一点，匹配器件中的电流应在同一方向流动。

6.6.6 匹配概念总结

表 6.2 总结了上述 6.6.1 ~ 6.6.5 节的匹配概念。我们区分了（a）正常、（b）更高和（c）最高要求的匹配。这种分类对于版图设计者来说应该是有益的，他/她应该总是意识到在他/她的设计限制下需要"多少匹配"。请注意，（a）项下所列的措施对任何匹配概念都是必须的。此外，根据电路的要求，把匹配的概念也应用到布线结构上可能是合适的。

表 6.2 匹配概念的总结（T 表示一般的晶体管，M 表示 MOSFET，R 表示电阻，C 表示电容）

	器件	影响/解释
（a）正常要求的匹配		
相同的器件类型	所有	匹配的前提条件
相同的尺寸和形状（拆分成相同的基本元素）	所有	内部器件的边缘效应（6.6.1 节）
最短距离	所有	未知梯度（6.6.2 节）
相同方向	R，T	对准公差，载流子迁移率（6.6.5 节）
相同的面积与周长之比，作为拆分的替代方案	C	内部器件的边缘效应（6.6.1 节）
（b）更高要求的匹配		
一维或二维的交错	所有	未知梯度（6.6.2 节）
相同的温度（沿等温线放置）	所有	热梯度（已知梯度）（6.6.4 节）
相同的环境（虚设元素）	所有	外部器件的边缘效应（6.6.3 节）
考虑电流流向	R，T	热电效应（6.6.5 节）
增加尺寸	R，T	内部器件的边缘效应（6.6.1 节）
与阱边界的距离 > 1μm	M	阱邻效应（6.6.3 节）
（c）最高要求的匹配		
公共质心版图	所有	未知梯度（6.6.2 节）
放置在低应力的芯片区域	所有	载流子迁移率（6.6.5 节）
对称的布线	所有	取决于电路功能

参 考 文 献

1. Cadence Design Systems. https://www.cadence.com. Accessed 1 Jan 2020
2. P.G. Drennan, M.L. Kniffin, D. R. Locascio, Implications of proximity effects for analog design, in *IEEE Custom Integrated Circuits Conf. (CICC)* (2006), pp. 169–176. https://doi.org/10.1109/CICC.2006.320869
3. A. Hastings, *The Art of Analog Layout*, 2nd edn (Pearson, 2005). ISBN 978-0131464100
4. G. Jerke, et al., Hierarchical module design with Cadence PCell designer, CDNLive! EMEA, 2015, Session CUS02. https://www.cadence.com/content/dam/cadence-www/global/en_US/documents/services/cadence-vcad-pcell-ds.pdf. Accessed 1 Jan 2020
5. O. Kononchuk, B.-Y. Nguyen, *Silicon-On-Insulator (SOI) Technology: Manufacture and Applications* (Woodhead Publishing Series in Electronic and Optical Materials, Vol. 58) (Woodland Publishing, 2014). ISBN 978-0857095268
6. D. Marolt, J. Scheible, G. Jerke, et al., SWARM: a self-organization approach for layout automation in analog IC design. *Int. J. Electron. Electr. Eng. (IJEEE)* **4**(5), 374–385. https://doi.org/10.18178/ijeee.4.5.374-385
7. B. Prautsch, U. Hatnik, U. Eichler, et al., Template-driven analog layout generators for improved technology independence, in *Proceedings of the ANALOG 2018*, pp. 156–161. https://ieeexplore.ieee.org/document/8576850
8. B. Razavi, *Design of Analog CMOS Integrated Circuits*, 2nd edn (McGraw-Hill Education, 2016). ISBN 978-1259255090
9. Y. Taur, T.H. Ning, *Fundamentals of Modern VLSI Devices*, 2nd edn (Cambridge University Press, 2013). ISBN 978-0-521-83294-6

第 7 章

解决物理设计中的可靠性问题

电子电路的可靠性一直是一个重要的问题，由于结构尺寸的不断缩小和性能要求的不断提高，这个问题正变得越来越令人关注。鉴于物理设计对电路可靠性的巨大影响，这最后一章涉及版图设计者的许多选择。因此，本章的目标是总结以可靠性为导向的物理设计和相关缓解措施的最新进展。

我们首先介绍了可能导致暂时性电路故障的可靠性问题。在这方面，我们讨论了硅衬底（7.1 节）、其表面（7.2 节）和互连层（7.3 节）中的寄生效应。我们的主要目标是说明如何通过适当的版图措施来抑制这些效应。

在介绍了暂时性故障及其缓解方案之后，我们将讨论如何防止集成电路遭受不可逆损坏这一日益严峻的挑战。这需要研究过电压事件（7.4 节）和迁移过程，如电迁移、热迁移和应力迁移（7.5 节）。同样，我们不仅讨论了这种损害的物理背景，还提出了适当的缓解措施。

7.1 硅中的寄生效应

在研究电路原理图时，人们很容易错误地认为它们代表实际的物理电路。然而，原理图只是现实世界的一个理想化模型（第 3 章 3.1.2 节）。总有一些不需要的、但不可避免的副作用——它们不会出现在原理图中。我们称它们为寄生效应。每个版图设计师都需要熟悉这些效应和适当的应对措施。

寄生效应可以用众所周知的集总器件类型进行建模。这些（虚拟）器件被称为寄生器件。在本章中，我们用紫色的符号来表示它们。当寄生电参数是已知，或可以从版图中提取，或可以用其他方式估计时，寄生效应可以被计算出来。

在一个芯片的衬底中，有许多不同的 n 掺杂和 p 掺杂区域。这些区域有寄生的轨道电阻；当它们结合在一起时还会形成寄生的二极管和双极晶体管。以硅衬底为重点，我们在 7.1.1 ~ 7.1.4 节中介绍了几个重要的寄生现象和各自的应对措施。我们从衬底去偏置开始，当寄生衬底电流在电阻性衬底中引起电压下降时，就会出现这种情况。

7.1.1 衬底去偏置

（典型的 p 掺杂）衬底——被称为地（GND 或 VSS）——是芯片上所有电路的参考电位。地电位由流经衬底的电流 I_{sub} 通过衬底的寄生沟道电阻 R_{sub} 局部提高。地电位上升到电流源，其

值达到

$$\Delta V = R_{\text{sub}} \cdot I_{\text{sub}} \tag{7.1}$$

由于这是一个不需要的影响，衬底电流总是寄生的⊖。因此，如果可能的话，人们应该总是尽量避免衬底的电流流动。

电流 I_{sub} 由一个电流源（"衬底电流注入器"）注入衬底，并通过 SUB 网络中的两个触点流出到接地焊盘，如图 7.1 的例子中的示意图。在这种情况下，电阻 R_{sub} 大约由并联轨道电阻 R_{sub1}、R_{sub2} 和接触电阻 R_{cont} 组成。

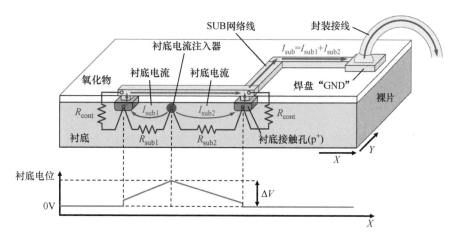

图 7.1 由于寄生衬底电流 I_{sub} 造成的局部接地电位的增加

重掺杂（即低电阻）的 p 衬底通常被用来最小化任何可能的电压降（IR 降），如式（7.1），因为衬底电流不能总是被避免。在这种情况下，人们总是需要（至少）一个额外的轻掺杂层，因为创建器件所需的大量重掺杂只能在这样的环境中进行（第 2 章 2.6.4 节）。这是使用 p^+ 衬底和 p^- 外延的原因之一，如图 7.2 所示。

造成衬底电流的原因是多种多样的。当 NPN 型晶体管在"饱和模式"下工作时，即在集电极电位尽可能低的情况下，经常会出现这种情况。这种状态通常是功率晶体管⊖所需要的，以尽量减少基极 - 集电极二极管的电压降，从而减少损失。在这种情况下，如果基极 - 集电极二极管变成正向偏压，则它在寄生 PNP 型晶体管中充当基极 - 发射极二极管。这个晶体管现在向 n 阱（寄生 PNP 基极）发射空穴。其中一些空穴到达 p 衬底和 p 外延（寄生 PNP 集电极），在那里它们产生衬底电流 I_{sub}（见图 7.2）。

⊖ 所谓的衬底 PNP 型晶体管，其集电极是由衬底形成的，是这一规则的一个例外。因此，如果可能的话，应避免使用它。有关更多信息，见参考文献 [7]。

⊖ 在功率电子器件的双极型 CMOS-DMOS（BCD）工艺中，使用两个轻掺杂外延层和置于它们之间的 n 埋层，以增加 NPN 集电极相对于地的击穿电压（第 6 章 6.2.2 节）。请注意，为了清晰起见，我们在图 7.2 的示例中没有显示这种排列。

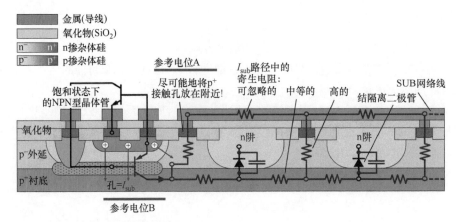

图 7.2 用于"束缚"接地电位（参考电位 A）的接触孔应尽可能靠近衬底电流 I_{sub} 的电势源（参考电位 B）。寄生器件的引脚（紫色符号）被画成圆圈。它们被放置在形成寄生器件的各个部分的掺杂区域上

无论衬底电流的来源是什么，随后的分析都适用。衬底电流中的空穴流过相邻的 n 阱，因为作为多数载流子，它们被反向偏置的结隔离二极管的场排斥。因此，电压降 ΔV 增加了，因为载流子留在衬底中，它们可以走更远的距离。由此产生的电位在最坏的情况下会导致一个阱的结隔离失效。因此，受影响的阱中的器件的正常运作受到威胁。此外，结隔离二极管可能会出现正向偏置，并在 p 衬底中注入额外的电子。这些电子是那里的少数载流子，可以引发进一步的故障。我们将在接下来的 7.1.2 节中更详细地讨论这些影响。

除了这种最坏的情况，衬底电流也会造成额外的问题。如果结隔离保持有效，耗尽区总是形成寄生结电容（见图 7.2）。波动的接地通过这些寄生器件引起干扰（串扰），结果是"调制"邻近的电路。这种不必要的电路接地电压升高被称为接地反弹$^{\ominus}$。衬底电流也会导致更多的噪声。

物理设计中的应对措施

衬底接触。 为了应对衬底电流的负面影响，物理设计的目标是允许这些衬底电流以最有效的方式从衬底流出。这是通过提供尽可能多的衬底接触来实现的，使电流流向金属，在那里它将有一个非常低的电阻路径到接地焊盘。这里的关键是，到最近的衬底接触的轨道电阻应该足够小，以允许大部分电流沿着这条路线。触点必须靠近电流才能发生这种情况，如图 7.2 所示。如果不是这样的话，电流将均匀地扩散。也就是说，它会向下潜入衬底的深处（芯片的厚度可能达约 1mm），在那里它不能被有效地再次"捕获"。

设计规则（间距）。 在 PDK（工艺设计套件）所包含的设计规则中，通常规定了相邻的衬底接触的最大间距。这一要求使整个芯片上的衬底接触有一个"最小密度"。

保护环。 如果一个潜在的衬底电流源是已知的，就像我们上面的例子（见图 7.2），衬底触

$\ominus$ 特别是在混合信号电路中，地线反弹问题具有现实意义。在本书中，我们将不涉及这个问题，若想获得更多信息，可阅读参考文献 [21]。

点被放置在紧邻该源的地方。通过用这些触点完全包围 I_{sub} 注入器，可以达到最佳效果。这种安排也被称为保护环。

"无电流"接地。 在第 6 章 6.2.1 节中，我们建议不应使用电路接地网（GND 或 VSS）将衬底触点连接到接地焊盘。相反，我们说应该在版图中使用一个单独的网络，该网络通过一个星形点连接到焊盘。我们在本章中将其称为 SUB 网络（第 6 章中的图 6.4）。重要的是要记住，不应将载流器件引脚连接到该网络，因为这些电流可能会导致接地电位上升，这是我们想要避免的。这就是为什么版图设计师经常称之为"无电流"SUB 网络的原因。我们现在知道这意味着什么；即没有标准电路电流流过该网络。然而，寄生电流（小几个数量级）确实从衬底通过该网络。事实上，这就是它的作用。

7.1.2　注入少数载流子

正如我们在第 6 章 6.2.1 节中所了解的，结隔离二极管的任务是将 n 阱（阴极端）与 p 掺杂区（阳极端）进行电气隔离，以阻止不需要的电流。为此，结隔离二极管必须被永久地反向偏压。有两种方法可以中止这种所需的极性：①地电位无意中上升到阱电位之上，或②阱电位无意中下降到地电位之下。这两种情况中的第一种是由我们上面提到的衬底电流引起的。

第二种情况是由芯片外部的电感引入到连接到阱的互连中的瞬态引发的（见图 7.3 左上）。瞬变将阱"拉"到地电位下；在这种情况下，结隔离二极管变成正向偏压并开始导电。然后它作为一个开关，打开一个"无效"电流 I，该电流从芯片接地触点通过最近的衬底触点流入衬底，并从那里流向阱（这与图 7.1 中描述的方向相反，如果我们用阱取代那里的衬底电流注入器）。这个不受欢迎的电流 I 然后通过受影响的互连和焊盘离开芯片。这种空穴电流的效应通常仅限于受影响的阱，因此在图 7.3 中没有显示。

更值得关注的是，一个正向偏压的结隔离二极管会在 p 掺杂区发射电子。在这种情况下，注入的电子是少数载流子，主要通过扩散传播。如果它们到达邻近的 n 阱，它们会被这些（正确的）反偏压结隔离二极管的电场传送到阱中，并在那里形成不需要的泄漏电流。整个过程在图 7.3 中显示为 5 个步骤。

这种效应可以表征为寄生 NPN 型晶体管的效应，其中 n 阱（其电位被下拉到地以下）作为发射极（"罪魁祸首"），p 区作为基极，所有其他 n 阱（"受害者"）作为集电极（图 7.3 中以紫色显示）。接下来我们考虑它的"电流增益" B 来估计它的寄生效应。

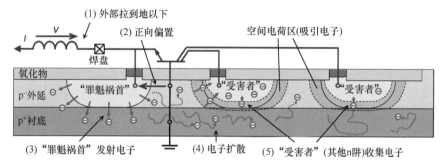

图 7.3　少数载流子注入的过程分为五个步骤

在 BiCMOS 和 BCD 中，重掺杂的 n 型埋藏层（随后缩写为"NBL"）⊖ 作为一个强大的寄生发射极。CMOS 中的 n 阱在表面附近的发射最强，因为那里的掺杂最严重，而且 n⁺ 触点通常位于结附近。轻掺杂的 p 外延是一个"好"基底，因为它有很少的空穴与注入的电子重新结合。在直接相邻阱的情况下，电流增益 B 可以大于 1（即小的寄生基极宽度）；在注入 NBL 的情况下，它甚至可以上升到 10[7]。此外，即使只有千分之几的发射极电流通过较高掺杂的 p 衬底到达远处的阱（即大的寄生基底宽度），这也足以使工作在 μA 级的敏感模拟电路失调。

最好的方法是在芯片和系统设计中消除所描述的原因。不幸的是，在放大效应的最先进应用中，由于信号上升时间很快，这几乎是不可能的。那么，最好的选择是通过在版图中弱化寄生 NPN 型晶体管来尽量减少上述影响。接下来我们将介绍如何在物理设计中实现这一目标。

物理设计中的应对措施

识别可能的发射极。大电感通常只存在于芯片之外。电动机上的线圈就是一个例子。所有直接连接到芯片焊盘的 n 阱都有成为寄生发射极（又称"侵略者"或"罪魁祸首"）的高风险。驱动芯片外部有源器件的功率晶体管，即所谓的执行器，是典型的"罪魁祸首"。在存在陡峭的脉冲边缘的情况下，键合线的电感也足以将一个阱暂时变成"罪魁祸首"。

衬底接触。这些放置在"罪魁祸首"周围的触点，通过提供空穴与扩散的电子重新结合，有助于削弱寄生基极。

间距。较大的阱距增加了寄生基极的宽度，这增加了复合率，但代价是更大的占地面积。这种补救措施在轻掺杂的 p 外延中不是很有效。此外，在高掺杂 p 衬底旁边的边界层处存在小的空间电荷区。电子被这个空间电荷区的电场所排斥；因此，它们留在 p 外延中，在那里它们可以比在 p 衬底中走得更远。

增加 p 掺杂。寄生基极理论上可以通过局部增加 p 掺杂浓度，从而增加复合率来进一步减弱。标准 CMOS 中唯一可用的选项是先前提到的衬底接触。在 BiCMOS 变体中，基极掺杂是一种可能性，但其穿透力不是很强，因此不是很有效。重掺杂的 p 衬底至少在 n 阱下面是有效的，因此在这方面很有前途，这是其在双极 -CMOS-DMOS（BCD）工艺中使用的另一个很好的原因。

保护环。在"罪魁祸首"周围提供电子扩散流的额外的 n 阱（在电路中没有功能）可以是一种有效的对策。它们的结隔离二极管的电场吸引电子，因此它们作为"副集电极"收集电子并使其无害。它们的效果随着以下因素的增加而增加：①它们的电位大小（这扩大了空间电荷区，从而扩大了电场范围）；②它们的掺杂强度（使低电阻电流流入到金属中）；③它们的宽度；以及④它们的深度（也增加了收集区）。我们在图 7.4 中展示了几个示例。

在 BiCMOS 中利用了所有可用的 n 掺杂变体（见图 7.4 右图）。NBL 可达到最大深度，而深 n⁺ 可实现低电阻放电。如果掺杂水平太低，辅助集电极本身就会成为寄生发射极，存在饱和的风险。这就是为什么标准 CMOS 中不使用 n 阱（其轨道电阻太高）的原因（见图 7.4 中图）[7]。在这里，NSD 区域应该具有最大电位。空间电荷区将深入轻掺杂的 p 层。在 p 外延 /p 衬底界面

⊖ n 型埋藏层（NBL）大多用于在 BiCMOS 中形成 NPN 集电极（第 6 章 6.3.4 节）或在 BCD 中形成功率 MOSFET 漏极。图 7.3 中没有显示这两种应用。

处的小空间电荷区（也在图 7.4 中描绘）在这里也是有益的：它的电场吸引电子到 p 外延，使它们倾向于停留在那里。

这些副集电极保护整个版图免受"罪魁祸首"的伤害，这就是为什么它们也被称为电子收集保护环的原因。图 7.4 左图给出了一个示意性的版图例子。内部（提供空穴）保护环由衬底触点组成。它提供空穴以增加寄生基极中的复合率。

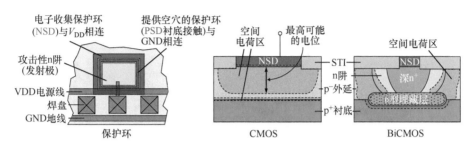

图 7.4 电子收集保护环。示意版图实例（左图）及 CMOS（中图）和 BiCMOS（右图）的空间电荷区示例。缩写 NSD 和 PSD 分别表示用于 MOS-FET 源和漏区域的 n 掺杂和 p 掺杂

放置在芯片边界。"罪魁祸首"通常被放置在紧靠芯片焊盘的位置，因为它们通过（宽尺寸）互连与芯片焊盘相连。将"罪魁祸首"放置在芯片外围使得屏蔽它们变得更容易。参考文献 [7] 的作者建议将保护环延伸到芯片边界，这样三条——或在芯片拐角处只需两条——就足够了。

7.1.3 闩锁效应

闩锁是一种不受欢迎的低电阻路径，可能由两个互补的寄生双极晶体管 Q_{NPN} 和 Q_{PNP} 之间的相互作用触发，它们采用 n-p-n-p 掺杂序列构建。它们通常出现在相邻的 NMOS 和 PMOS 场效应晶体管中，它们的背栅和源极分别位于地（VSS）和电源（VDD）。这是芯片上非常常见的情况。图 7.5 中的"预期电路"是数字电路（作为反相器）和模拟电路（在放大器或断路器中）中经常发现的非常简单和典型的结构。

在本例（图 7.5）中，n-p-n-p 序列由 NSD、p 衬底、n 阱和 PSD 组成（NSD 和 PSD 表示用于 MOSFET 源和漏区域的 n 掺杂和 p 掺杂）。"外部"区域是 NMOSFET 和 PMOSFET 的源极。它们作为寄生双极晶体管 Q_{NPN} 和 Q_{PNP} 的发射极。序列中的"内部"区域，即芯片的 n 阱和 p 衬底，相互作用，充当它们的基极和集电极。这两个寄生双极晶体管 Q_{NPN} 和 Q_{PNP} 由这两个背栅扮演的双重角色相互连接。我们将这两个区域的寄生电阻标记为 R_{well} 和 R_{sub}。在图 7.5 的剖面图中绘制了寄生电路，显示了指示各掺杂区域的环形引脚的位置。为了更容易阅读，右侧的图中还以标准格式勾勒出了预期电路和寄生电路。

在标准操作期间，所有 p-n 结都是反向偏置的。如果由于任何原因，Q_{NPN}（Q_{PNP}）基极 - 发射极二极管上有足够的正向电压，使载流子注入由 p 衬底形成的寄生基极（n 阱），在那里它们成为少数载流子，就会触发闩锁效应。这导致晶体管被上拉，并在 n 阱（p 衬底）中流动寄生集电极电流。由多数载流子组成的集电极电流导致 R_{well}（R_{sub}）两端的电压下降，这在更大程度

上正向偏置互补晶体管 Q_{PNP}（Q_{NPN}）的基极 - 发射极二极管。因此，它也被拉高，并产生集电极电流，其在 R_{sub}（R_{well}）上的电压降导致第一个晶体管被拉高得更多。

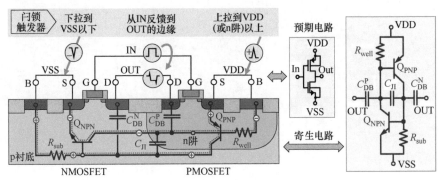

图 7.5　CMOS 反相器电路的特征寄生（紫色）和闩锁触发器（黄色）。闩锁中的电流路径用蓝色（电子）和红色（空穴）的虚线表示

这显然是一个反馈回路，其中 Q_{NPN} 和 Q_{PNP} 相互放大了彼此。在 VDD 和 VSS 之间产生了两条电子和空穴的平行电流路径（图 7.5 中用红色和蓝色画出）。如果两个电流增益的乘积 $B_{NPN}B_{PNP} \geq 1$，电流就会自行稳定下来。这种现象被称为闩锁。只有当外部电源被移除时，这种状态才能被消除。当闩锁发生时，在最坏的情况下，电流有可能会破坏电路。

闩锁通常是由电源线上的尖峰引发的。如果 VDD 电位被暂时拉高或 VSS 电位被拉低，在 n 阱和 p 衬底之间的结隔离二极管的结电容 C_{JI} 上流过瞬时充电电流（见图 7.5）。由这一瞬时电流引起的 R_{sub}（R_{well}）上的电压降激活了晶体管 Q_{NPN}（Q_{PNP}）。

具有陡峭边缘的耦合信号也能触发闩锁效应。以下是参考文献 [1] 中描述的机制：反相器输入端"IN"的边缘通过寄生栅极 - 漏极电容（图 7.5 中未画出）和漏极 - 背栅电容 C_{DB}^{N}、C_{DB}^{P}（见图 7.5）直接反馈到"OUT"。因此，在反相器按要求工作之前，"OUT"最初会在与"IN"相同的方向过冲。这种过冲 / 反冲也会产生足够的电压降，导致闩锁。

物理设计中的应对措施

间距。Q_{NPN} 的寄生基极宽度可以通过扩大两个 MOSFET 之间的间距来增加，（上面讨论的）环路增益 $B_{NPN}B_{PNP}$ 也因此而变小。（较大的间距对垂直作用的 Q_{PNP} 没有同样的效果。它的基极宽度是由 n 阱层的深度决定的，这不能由版图来改变。）很明显，这种措施通常需要额外的表面积。一些模拟电路中可能需要的其他器件类型可以放置在 NMOSFET 和 PMOSFET 之间。

更高水平的掺杂。理论上，寄生基极可以通过引入重掺杂区来进一步削弱。但这不是一个实际的选择，因为它对横向 Q_{NPN} 不是很有效，而且通常没有合适的工艺选择。

低电阻背栅连接。最好的方法是减少寄生电阻 R_{well} 和 R_{sub}，使其在任何情况下都不会出现足以导致闩锁的电压降（寄生的基极 - 发射极二极管就被有效地短路了）。这可以通过使晶体管的背栅（即 n 阱和 p 衬底）尽可能靠近与金属接触来实现。如果我们考虑图 7.5 中的电流路径，我们发现一个非常好的选择是将接触孔直接放置在 MOSFET 之间的接口处（见图 7.6 左图）。

保护环。抑制闩锁的最佳方法是用 NMOSFET（PMOSFET）的 n 阱触点（衬底触点）进行环形防护。这些背栅触点也被称为保护环。许多 PDK 包含可以自动创建这种保护环的器件生成器。图 7.6 右图显示了 NMOSFET 和 PMOSFET 的保护环的例子。闭合的 NSD 和 PSD 环与 Metal1 完全接触，以最小化电阻。金属仅在漏极接触处中断。

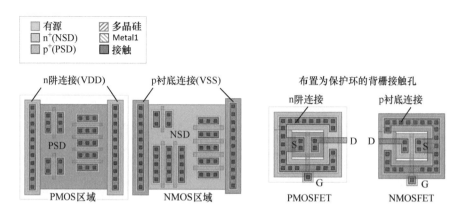

图 7.6　防止闩锁效应。隔离 NMOSFET 和 PMOSFET 的区域之间有额外的背栅触点（左图），MOSFET 有背栅触点作为保护环（右图）

在先进的 CMOS 工艺中，由于所采用的掺杂水平，不再有闩锁严重破坏芯片的风险。因此，现在人们不再像过去那样担心闩锁效应。然而，熟悉这种效应并在模拟电路版图中抑制它是很重要的，因为小的故障电流会导致这些电路出现故障。

7.1.4　p-n 结的击穿电压（又称阻断能力）

芯片上的大多数 p-n 结是反向偏置的。这些结中的每一个都有一个特定的击穿电压，在标准操作中不应该达到这个电压。电路设计者负责通过正确设计电路，选择和确定其元素的大小来遵守这一要求。器件属性由 PDK 元素定义，而器件之间的阻断能力由设计规则保证。因此，版图设计者往往没有什么可操作的空间。

在某些特定情况下，也许有可能而且有必要通过版图措施来影响 p-n 结的击穿电压。请参阅 6.2.2 节，在那里我们深入讨论了这个问题，以了解如何选择正确的版图措施。我们在此重复基本规则：

- 击穿电压以及 p-n 结的阻断能力随着掺杂剂浓度的增加而降低。
- 高阻断能力要求结的至少一侧被轻掺杂。

7.2 表面效应

在介绍了可能导致临时电路故障的硅块中的寄生效应后，我们现在讨论发生在表面的寄生效应。同样，我们的目标是展示如何通过适当的版图措施来抑制这些效应。

7.2.1 寄生通道效应

MOSFET 由横向的 n-p-n 或 p-n-p 序列组成，在这些序列上排列着由电介质隔离的导电结构。在芯片上也会发现大量的这类结构，而不是预期的 MOSFET。它们形成了寄生 MOSFET。在这里，这些序列中间的区域起着寄生背栅的作用，外部区域形成寄生源极和漏极，而它们上面的导体是寄生栅极。

图 7.7 描述了两个典型的结构，它们具有形成通道的必要电压条件。如果寄生源极和漏极处于不同的电位，在每种情况下都会有故障电流流过。寄生栅极也可以用金属而不是多晶硅来创建。这在图 7.7 中用虚线表示 Metal1。由于额外的层间氧化物（ILO），通道效应就会变弱。

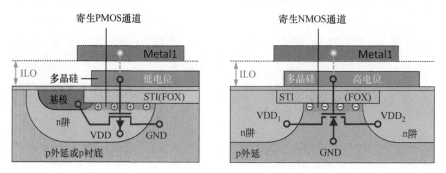

图 7.7 带偏置的寄生 PMOSFET（左图）和 NMOSFET（右图）（STI：浅沟隔离；FOX：场氧化物，即 FOX 在此由 STI 形成；ILO：层间氧化物）

经验法则。我们在第 2 章 2.9.1 节中了解到，如果①电介质更薄，以及②背栅掺杂更轻（即更少），则场效应更大。我们可以从这些观察中做出许多关键的推论。

第一个推论是，需要相应的更高的电压来在底层硅中形成一个寄生通道，其氧化层（FOX，加上可能的 ILO）比 GOX（栅极氧化层）厚约两个数量级。这个电压也被称为厚场阈值。在许多工艺中，所谓的通道停止植入物是在应用 FOX 之前插入的（在我们的例子中这总是浅沟隔离）。这些植入物确保 FOX 下面的 p 衬底或 n 阱分别具有较高的 p 掺杂或 n 掺杂。这进一步提高了厚场阈值。

因此，在工作电压只有几伏的芯片中，没有必要担心 FOX 下面的寄生通道。另一方面，在处理更高的工作电压时，考虑这些问题是非常重要的[⊖]，因为支持击穿电压的通道停止植入物的掺杂强度是有限的。我们建议读者参考 PDK，了解多晶硅和金属层的厚场阈值的细节。

⊖ 汽车电子中的智能功率芯片的电压能力为 60V。其他双极 -CMOS-DMOS（BCD）芯片甚至超过 100V。

物理设计中的应对措施

有源区。 由于缺少 FOX，在有源区形成寄生通道的风险总是更大。因此，下部的互连层应该只在这里用来接触器件。因此，除了阻止寄生通道的形成外，还可以将不必要的电容耦合的风险降到最低。除了连接敏感模拟电路有源区的器件外，不应该有任何布线。

无源区。 如果电压使寄生通道在无源区（即 FOX 以上）形成，可采用以下方法来防止它们：

（1）谨慎对待危险区域，避免在布线中出现寄生栅极。

（2）将互连放在较高的金属层中，以加厚寄生栅极的氧化物。

（3）将寄生背栅（局部）掺杂得更高（插入"通道阻断器"）。

（4）在金属中用底层互连层屏蔽寄生栅极。

方法（2）和（3）是直接从我们上面的经验法则中得出的。一个寄生通道只需要在一个点上中断，这就简化了方法的应用。下面我们提供几个例子。

图 7.8 左图描述了一个 PMOSFET，其栅极连接穿过多晶硅到 n 阱外。在高电压应用中，施加的控制电压 V_{GB} 可以达到 n 阱层的多晶硅的厚场阈值。然后形成一个寄生 p 通道，将 PMOSFET 的 PSD 区域（寄生源极）与 p 衬底（寄生漏极）之间的预期通道连接起来[7]。

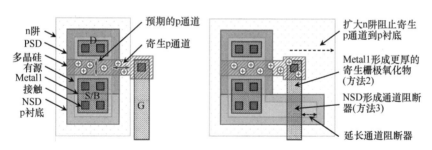

图 7.8　高压 PMOSFET 栅极连接处的寄生沟道形成（左图）和用于中断寄生沟道的方法（右图）

通过扩大 n 阱，寄生通道在到达 p 衬底之前就被打断了（见图 7.8 右图）。如果 Metal1 的厚场阈值大于 NMOSFET 的 V_{GB}，寄生通道就会在金属下面被打断。这个解决方案遵循方法（2）。如果这不起作用，可以采用方法（3），即把 NSD 作为通道阻断器放在金属的下面。这是在图 7.8 右图中通过扩展 n 阱连接掺杂（即 NSD）实现的。尽管现在没有 FOX，但这个厚场阈值通常高于先前的解决方案。在这个解决方案中，必须有足够的通道阻断器在金属上延伸。为了考虑横向边缘场，重叠部分应相当于掩模对准公差的总和加上两倍的氧化物厚度。

方法（3）也是一种相对简单的防止 n 阱之间寄生 n 通道的方法（见图 7.7 右图）。该方法是通过在阱之间放置 PSD 来应用。规定的阱距通常非常大，以至于 PSD 可以在很少或没有额外表面积的情况下被引入。该方法在许多工艺中被作为标准执行，特别是那些轻掺杂 p 外延的工艺，用 PSD 通道阻断环围住所有 n 阱（见图 7.9 左图）。然后，这些环也非常适合于衬底的接触。

PSD 通道阻断环的几何形状可以通过图形操作（第 3 章 3.2.3 节）从 n 阱层的结构中很容

易产生。事实上，它们可以在"版图到掩模制备"步骤中自动产生（第 3 章 3.3.4 节）[⊖]。然后，间距规则必须确保它们不会与 n 阱外的有源结构相碰撞。

我们的最后一个例子演示了方法（4）。在图 7.9 中图中，多晶硅通道阻断环分别位于 n 阱的内部和外部边界。通过将外环置于 p 衬底电位（即地），内环置于 n 阱电位，多晶硅互连屏蔽了所有从金属向下发射的场。因此，图 7.7 中的寄生 n 通道或寄生 p 通道就不会出现。虽然在任何时候单个互连只能出现一种情况，但在图 7.9 右图的截面图中描述了两种情况。

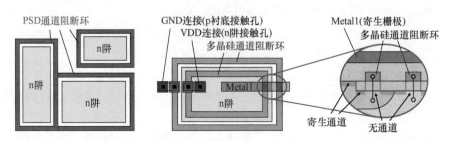

图 7.9 PSD 通道阻断环（左图）和多晶硅通道阻断环（中图）的版图结构示意图。截面图（右图）显示了多晶硅结构的屏蔽效果

多晶硅通道阻断环被广泛部署在高压芯片中。它们的使用通常被限制在高电位的阱中，因为它们会消耗大量的表面积。合适的阱是根据其电压等级的分配来选择的。阱，包括多晶硅通道阻断器，通常由版图生成器创建。多晶硅通道阻断器也可以定制并有选择地应用。不建议使用多晶硅通道阻断器与 NSD 或 PSD 通道阻断器的组合，因为那时将没有 FOX 存在。

7.2.2 热载流子注入

我们知道，当 NMOSFET 在栅极和源极之间的电压 $V_{GS} = V_{GB} > V_{th}$（即我们在此假设 $V_{BS} = 0$）驱动时，会形成一个导电的反型沟道。如果我们在漏极和源极之间施加一个电压 V_{DS}，就会有电流流过反型沟道。如果 $V_{DS} \geq V_{GS} - V_{th}$，MOSFET 就会饱和。在这种情况下，沟道在漏极处变得越来越窄（见图 7.10 左图）[21]。在通道中产生漂移电流的电场在这一点上是最大的。

在大约 1V/μm 的场强中，电子的漂移速度达到了 10^5m/s。这个漂移速度不能进一步提高。在这种状态下的电子被称为热电子[⊖]。然后，它们可以拥有足够的能量①电离硅原子和②克服到附近 GOX（栅极氧化物）的势能。前者产生更多的电子 - 空穴对，这增加了漏极电流（电子）并导致明显的衬底电流（空穴在空间电荷区漂移到背栅）。后者会导致电荷载流子进入氧化物并被捕获在那里。同样的效果发生在 PMOSFET 中（其中载流子是空穴），这就是为什么我们在这种情况下谈论热载流子。

⊖ 先进的工艺并不提供这个选项。

⊖ 这个术语的起源通常被说成是漂移速度大于热运动引起的速度。另一种解释是，观测到的"最大速度"的效应类似于电荷载流子迁移率随温度升高而降低的效应。

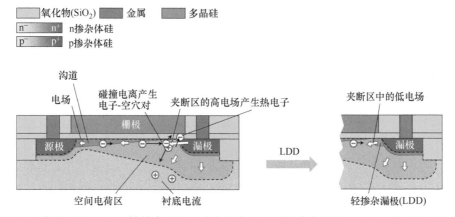

图 7.10　使用 NMOSFET 的热电子注入（左图）和使用轻掺杂漏极（LDD）的改进（右图）

对于两种类型的晶体管来说，GOX 中捕获的电荷可能是负的或正的。它们是改变 MOSFET 阈值电压和降低其栅极击穿电压的杂质。如果晶体管经常在这些条件下被驱动，GOX 中的电荷就会越积越多。老化效应随之产生，导致阈值电压 V_{th} 漂移。

由于横向场强随着沟道长度的缩短而增加，热载流子注入也会增加。在旧工艺中，沟道长度不应短于约 $3\,\mu m$，以抑制这种影响。这一建议并不适用于更先进的亚微米工艺。在这里，已经开发了一些方法来降低发生在漏极区边界（即在 p-n 结）的场峰值。

这些方法中最重要的是所谓的轻掺杂漏极（LDD）概念。我们在第 6 章 6.2.2 节中了解到，空间电荷区的场强与掺杂物浓度成反比。这一点在具有 LDD 的 MOSFET 中得到了利用，由于较低的局部掺杂，场在漏极区可以进一步扩散。因此，场峰值在这个临界点被降低，这不仅削弱了热载流子效应，而且还增加了漏极的击穿电压。

LDD 的缺点是 NMOSFET 和 PMOSFET 需要一个额外的掺杂层。LDD 还稍微增加了漏极的轨道电阻。尽管如此，由于先进工艺中的沟道长度很短，LDD 已成为绝对必要的。由于它们已成为标准做法，我们已将它们纳入第 2 章的流程描述中。即使在特定情况下不需要它们，我们的所有版图实例中也包括了 LDD。我们在这里的讨论应该为这种工艺扩展提供技术背景。

7.3　互连寄生

在介绍了衬底（7.1 节）和硅表面（7.2 节）的寄生效应后，我们将讨论互连层的寄生效应。同样，我们的目标是展示如何通过适当的布局措施来抑制这些效应。

我们在第 3 章 3.1.2 节已经看到，真正的互连不是完美的短路。一般来说，沿导体存在单位长度的线电阻 R'，单位长度的线电感 L'，单位长度的绝缘体电容 C'，以及单位长度的绝缘体电导 G'。在图 7.11 左图两线制导体的等效电路图中，这些主线常数被示为集总寄生效应 R、L、C 和 G。电路衬底也可以承担第二个（底部）导体的作用。

只要频率不太接近 GHz 范围，由于尺寸非常小，我们可以忽略芯片上的自电感。此外，由于氧化物的优良隔离特性，每单位长度的绝缘体电导通常可以忽略不计。然而，寄生效应 R 和

C 在芯片上起着重要作用（见图 7.11 中图）。

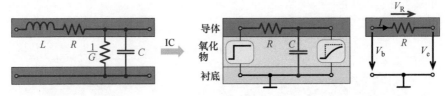

图 7.11 标准两线制导体的等效电路图，说明导体的电阻和电感，以及绝缘体的电容和电导，分别用符号 R、L、C 和 G 标示（左图）。还显示了作为 RC 元件的 IC 互连（中图）和寄生轨道电阻（右图）

7.3.1 线路损耗

我们将首先只考虑寄生轨道电阻 R（见图 7.11 右图），其计算方法如下：

$$R = R_\square \frac{l}{w} \tag{7.2}$$

式中，$R_\square$ 为方块电阻（第 6 章 6.1 节），l 为线路长度，w 为互连宽度。这个电阻 R 对流经导体的电流 I 造成热损失 I^2R。它还会导致线路中的电压降，即导体始端的电压 V_b 与导体末端的电压 V_e 之间的差值。在布线步骤中，总是需要考虑这个电压降。

如果在版图设计中，电流 I 是已知的，电压降总是可以通过改变 R 来改变。根据式（7.2），版图设计者可以调整线长 l、互连宽度 w 和方块电阻 $R_\square$（取决于所选择的层）。作为一个经验法则，应始终检查大于 10mV 的电压降。

此外，线长 l 在很大程度上取决于要连接的引脚的位置，所以器件的放置应在这方面进行优化。因此，在大电流流过的器件之间应尽可能地靠近，以避免使互连宽度 w 过大。一般来说，宽度 w 的选择应使线路的载流能力足够大（7.5 节）。

7.3.2 信号失真

芯片上的薄沉积层意味着每个互连在单位长度上对芯片衬底也有一个重要的寄生电容 C'。图 7.11 中图的等效电路图描绘了具有集总电容 C 的该场景的简化模型。电容 C 必须由电阻 R（又称 RC 元件）对每个通过互连传输的信号进行充电。这在图 7.11 中图中显示了以理想阶跃函数作为输入信号的起始位置。该信号在到达线路末端时会发生延迟和扭曲。以 RC 为特征，RC 被称为 RC 元件的时间常数（在这段时间后达到最终值的 67%）。我们如何改变版图中的 RC？

我们可以想象，每个互连是一个电容电极，而衬底是其反电极。众所周知的平行板电容的式（7.3）：

$$C = \varepsilon_0 \varepsilon_r \frac{A}{d} \tag{7.3}$$

式中，$\varepsilon_0 \varepsilon_r$ 是板间电介质的介电常数，d 是板间距离，A 是板的表面积。该式表明，C 与导线表面积 A 成比例（即与宽度 w 和长度 l 成正比），并与氧化层厚度 d 成反比。由于下部金属层更靠近衬底，所以它们的 d 值减小；这意味着下部金属层比上部金属层具有更大的寄生电容。

然而，芯片互连的电容不能用式（7.3）准确计算，因为这个公式忽略了边缘场。（普通平行板电容的边缘场可以忽略不计，因为 $w \gg d$ 和 $l \gg d$。）对于典型的狭窄（即小宽度）互连（例如，Metal1 的 $w < 2\mu m$，Metal2 的 $w < 4\mu m$），由边缘场产生的每单位长度电容 C'_{fringe} 大于每单位长度平行板电容 C'_{plate}（见图 7.12a）。

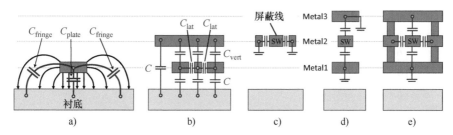

图 7.12　互连和衬底之间的寄生电容（a）；互连之间的耦合电容（b）；以及横向（c）、纵向（d）和全方位（e）的互连屏蔽

RC 优化。*RC* 的优化直接影响版图。线长 l 的减少会导致 C 和 R 的比例下降，即 *RC* 按比例下降到 $1/l^2$。改变互连宽度 w 对 C 和 R 有相反的影响。尽管如此，*RC* 可以通过加宽互连（尤其是窄尺寸的互连）来减少，因为只影响 C_{plate} 的 C 的增加总是小于与 w 成正比的 R 的减少，*RC* 也可以通过将信号放在上层互连层来最小化。

检查 PDK 中工艺互连层的 C'_{fringe} 和 C'_{plate} 数据是一项有用的练习。以 $aF/\mu m^2$ 和 $aF/\mu m$ 为单位的两位数分别是 C'_{plate} 和 C'_{fringe} 的典型数字。在参考文献 [1] 中给出了 CMOS 工艺的数值表。

差分对布线。外部干扰是导线上信号失真的另一个来源。通过将信号反相，并将其通过与原始信号平行的第二根导线传输到接收器，可以相对安全地远距离传输敏感模拟信号（见图 7.13）。其目的是通过将两个互连线靠近，使干扰对这两个互连线的影响相同（第 5 章 5.3.3 节）。在接收器处，被反转的信号要从原始信号中减去。因此，原始信号被加倍，所有干扰被抵消。这种效果可以通过扭曲两个互连来增加。

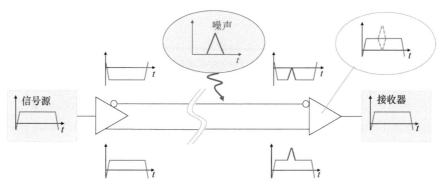

图 7.13　利用差分信号减少干扰，即两根相邻的导线，一根是原始信号，另一根是反转的信号。当信号在接收端合并时，噪声被抵消掉了

7.3.3　串扰

除了与衬底之间的电容，在横向相邻的互连（C_{lat}）和纵向相邻的互连（C_{vert}）之间也会产生许多耦合电容（见图 7.12b）。这些电容会造成信号之间的串扰，从而干扰电子电路。随着集成电路特征尺寸的缩小，互连之间的距离越来越小，这些寄生效应也在增加。现代大马士革工艺可以生产出非常狭窄和高的互连截面（见图 7.12c）。因此，在最先进的工艺中，C_{lat} 的数量比 C_{vert} 在旧工艺中更重要。在物理设计中减少串扰的最重要的准则总结如下。

模拟和数字隔离。陡峭的信号边缘，是数字信号的典型特征，其包含了高频。这些边缘强烈干扰电容耦合的互连（由于交流电抗 $R_C = |1/\omega C|$）。因此，敏感的模拟信号（如传感器信号）应与数字信号保持一定距离。在这方面，时钟网络是最大的"罪魁祸首"。

屏蔽。如果线路不能被物理隔离或者这种隔离不够充分，可以通过将互连与其他接地的互连围在一起，将串扰降到最低。这样，线路就被屏蔽了，免受干扰。可供选择的三种屏蔽方式是，仅横向、仅纵向或全方位（见图 7.12c ~ e）。

避免最小间距。虽然 ILO（层间氧化物）厚度在版图中不能改变，但层内的横向互连间距可以改变。如果占地面积允许，最好不要对关键互连（"罪魁祸首"和"受害者"）使用最小间距。在布线完所有网络后，最好使用可用的空白区域来扩展或调整布线间距。

7.4　过电压保护

7.1 ~ 7.3 节介绍了暂时引起的故障和缓解方案后，我们现在讨论防止 IC 受到不可逆损害的这一日益严峻的挑战。7.4 节介绍了最常见的过电压效应，即静电放电（ESD）和天线效应。这两种效应都有可能对芯片造成灾难性的损害，但可以通过具体的版图措施来预防。

7.4.1　静电放电（ESD）

在微电子技术的早期，芯片在安装之前往往会因电应力过大而被破坏。调查表明，损坏是由制造、运输或安装过程中发生的意外放电事件引起的。这是怎么发生的？

每个人都知道，如果你触摸一个金属物体，如门把手，你会受到电击，这通常发生在你刚刚被静电充电时，如走过覆盖着地毯的地板。一个可以达到约 10kV 的电动势在你的皮肤上建立起来。这种电位差是由摩擦电效应引起的；静电也可以由一个被称为感应的过程引发（请读者阅读如参考文献 [14] 中的 6.5 节，以了解对这些原因的解释）。

静电放电（ESD）被定义为两个带电物体之间的突然电流动。更准确地说，它是一种来自具有高电位差的电隔离材料的放电，引起非常短而高的电流脉冲。静电放电事件可以在大约 3kV 和更高的电压下被感觉到。然而，只需要这个电压的一小部分就可以损坏或破坏电子电路。

如果一个带静电的人接触到一个芯片，这种放电的电流就会流过芯片。这就是所谓的 ESD 事件。芯片上的 ESD 事件也可以由带静电的器件或封装材料引起。触发电压（V_{zap}）可以在 100V 到几 kV 的范围内。然而，放电只产生几 μJ 的能量。但由于放电时间非常短，通常在 100ns 左右，所以会流过安培级的大电流。更糟糕的是，电流在芯片的一个非常小的区域内流动（通常为 $100 \times 100\mu m^2$），因此该区域的温度会急剧上升。

不同的损害机制在参考文献 [24] 中有所描述。它们包括由过大的场强引起的氧化物破裂，以及由局部电流尖峰引起的热损伤。第一种情况的原因是栅极氧化物特别脆弱，因为它们非常薄，因此非常敏感。在第二种情况下，低电阻短路会在 p-n 结和金属的断裂处形成。说了这么多，ESD 损坏并不总是导致故障。有时，只有电路参数，如 V_{th} 被偏移；尽管如此，损害是不可逆转的。

1. ESD 消除措施

电路必须始终防范 ESD 事件，允许放电电流通过与电路平行的分流路径，以便（几乎完全）放电（见图 7.14 右图）。这与用避雷针保护建筑物免受雷击的原理相同（见图 7.14 左图）。ESD 保护电路就像芯片上的“避雷针”。芯片上的许多不同的引脚使问题复杂化，因为 ESD 脉冲可以通过任何一个引脚进入和离开，而且所有引脚需要的保护水平也不一样。

图 7.14　用避雷针保护建筑物免受浪涌放电（左图），用分流路径保护芯片电路防止 ESD 事件（右图）

芯片上的 ESD 保护电路必须满足以下要求：
- 不应干扰正常电路功能。
- 它必须对 ESD 事件做出足够快的响应。
- 它必须为每一个需要保护的电路的引脚提供放电的路径。

分流路径必须具有以下特性：
- 它在受保护电路之外运行。
- 其电阻足够低。
- 它对（热）耗散能量具有足够的鲁棒性。
- 它是在过电压水平下触发的，该过电压水平对于连接到引脚的电路的功能部件来说仍然不是关键的。

我们可以从这四个影响物理设计的条件中得出一些重要的结论。

分流路径的前三个特性是通过将 ESD 保护电路的器件设计得足够“大”，并将它尽可能地靠近焊盘来实现的。扩大器件（垂直于电流方向）可以减少轨道电阻，从而减少热损失。由于热损失分布在更大的表面积上，峰值温度进一步降低，鲁棒性也因此大大增强。静电保护器件的尺寸应仅为必要的大小，以避免浪费表面区域。互连应该是低电阻的。这可以通过在焊盘附近放置 ESD 器件轻松实现。我们将在本节末尾概述关于 ESD 保护器件布线的进一步说明。

所有的 ESD 保护器件都必须满足关于其电流 - 电压（I-V）特性的某些条件，这些条件受到图 7.15 所示的 ESD 设计窗口的限制。这个窗口来自于①芯片的非影响性（ESD 保护电路不应干扰正常的电路功能）和②分流路径的特性，即它是在一个对被保护电路仍然非关键的过电压水平上触发的。

让我们首先考虑被保护器件的工作范围，它通常由电源电压 VDD 定义。在这里，ESD 保护器件必须是非有源的，也就是说，它应该有一个非常低的电导（图 7.15 中蓝色 $I\text{-}V$ 曲线的平坦部分）。如果电压超过该阈值的设定安全系数（通常比 VDD 高 10% ～ 20%），ESD 器件被触发（击穿电压 V_{BD}），所需的分流路径可用（蓝色 $I\text{-}V$ 曲线的陡峭部分具有小 R_{on}）。然后电压被"钳制"到刚好高于 V_{BD}。

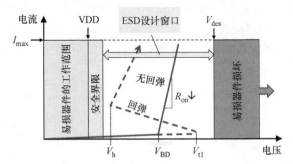

图 7.15　ESD 设计窗口直观地显示了具有和不具有回弹特性的 ESD 保护器件所需的 $I\text{-}V$ 特性（分别为虚线和实线曲线）

显然，ESD 器件的击穿电压 V_{BD} 和整个曲线必须低于电压 V_{des}，在这个电压下，被保护的器件/电路将被损坏。此外，ESD 保护器件本身必须能够承受 ESD 事件中出现的最大电流 I_{max} 而不失效。

标准化模型可用于确定 ESD 保护器件的值 V_{BD} 和 I_{max} 以及受保护电路的破坏极限 V_{des}。典型的 ESD 事件在这些模型中用简单的等效电路表示。其中最常用的芯片模型是人体模型（HBM）、机器模型（MM）和带电器件模型（CDM）[24]。HBM 和 MM 涵盖了静态带电的人和机器元件通过芯片的放电。应用 CDM，封装的芯片上有静电，它通过一个引脚放电。这个条件通常只能通过在被保护电路附近放置 ESD 保护器件来满足，因为在这种情况下，电荷进入电路的点是不知道的 [7]。

图 7.15 中的 $I\text{-}V$ 实线是二极管的典型曲线。因此，简单的 ESD 保护电路是由二极管构成的。这些二极管通常在反向偏压下工作，其击穿电压 V_{BD} 被用作钳位电压，因为 V_{BD} 所需的数值通常大于二极管的正向电压 V_{on}。ESD 保护器件必须被设计成通常由雪崩效应 [22] 引起的可逆击穿，也就是说，它不会破坏 ESD 保护器件。

除了二极管，根据要求，其他特殊的器件和电路也被部署为 ESD 保护器件。一些保护器件利用了所谓的回弹效应（见图 7.15 中的虚线 $I\text{-}V$ 曲线），在所谓的保持电压 $V_h < V_{BD}$ 处产生钳位。我们将在后面讨论这些特殊器件。

2. ESD 保护电路的基本结构

一个 ESD 保护电路由多个 ESD 保护器件组成，例如二极管，如图 7.16 所示。图中还显示了被保护电路的电源引脚——电源电压 VDD 和接地连接 VSS。任意两个 I/O 引脚 P_i 和 P_j 代表所有其他引脚。符合 ESD 设计窗口的二极管 D_{DS} 被设计在 VDD 和 VSS 之间。它被称为（电源）钳制，因为它将电压差"钳制"到 ESD 设计窗口内值。

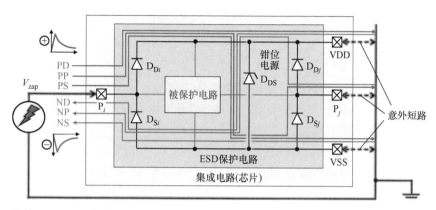

图 7.16   芯片上 ESD 保护电路的基本拓扑结构，由多个二极管组成，在发生 ESD 事件时，这些二极管变成正向偏压（D_D 和 D_{Si}）或反向偏压（D_{DS}）。还显示了六种不同的击穿模式（PD、PP、PS、ND、NP、NS）及其各自的并联路径

每个 I/O 引脚 P_i 都通过一个二极管 D_{Di} 连接到 VDD，通过一个二极管 D_{Si} 连接到 VSS。只要引脚 P_i 上的电压 V_i 在 VDD 和 VSS 之间（标准模式），这两个二极管就是反向偏置的。如果 V_i 上升到 VDD 以上或下降到 VSS 以下，两个二极管中的一个就会变成正向偏压（"打开"），并通过（小的）二极管正向电压 V_{on} 将电压 V_i 钳制到一个（略）高于 VDD 或低于 VSS 的值。正向偏置的二极管 D_{Di} 和 D_{Si} 也确保 P_i 处的电路部分不会暴露在明显超出电源电压范围的任何电压下。上述内容适用于标准模式，即芯片安装在系统中时。

为了理解 ESD 保护器件是如何工作的，我们需要看一下断开的芯片，所有的引脚通常都是浮动的（"最坏情况下的 ESD 情况"）。如果一个引脚（图 7.16 中的引脚 P_i）暴露在电压脉冲 V_{zap} 下，另一个引脚（无意中）与电源的参考电位 V_{zap} 接触（我们说："引脚接地"），电路闭合（这在图 7.16 中显示为"意外短路"），ESD 事件被触发，从 P_i 到地的分流路径被建立。

电压 V_{zap} 是正的或负的，可以发生在任何两个芯片引脚之间。根据参考文献 [24][⊖]，总共可以有六种不同的击穿模式，我们称之为 PS、NS、PD、ND、PP 和 NP 模式。击穿极性由第一个字母表示（P = 正，N = 负）。第二个字母代表"接地"引脚（D = VDD，S = VSS，P = 信号引脚）。

在每一种斩波模式中都有一个特定的分流路径，ESD 脉冲信号可以通过该路径放电。在图 7.16 中，三种 Px 模式的电流路径以红色绘制，三种 Nx 模式的电流路径以蓝色绘制。该示意图显示，信号引脚（D_D 和 D_S）的 ESD 二极管在所有电流流过的情况下都是正向偏压，而电源网络（D_{DS}）的钳位二极管是反向偏压。当然，斩波电压 V_{zap} 也可以出现在两个电源引脚之间（尽管这种情况在图中没有显示）。在这种情况下，放电电流只流经 D_{DS}（向前或向后）。

⊖   在参考文献 [24] 中只提到了其中的四种模式。我们增加了 PP 和 NP 模式。

这种电路设计确保两个任意芯片引脚之间的最大电压被钳制在引脚间的电压 V_{pp}。这个电压 V_{pp} 取决于所使用的 ESD 保护器件的类型和斩波模式，如下所示：

$$V_{pp} \leq \begin{cases} V_{BD} + 2V_{on} & \text{没有回弹} \\ V_h + 2V_{on} & \text{有回弹} \end{cases}$$

如前所述，V_{BD} 表示击穿电压，V_{on} 表示二极管的正向电压，V_h 表示保持电压。在 PP 和 NP 模式中都会获得最大值。

ESD 保护器件只有在特殊情况下才会根据具体项目进行定制设计。相反，它们通常作为 PDK 中的库元素提供。ESD 保护器件通常包含在焊盘单元中，焊盘单元包含作为组合布局元件的接合焊盘和 ESD 保护器件。

我们在图 7.17 中展示了来自 X-FAB Foundry®[27] 的"0.35μm 模块化 CMOS"工艺的焊盘单元版图样本。它包含接合焊盘和作为 ESD 保护器件的二极管 D_D 和 D_S，以及用于芯片供电的电源线 VDD 和 VSS。为了不使例子复杂化，我们只显示到 Metal2 的金属层。二极管被放置在电源线下以节省空间，并通过通孔连接（D_S 阳极，D_D 阴极）。

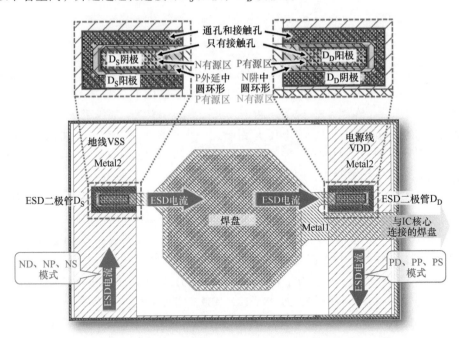

图 7.17　由焊盘、电源线和两个 ESD 二极管组成的焊盘单元版图。后者在 ESD 事件中将焊盘短路到垂直电源线，从而保护焊盘与 IC 核心的连接免受任何 ESD 电流的影响

ESD 二极管 D_D 和 D_S 在图 7.17 中显得非常"小"。这些二极管在 ESD 事件中是正向偏置的，这意味着只有小的正向电压 V_{on}（大约 0.7V）下降，功率损失仍然很小。因此，小的表面积是足够的。由于功率损耗大部分在钳位电源中转化为热量，因此应该给相应的二极管 D_{DS}（见图 7.16）一个适当的大表面积。

3. 敏感输入的两级 ESD 保护

输入引脚通常直接连接到 MOSFET 栅极。根据参考文献 [22]，栅极氧化物可以承受大约 1V/nm 的场强。它们在几伏时就很脆弱（在先进的 nm-CMOS 工艺中 < 20nm），因为它们只有几 nm 厚。不幸的是，到目前为止引入的 ESD 措施还不足以保护栅极氧化物，因为迄今为止，栅极氧化物是芯片上最敏感的部分。

CMOS 电路的工作电压通常只略低于上述限制。鉴于此，是否存在这样一个有用的 ESD 窗口？幸运的是，栅极氧化物击穿电压 V_{or}（"or"代表氧化物破裂）主要取决于场存在多长时间。在典型的 ESD 事件持续时间为 100ns 时，该击穿电压 V_{or} 大约比电源电压 VDD 大 3 倍[6]。例如，100nm 工艺中的 IC 核心通常在 VDD = 1.1V 下工作。这里的 ESD 事件的 V_{or} 约为 4.5V。因此，可用的 ESD 设计窗口仍然是大约 3V 宽[6]。

一个两级 ESD 保护电路，由两个用于电压钳制的 ESD 器件和一个电阻组成，用于保护栅极氧化物。图 7.18 左图描述了这个以两个齐纳二极管作为 ESD 保护器件的电路。在负 ESD 事件中（Nx 模式），正向偏置的主 ESD 器件 D_1 可以承担图 7.16 中二极管 D_S 的功能。在正向 ESD 冲击的情况下（Px 模式），它将输入钳制在一个"中间值"V_1。然后这个电压 V_1 可以被次 ESD 器件 D_2 钳制到 ESD 窗口中足够小的值 V_2，用于栅极氧化物。

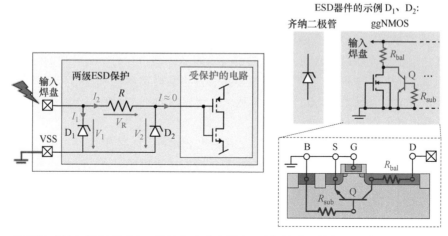

图 7.18 用于敏感输入的两级 ESD 保护电路（左图），以保护脆弱的栅极氧化物。这个概念的两个潜在 ESD 保护器件，一个齐纳二极管和一个接地栅 NMOSFET（ggNMOS，作为具有回弹特性的二极管工作），显示在右图

电阻 R 有两个功能。首先，它充分限制了电流 I_2，使其大约比 I_1 小两个数量级。因此齐纳二极管 D_2 可以设计得比 D_1 小得多。第二，鉴于电阻必须承受大部分电压 V_1，R 的值必须至少比 D_2 的轨道电阻大一个数量级。

考虑到"大型"齐纳二极管可能具有非常高的轨道电阻（> 10Ω），在这种安排下，对于大 ESD 电流（在带电器件模型中 > 10A），电压 V_1 可以上升到 100V 以上。在这种情况下，电阻 R 必须有非常大的值（> 10kΩ），以便在先进的纳米（nm）工艺中更有效地保护栅极氧化物。鉴于 R 在信号路径中，这个值对于标准模式来说往往太高，因为它导致栅极电压转换速率增加太大，从而导致响应时间增加。

因此，在最先进的工艺中，也部署了具有回弹特性的 ESD 保护器件（见图 7.15 中的虚线 I-V 曲线），而不是齐纳二极管。随着电流的上升，电压从所谓的触发电压 V_{t1} 下降，直到达到保持电压 V_h。曲线从那里再次上升，有一个正的但很小的 R_{on}。钳制因这一特性而得到改善：电压更低，因此散热更少。

NMOSFET 是一个广泛使用的具有这种特性的 ESD 保护器件。这种 ESD 器件通过将其源极（S）、背栅极（B）和栅极（G）连接到地，漏极（D）连接到输入焊盘，作为一个二极管工作。这种配置，如图 7.18 右图所示，被称为接地栅 NMOSFET（ggNMOS）。图中还显示了有助于解释该元件操作的关键寄生元素（紫色）。ggNMOS 的源极和漏极（重 n 掺杂的 NSD）与 p 衬底（或 p 外延）一起形成一个 n-p-n 序列，表现为一个寄生的 NPN 型晶体管（图 7.18 右图中标为 Q）。

现在让我们简单讨论一下这种 ggNMOS 的工作原理（见图 7.18 右图）。漏极和背栅极之间的 p-n 结（形成所谓的"DB 二极管"）被反向偏置，直到雪崩击穿。击穿电流（空穴）在背栅流向背栅引脚。它流过源极，在寄生（横向）背栅电阻 R_{sub} 中引起电压降。这个电压降对源 - 背栅二极管（"SB 二极管"）进行正向偏压。由于 SB 二极管也是寄生 NPN 型晶体管 Q 的基极 - 发射极二极管，该晶体管 Q 开启，从而触发了回弹。

重要的是，在局部热点导致热不稳定（所谓的二次击穿，见例如参考文献 [22]），导致器件严重损坏之前，电流可以扩散到保护器件的整个表面区域。在每个指状物的漏极引脚处的额外压载电阻 R_{bal} 促进了这一点。这些电阻很容易通过将漏极接触孔放置在与栅极有一定距离的地方而产生。这迫使电流在漏极走了一段距离。指状物的 DB 二极管上的电压受到压载电阻 R_{bal} 的限制，这使得其他指状物也能吸收电流。

图 7.19 是 X-FAB 代工厂 [27] 的"0.35μm 模块化 CMOS"工艺中这种类型的焊盘单元排列的一个例子。在这个版图中，金属层只到 Metal2，以提高清晰度。值得注意的是，两个 ESD 保护器件 D_1 和 D_2 的尺寸不同。这里的串联电阻 R 是用多晶硅生产的。鉴于这个电阻在 ESD 事件中必须承载数十 mA 的电流，它必须被设计得足够宽，并与足够多的通孔连接，以确保 ESD 的鲁棒性。这个电阻也不应该被弯曲，以避免在角落的高场强。出于同样的原因，Metal1 互连器件的外边缘也要进行倒角。

考虑到在 ESD 事件中可能会产生强衬底电流，尽管有这种保护，但由于衬底去偏置（7.1.1 节），栅极氧化物的电压有可能上升。因此，如果受保护的器件不在焊盘附近，最好是将二极管 D_2 放在器件附近$^{\ominus}$。在这种情况下，其连接导体的尺寸需要适合 I_2。

除了上面描述的那些，还有更多的 ESD 器件可用。我们恳请有兴趣进一步研究 ESD 器件的读者参考关于这个主题的两个资源 [7, 24]。由于它们的尺寸，ESD 保护器件有显著的寄生电容，这对电路有影响，也很容易发生闩锁 [21]。它们通常被重新使用，并为每个流程定性。因此，人

　　$\ominus$　鉴于 ESD 保护电路是库中焊盘单元的一部分，这种修改必须在焊盘单元的本地副本中进行，以防止该单元的其他实例发生意外变化。

们应该只使用这些已知的 ESD 保护器件，并为手头的具体应用仔细选择它们，这是电路设计者的决定。不过，这些元件的放置和布线的重要性也不小。这项任务属于版图设计师的职责范围。我们将在下面概述这方面的一些准则。

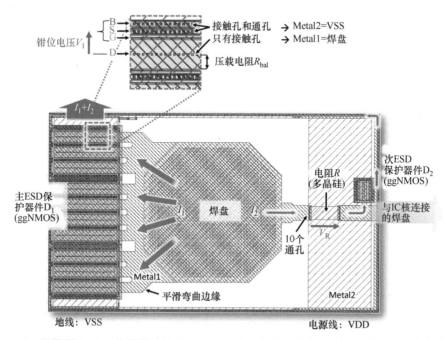

图 7.19　根据图 7.18，使用接地栅 NMOSFET（ggNMOS）配置的两级 ESD 保护电路的焊盘单元版图

4. 放置及布线 ESD 保护电路

PDK 通常包含互连的约束条件，互连将 ESD 电流从芯片的输入引脚带到输出引脚。如果没有这样的约束，我们建议采用以下准则：

- 总电阻不应超过约 2Ω。这必须在芯片的两个任意点之间实现，例如在两个相对的芯片角之间。
- 互连宽度应设计为至少 100mA 的永久电流。在这方面有计算规则。ESD 电流很高，但持续时间很短。
- 应对外角进行倒角，以尽量减少局部场峰值。
- 与相邻金属的横向间距应至少与金属层之间的氧化物层厚度一样大。我们建议至少 2μm。

从焊盘到芯片的电路块需要有宽的互连，以便为芯片供电。由于 ESD 电流也主要流经这些电源路径，因此最好在芯片外围运行这些路径。这使得它们可以直接从所有的接合焊盘上获得，而这些焊盘总是在外围。与焊盘和电源线的连接通常是非常短的，因为大多数 ESD 保护器件都被分配到接合焊盘上。因此，可以容易地使触点具有 ESD 鲁棒性（即宽），同时保持它们对总电阻的贡献可以忽略不计。

因此，连接到 ESD 保护器件的导体的电阻通常完全由供电线路决定。这些是图 7.16 中的黑色子网。被许多接合焊盘共享的 ESD 保护器件是例外。这种情况在我们的例子中没有涉及，它根据电路的不同情况而发生，通常用作节省空间的工具。注意，这些情况在 IC 布线时需要特别注意。众多的电源钳位也可以分布在整个芯片上。

一种流行的方法是将地线放在接合焊盘的外面，而将电源线放在里面，两者都是封闭的环。图 7.17 和图 7.19 所示的焊盘单元就是基于这一原则。图 7.20 左图示意了这种布线概念。密封环（第 3 章 3.3.2 节中的图 3.15）在这个概念中也可以作为地线使用（如果制造商允许）。该环通常包含所有的金属层，因此可以实现非常低的电阻接触。

现代混合信号和智能功率 IC 芯片通常包含不同的工作电压，因此有许多独立的 ESD 路径。有时，为了防止串扰，会铺设单独的地线来解耦电路块。这不仅是一种逻辑隔离，如第 6 章 6.2.1 节所述，也是一种电气隔离。通过两个反平行的二极管（有时选择许多堆叠二极管）来耦合这些地线是一个好主意，以使 ESD 电流使用所有地线。图 7.20 右图描述了这种类型的结构的平面图。（注意：如果使用密封环，该解决方案是不可能的。）其他设计多电源域的概念可以在参考文献 [23] 中找到。

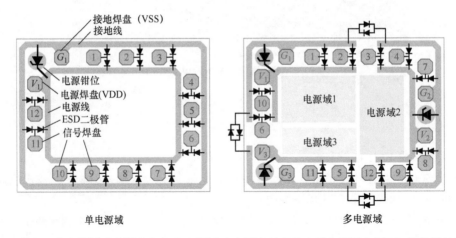

图 7.20 具有一个电源域（左图）和多个电源域（右图）的芯片上的电源线和 ESD 保护器件的布置

我们在图 7.20 中的最后一个例子说明了在版图阶段开始时详细制定电源概念和相关 ESD 概念的重要性。为什么呢？例如，我们假设图 7.20 中的芯片上的 12 个信号引脚应该被分配到三个不同的电源域，如右边的红色、蓝色和绿色所示。如果按照图 7.20 左图分配引脚，电源线就必须绕着芯片走三圈。然而，如果按照图 7.20 右图的引脚分配，就可以得到一个比局部分离的电源线更好的解决方案。这种类型的决定需要在物理设计阶段开始时做出，因为它影响到整个平面图，从而影响到所有块的设计。

这让我们想到本节的最后一条建议：在 IC 引脚分配过程中不要只考虑信号流（第 5 章 5.3.1 节），也要考虑块的电源线和 ESD 概念。如果不这样做，版图设计将需要更多的努力；需要更多的芯片面积；版图质量也会受到影响。

7.4.2 天线效应

所谓的天线是一种导体，如多晶硅或金属线，它属于一个在制造过程中仅部分完成的网络。由于它上面的层还没有在特定的晶圆加工步骤中进行处理，因此导体既没有与硅电连接，也没有接地。在制造过程中，电荷会在这些（临时死角）连接上积累，以至于产生泄漏电流，并对薄的晶体管栅极氧化物造成永久性的物理损坏，导致立即或延迟的故障（见图 7.21）。

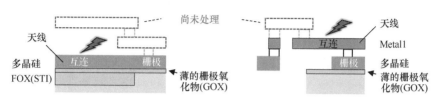

图 7.21 天线效应的说明，在制造过程中，临时死角连接上积累的电荷会损坏薄的晶体管栅极氧化物（侧视图）。多晶硅线（左图）和金属线（右图）可以充当天线

栅极电介质（GOX，栅极氧化物）在晶圆与带电粒子接触的工艺步骤中可能会被脉冲电压损坏。RIE（反应离子刻蚀，第 2 章 2.5.3 节）的干式刻蚀就是一个特别的例子。所应用的刻蚀介质是一种通常含有不同电荷的等离子体。这些电荷被晶圆表面部分吸收，并可流过导电层（金属、多晶硅）。它们在晶圆衬底上产生电位差，从而损害甚至破坏脆弱的 GOX。

多晶硅层通过 RIE 直接结构化，这导致了强烈的天线效应（见图 7.21 左图）。相比之下，典型的大马士革工艺（第 2 章 2.8.3 节）中，金属的天线效应（见图 7.21 右图）如今已经减少，因为 RIE 结构化发生在隔离的氧化层中。因此，电荷只通过形成通孔的表面被吸收到下一个更高的金属中。因此，我们将下面的考虑集中在多晶硅层的结构化上。

图 7.22 概述了用 RIE 在四个阶段中对多晶硅的结构化。该过程的特点是等离子体中电荷分布的巨大波动。这导致了晶圆上的电荷差。只要多晶硅还没有被分割成不同部分，这些电荷差就会相互平衡。换句话说，只要多晶硅中的电荷能够在整个晶圆上自由流动，就不会出现临界电压（阶段 1）。

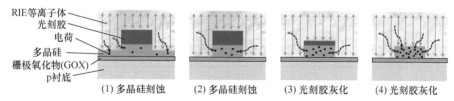

图 7.22 在阶段（1）~（4）的 RIE 期间，对多晶硅结构进行静态充电。尽管阶段（2）和（4）显示多晶硅 / 抗蚀剂已被移除，但刻蚀 / 灰化仍持续一段时间，直到刻蚀 / 灰化深度达到晶圆上的所有地方。分离的多晶硅结构在阶段（2）和（3）通过其侧壁收集电荷，在阶段（4）通过其整个表面收集电荷

在多晶硅层被刻蚀完后（阶段 2），电荷被限制在所创建的结构内移动。在这个关键阶段，这些结构在其侧边吸收更多的电荷。这个阶段会持续一段时间，因为所需的刻蚀时间的选择是

为了使晶圆上所有地方都达到所需的刻蚀深度。因此，电荷积聚在高电荷密度的等离子体区域的多晶硅元件上。

鉴于光刻胶在刻蚀工艺中被硬化，需要另一个 RIE 步骤来去除光刻胶（阶段 3）；在这个步骤中，光刻胶在氧气环境中被灰化破坏。特别是在阶段（4）会出现更多积累在多晶硅上的电荷，因为此时光刻胶已经被去除。

总的来说，多晶硅结构（主要是路径）因此在阶段（2）~（4）充当电荷接收的"天线"。这就是该效应得到其有点误导性的名称的由来。该效应在技术文献中也被称为等离子体诱导损伤（PID）。

如果多晶硅是栅极的一部分，我们就会出现图 7.23 左图中描述的情况，有两个寄生电容（以紫色显示），在栅极和衬底（背栅）之间以及多晶硅和衬底之间分别有相应的电容 C_{GB} 和 C_{PS}。在所有电位差被平衡后，两个寄生电容都有相同的电压 V（见图 7.23 中图）。

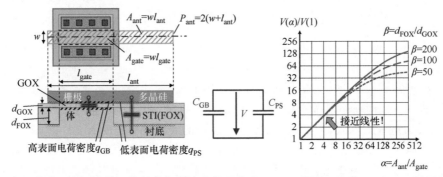

图 7.23　电荷和电压比是天线效应中结构比的函数（GOX：栅极氧化物，FOX：场氧化物）

很容易地从已知的关系式 $Q = CV$ 以及已知的表面电容的式（7.3）中得出电容上每单位面积电荷量 q_{GB} 和 q_{PS} 的表达式：

$$q_{GB} = \beta \cdot q_{PS}, \ 其中 \ \beta = \frac{d_{FOX}}{d_{GOX}} \tag{7.4}$$

在我们的例子中，假设浅沟槽隔离（STI），场氧化层（FOX）的层厚 d_{FOX} 通常为 100nm，而栅极氧化物（GOX）的层厚 d_{GOX} 仅为几纳米。这种不匹配解释了栅极上电荷 Q 的关键积累。然而，正是由此产生的电压 V，引起了对栅极氧化物的损害风险。这个电压 V 可以用上述公式表示为天线和栅极面积 A_{ant}、A_{gate} 以及电介质层厚度 d_{FOX}、d_{GOX} 的函数：

$$V = \frac{e_{ant}}{\varepsilon_0 \varepsilon_r} \cdot \frac{\alpha}{\alpha + \beta - 1} \cdot d_{FOX}, \ 其中 \ \alpha = \frac{A_{ant}}{A_{gate}}, \ e_{ant} = \frac{Q}{A_{ant}} \tag{7.5}$$

这里的假设是，天线吸收的电荷 Q 与它的表面积 A_{ant} 成比例增长。我们把这个比例系数称为天线效率 e_{ant}。$\varepsilon_0 \varepsilon_r$ 是 GOX 和 FOX 电介质的介电常数，在此假设它们相等。

图 7.23 右图中的曲线显示，电压以及对 GOX 的损害风险几乎与天线面积 A_{ant} 和栅极面积 A_{gate} 的比值 α 成线性关系。这就是天线效应的危险之处！只有当表面比 α（天线面积比栅极面积）接近厚度比 β（FOX 厚度比 GOX 厚度）时，上升才会减小。

我们最后注意到，Q 与 A_{ant} 成比例的假设是一种简化。事实上，在图 7.22 的阶段（2）和（3），更多的是天线外缘的长度，即它的周长 P_{ant}（见图 7.23 左上角），决定了吸收的电荷量。然后它的整个表面积在阶段（4）发挥作用。上述情况也适用于反应离子刻蚀（RIE）后源区和漏区的离子注入（第 2 章 2.6.3 节，图 7.22 中未显示）。因此，工艺规则集包含设计规则，规定了 $\alpha = A_{ant}/A_{gate}$ 和 P_{ant}/A_{gate}（或仅其中之一）的最大比值，以限制 GOX 的电压。一般来说，天线规则的边界值在很大程度上取决于后道（BEOL）层的工艺步骤。

物理设计中的应对措施：跳线和泄漏

根据所讨论的天线效应的原因及其电气和物理参数，我们现在能够在物理设计中得出适当的应对措施。

原则上，栅极应通过金属互连尽可能紧密地连接，以最小化寄生接触电阻。这也将防止多晶硅中出现任何危险的天线。如果无法做到这一点，至少应在栅极引脚附近用金属桥（即所谓的跳线）隔离多晶硅导体。这中断了天线，因为当多晶硅被结构化时，金属还不存在。该场景的一个示例如图 7.24 左图所示。

应该注意的是，前面描述的多晶硅的天线效应也发生在所有与栅极相连的金属互连上。接触孔可以由较低层的其他互连组成（在具体的制造步骤中只存在较低层）。与多晶硅层一样，我们可以通过在较高的金属层中用金属跳线中断这些互连的两端来解决这个问题。这样，在刻蚀过程中，这块（长）互连就被隔离了，在较高的金属层中只有一个短的天线（见图 7.24 右下）。

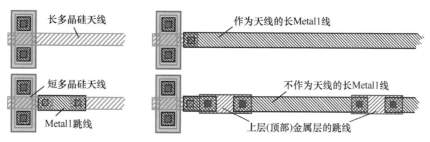

图 7.24　使用跳线来保护受天线效应危害的栅极氧化物。在 Metal1 中用跳线保护多晶硅天线（左图），在较高金属层中用跳线保护金属天线（右图）

还有一个减轻天线效应的选择，它类似于对抗 ESD 效应所采用的方法。在这个方案中，电荷一产生就被放掉。这使得电荷可以简单地放电到 p 衬底中，因为有关的电流非常小。引入额外的 p-n 结，其二极管特性被用于此目的。这些天线二极管不应损害标准操作。它们也被称为漏电器，因为它们总是引起小的泄漏电流。图 7.25 中描述了这第二种保护方案的两个版本。

NSD/p 衬底二极管在标准模式下是反向偏置的（作为绝缘体）。如果天线带负电（蓝色电流），它就会在正向偏压模式下释放电荷。如果天线连接到另一个 NMOS 晶体管的源极或漏极，也会发生同样的事情。在这种情况下不需要二极管，因为电流是由衬底中的这个源极或漏极放电。

如果天线带正电，该二极管的击穿电压 V_{BD} 可用于旧工艺。然而，对于最先进的工艺中的薄型 GOX 来说，其 V_{BD} 太高了。

因此，参考文献 [7] 的作者建议，该二极管应按图 7.25b 所示的结构进行扩展。n 阱 /p 衬底二极管在标准模式下是反向偏置的。当天线带正电时，二极管 PSD/n 阱变成正向偏压；在这种情况下，n 阱 /p 衬底二极管是反向偏压的。当等离子体在 RIE 过程中被激发从而发光时，额外的电荷载流子在二极管中被光电效应激发。这些额外的电荷载流子会充分增加泄漏电流，使天线放电（电流显示为红色）。这里要记住的主要事情是，n 阱 /p 衬底二极管的足够大的部分必须不被金属覆盖，以便它接受足够的光线照射。

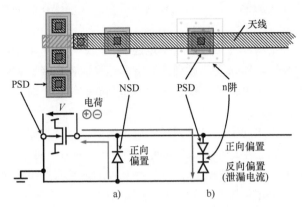

图 7.25　针对负（a）和正（b）天线电荷下的漏电二极管对天线效应的保护

第二种方法是只对金属层起作用。这种方法一般比较容易使用，因此被许多版图设计师所青睐。然而，漏电层也必须在电路原理图中输入，否则 LVS 检查（第 5 章 5.4.6 节）将不会产生一个无错误的结果。这意味着它们的性能也将在仿真中被考虑。

一些设计者将漏电器整合到数字库的版图单元中。不幸的是，这种单元的扩展通常需要额外的单元面积。然而，带跳线的方法在先进工艺中又变得越来越流行。其主要原因是，泄漏电流会增加集成电路的整体功耗，而跳线方法则不会。

已经提出了许多算法来最大限度地减少人工布局工作，以应对天线效应（例如参考文献 [18]），其中一些算法已被纳入商业布线工具。

7.5　金属中的迁移效应

除了过电压事件外，还有另一种效应可以导致集成电路的不可逆损坏：材料迁移，也称为迁移。我们区分了金属连接架构中可能对电路可靠性产生重大影响的三种类型的材料迁移：电迁移、热迁移和应力迁移。

我们首先描述每种迁移类型（7.5.1 ~ 7.5.3 节），然后介绍物理设计中的缓解方案（7.5.4 节、7.5.5 节）。尽管我们分别介绍了这些类型的迁移（电迁移、热迁移和应力迁移），但必须指出，它们实际上是紧密耦合的过程，因为它们的驱动力是相互联系的，而且与迁移的结果变化有关。要想深入了解这些相互作用，读者可阅读参考文献 [19] 中的 2.5 节。

7.5.1　电迁移

流经导体的电流产生两种力，它们作用于导体中的各个金属离子。其中第一个力是由金属互连中的电场强度引起的静电力 F_{field}。由于正的金属离子在一定程度上被导体中的负电子所屏蔽，所以在大多数情况下，这个力可以安全地被忽略。第二个力 F_{wind} 是由晶体晶格中传导电子和金属离子之间的动量转移产生的。这个力的作用方向是电流流向，是电迁移（EM，图 7.26）的主要原因。

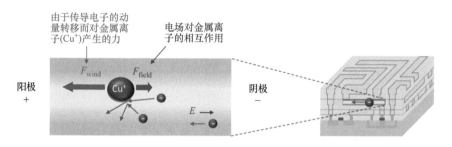

图 7.26　有两种力作用于构成互连材料晶格的金属离子（Cu^+）[19]。电迁移是主导力的结果，即在外加电场中移动的电子的动量转移

如果在电子风方向上产生的力（也相当于传递给离子的能量）超过了一个被称为激活能 E_a 的给定触发，则定向迁移过程就开始了。由此产生的物质运输发生在电子运动的方向上，即从阴极（-）到阳极（+）。

实际的迁移路径与材料有关，主要由其各自的激活能的大小决定。每种材料都有多种不同的迁移激活能，即①在晶体内的迁移，②沿晶界的迁移，以及③在表面的迁移。各个能级之间的关系决定了哪种迁移机制占主导地位，以及整个迁移通量的组成[19]。

制造的集成电路芯片的互连包含许多必要的特征，导致不均匀性；因此，迁移也是不均匀的。随后，迁移流出现发散，导致在这种不均匀性附近产生拉伸和压缩应力。拉伸应力会导致金属损耗，即所谓的空隙，而压缩应力会导致金属堆积，即所谓的小丘。导线中 EM 的另一个迹象是晶须，这是一种晶体冶金现象，包括从金属表面自发地生长出微小的丝状毛。

现代芯片制造过程中的电迁移故障主要是由于空隙[5]。它们是由两个阶段的 EM 退化的拉伸应力的积累造成的：在空隙成核阶段，拉伸应力随着时间的推移而增加，但没有空隙成核。当应力达到一个临界阈值时，空隙成核，空隙增长阶段开始。这可以通过线路电阻的增加来观察。因此，线路的电导下降，但不会达到零（在大多数情况下），因为周围的金属内衬中还有剩余的电导[5]。

集成电路中的空隙损害被区分为线路耗损和通孔耗损（见图 7.27）。电子从通孔流向连接的互连线（通孔下方或上方），由于材料流经盖和衬垫层受阻，会导致线路耗损。反向的电子流，即电子从线路上流向通孔，可能会导致通孔损耗，有时也称为通孔空隙。在这里，其原因也是几何学和工艺的结合。与线路损耗一样，材料的迁移受到周围的盖和衬垫层的阻碍。此外，随着线宽与通孔宽度之比的增加，在相同的导线电流密度下，通孔必须承载更多的电流，使通孔更容易出现空隙。

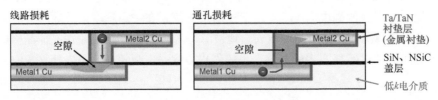

图 7.27　导线损耗（左图）和通孔损耗（右图）是集成电路中因电迁移而导致的常见故障机制

具有单向电流的导线，如电源和模拟线，最容易受到电迁移的影响。相比之下，数字信号和时钟线携带双向电流，并且由于是双向的，因此是反向的和补偿性的材料迁移而受益于一个所谓的"自我修复"过程。

7.5.2　热迁移

热迁移（TM），有时也被称为温度迁移，是由温度梯度产生的。这里，高温导致原子运动的平均速度增加。由于与温度有关的激活作用，温度较高区域的原子比温度较低区域的原子具有更大的位错概率。这导致从高温区域向低温区域扩散的原子数量大于相反方向（低温区向高温区）的原子数量。其结果是在负温度梯度方向的净扩散（质量运输）（见图 7.28）。

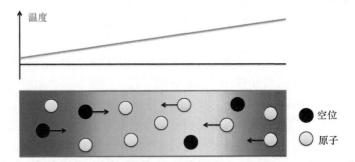

图 7.28　热迁移（TM）是通过原子和空位移动来表示的。它包括从一个局部区域到另一个局部区域的质量迁移，很像 EM，不同的是，TM 是由热梯度而不是电势梯度驱动的 [19]

金属线中产生温度梯度的主要原因是

- 由大电流引起的导线内部的焦耳热。
- 导线的外部加热，例如通过附近的高性能晶体管。
- 导线的外部冷却，这可能是由于连接到散热器的硅通孔（TSV），以及导线及其周围的低热传导，例如通过嵌入隔热电介质中的窄导线 [19]。

有趣的是，热迁移也有助于热运输，因为热量与运输的原子耦合。这意味着热迁移直接缓和了其自身的驱动力，这与电迁移形成鲜明对比，在某些情况下，电流密度只是通过增加电阻而间接减少。

7.5.3　应力迁移

应力迁移（SM），有时也被称为应力空隙或应力诱发空隙（SIV），是导致机械应力平衡的原子扩散。有一个净原子流进入拉伸应力作用的区域，而金属原子则从压缩应力下的区域流出。类似于热迁移，这导致了在负的机械张力梯度方向的扩散（见图 7.29）。因此，空位浓度被平衡以匹配机械张力。

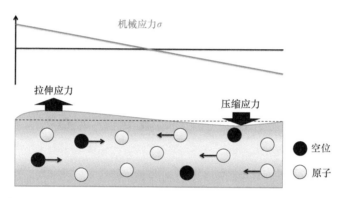

图 7.29　应力迁移是机械应力梯度的结果，要么来自外力，要么来自内部过程，如电迁移或热膨胀 [19]。空隙的形成是由流体静应力梯度驱动的空隙迁移的结果

金属线中机械应力作为 SM 背后的驱动力的主要原因是热膨胀、电迁移和通过封装的变形。金属、电介质和模具材料之间的热膨胀系数（CTE）、从制造到储存的温度变化以及工作条件的不匹配导致了大部分应力。

机械应力作为金属线 SM 的驱动力的主要原因是热膨胀、电迁移和通过包装的变形。金属、电介质和模具材料之间的热膨胀系数（CTE）不匹配，以及从制造到储存的温度变化，还有工作条件，导致了大部分的应力。

金属晶格通常含有空位，即晶格中的一些原子位置是未被占据的。虽然它们与晶格对齐，但空位所消耗的空间比相同位置的原子要少。因此，含有空位的晶体的体积在某种程度上要小于有原子代替以前空位的同一晶体的体积。因此，空位在应力迁移中起着重要作用。

应力梯度将原子从高压力区域驱赶到有拉伸应力的区域，并将空位推向相反方向。这种效应相当于一个对外部压力梯度反应缓慢的高黏性流体。在这种情况下，外部压力梯度通过结构变形被最小化。最初，微观的原子或空位运动促进了这个过程。温度对这一过程有关键的影响，因为它使原子的"位置改变"，这反过来又使空位移动。

在外部机械应力的情况下，晶格被拉伸或压缩，这取决于应力的类型。原子迁移到拉伸区域的可能性增加，而压缩区域的原子则向外"推"，以增加空位数量，所需体积和应力因此减少（见图 7.30）。结果是原子从压缩应力区域流向拉伸应力区域，直到达到没有应力梯度的静态状态。

如果应力是通过迁移过程在内部施加的，例如通过 EM，那么在拉伸应力的区域将有更大的空位浓度。这种浓度将被应力迁移平衡到一个稳定的状态，其中由于 EM 导致的原子通量被 SM 补偿。

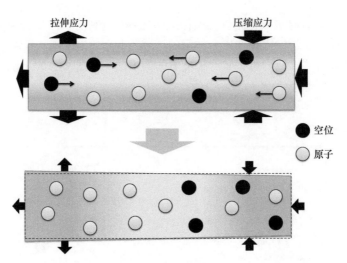

图 7.30 应力迁移导致原子和空位的扩散（顶部），以消除这种迁移的起源（底部）[19]。原子迁移到拉伸区域（左侧，向外的应力箭头），而压缩区域的原子被"推"出这些区域（右侧，向内的箭头）。请注意，这种从压缩应力到拉伸应力的物质流向与电迁移的方向相反

如果外部或内部（EM）应力引起的空位数量超过阈值，由于空位过饱和，空位联合起来形成空隙（见图 7.31）。这种现象通常被称为空隙成核，其结果如图 7.31 底部所示。随后，拉伸应力被所产生的裂纹降低到零[8]。

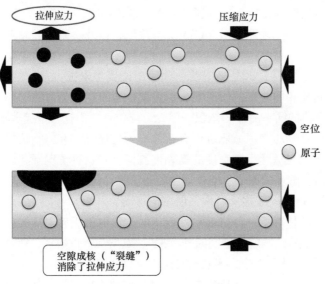

图 7.31 空位过饱和（顶部）导致空隙的形成（底部），也叫空隙成核[19]。请注意，由此产生的裂纹消除了（外部）拉伸应力

7.5.4　缓解电迁移

正如 7.5.1 节所述，电迁移（EM）是由晶体晶格中的传导电子和金属离子之间的动量转移引起的。这个过程通常是由过大的电流密度引起的，这使得电流密度 J 成为解决 EM 的一个基本参数。电流密度是由流动的电流 I 和互连的截面积 A 的商计算出来的，如下所示：

$$J = \frac{I}{A} \tag{7.6}$$

电流在未来如何增长 [这将增加式（7.6）分子中的 I，从而增加 J]，以及互连轨道参数，如截面积 [这将减少式（7.6）分母中的 A，从而也增加 J]，在电迁移及其缓解措施方面显然至关重要 [16]。

除了使用电流密度 J 作为描述 IC 互连中的 EM 风险的决定性参数（Black 的模型 [2]），EM 引起的机械应力也越来越多地应用于此目的（Korhonen 模型 [12]）$^{\ominus}$。此处 EM 影响下产生的流变应力 σ 用于表征 EM 风险并阐明缓解措施。例如，一旦流体静应力超过预定的阈值 $\sigma_{threshold}$，空隙就成核了。

不能通过金属布线阻止电迁移发生，它只能被抵消或限制其影响。这可以通过①减少导线的材料迁移或②提高这种迁移的容忍边界值来实现。后者又意味着我们增加了允许的电流密度，即提高其允许的极限。最后③，我们也可以减少我们的版图配置所需的电流密度。

基于这些见解，我们接下来总结了适用于物理设计的最重要的补救措施。我们的第一项措施（长度限制）抵消了材料迁移①，而储存器和通孔配置则是为了提高允许的电流密度②。最后三项措施（通孔阵列、转角弯曲和网状拓扑结构）减少所需电流密度的峰值③。

长度限制。任何低于阈值长度（"Blech 长度"）的互连长度都不会因 EM 而失效 [15]。在这里，机械应力的积累会导致反向应力迁移（SM），从而补偿了 EM 流动。一个有效的 EM 抑制措施是将一个长的互连线分成几个低于 Blech 长度的短段，如图 7.32 所示 [4]。这样，所有的段就成了"永恒的 EM"，从而防止了空隙的形成。其缺点是，由于额外的层变化，需要更多的布线资源。另一种方法是平衡网络的各个段的长度。这可以节省布线资源，因为不需要更多的通孔（通孔的移动只是为了调整段的长度）。具体来说，这种"平衡方法"减少了最高风险段（即最长的一段）的流体静应力，因为该段被缩短了。

储存器。储存器，如扩大的通孔重叠，通过提供迁移材料来增加最大允许的电流密度，从而防止空隙增长对互连的破坏。储存器效应的关键因素是在空隙增长饱和期间转移普遍的平衡状态 [19]。然而，储存器会对有电流反向的网络的可靠性产生不利影响，因为在这种情况下应力迁移会减少 [16, 19]。

通孔配置。用双大马士革技术制造的铜互连的稳定性取决于是通过"上方"（通孔上方）还是"下方"（通孔下方）的通孔进行接触 [19]。从 EM 规避的角度来看，通孔下方配置比通孔上方配置更好，因为与通孔下方配置相关的更大的允许空隙体积允许更高的电流密度（见图 7.33）。

$\ominus$　虽然 Black 的模型计算了单线段 EM 引起的可靠性，但 Korhonen 模型及其随后的扩展，例如 Chatterjee 等人 [5]，跟踪了位于一层金属化内的网络所有分支中的材料流动。

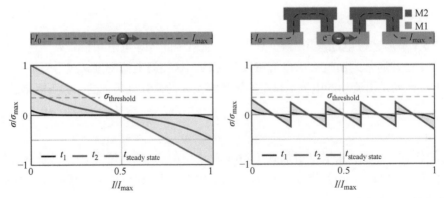

图 7.32 长（左图）和短分段互连（右图）中 EM 引起的机械应力随时间的发展，这使短分段的流体静应力水平 σ 保持在临界 EM 阈值以下 [4]

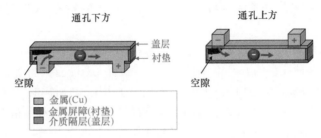

图 7.33 由于空隙在铜互连的顶面成核，与通孔上方配置（右图）相比，通孔下方配置（左图）由于允许的空隙量较高，所以段的 EM 鲁棒性较好

通孔阵列。多个（冗余）通孔增强了抗 EM 损伤的能力 [19]。它们应该与电流方向"一致"，以便所有可能的电流路径具有相同的长度。这样可以确保电流分布均匀，从而避免通孔之间的电流密度出现局部有害增加（见图 7.34）。

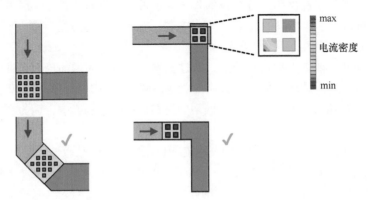

图 7.34 连接两个相邻金属层的通孔阵列。如果这个阵列连接垂直排列的互连，"内部"通孔可能会因电流过载而受到 EM 影响（顶部）。通过放置通孔阵列，使电流不改变横向方向，可以实现 EM 鲁棒性（底部）

转角弯曲。还需要注意互连中的弯曲。特别是应避免 90° 角的弯曲，因为这种弯曲的电流密度明显高于 135° 角，例如图 7.35[15]。

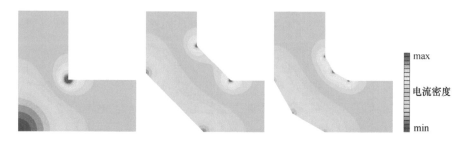

图 7.35　布线结构中不同转角弯曲角度的电流密度可视化

电流优化网络拓扑结构。直线斯坦纳最小树（RSMT）和主干树是当今布线器使用的主要网络拓扑结构，以尽量减少导线长度和布线拥塞。然而，网络布线程序也可以通过优化所得到的网络拓扑来针对 EM 鲁棒性进行调整，使得电流被分成不同的路径，从而减少 EM 引起的机械应力。图 7.36 包含了三种不同的网络拓扑结构的例子，每种拓扑结构都以 EM 引起的流体静应力（σ）和导线长度（WL）为特征[4]。

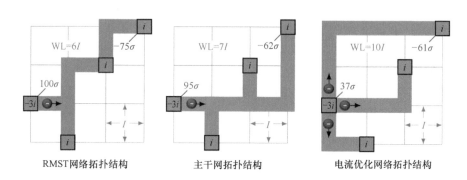

RMST网络拓扑结构　　　　主干网拓扑结构　　　　电流优化网络拓扑结构

图 7.36　一个包含一个输出驱动三个输入的电流 i 的四引脚网络的布线结果[4]。左图的 RSMT 网络拓扑结构产生了最短的线长（WL），但 EM 流体静应力（σ）最高。中图的主干网拓扑结构产生的应力稍小，但增加了 WL。右图的网络拓扑结构是三个网络中最稳健的 EM

只有通过①使用适当的 EM 感知设计工具（如电流驱动布线[10, 17]、导线尺寸调整[20, 26] 或应力感知布线方法[3, 4]）实施上述措施，并通过②使用分析工具评估这些措施，才能开发出防止 EM 损坏的通用方案。

关于后者，今天的 EDA 工具提供一些基于简化模型的电磁分析功能。模拟和功率电路所需要的精确结果，只能通过复杂的数值模拟来实现。有限元方法（FEM）可以在空间上表示电流密度、流体静应力和其他设计参数对迁移过程的影响——允许通过仿真分析与 EM 相关的影响和措施。读者可阅读参考文献 [9] 或参考文献 [19] 中的 2.6 节和 3.5 节，以详细了解这些模拟和验证技术。

7.5.5 缓解热迁移和应力迁移

热迁移（TM）和应力迁移（SM）通过热膨胀紧密联系在一起，因此经常在同一方向上发挥作用。因此，缓解 SM 和 TM 是密切相关的。

减少 EM 的方法（在 7.5.4 节概述）应被视为第一步。因此，作为 EM 的一个抵消过程，SM 也将被降低。如果局部电流密度（和焦耳热）由于这些 EM 缓解措施而降低，TM 也将同时降低。众所周知，降低信号网络中交流电流的电流密度可能有助于防止热迁移。

为了进一步直接在物理设计中减轻 TM 和 SM 的影响，需要特别注意大功率晶体管的放置。总体目标是通过将高负载的晶体管分布在大面积的芯片上来避免局部热点。

此外，应组织布线，以避免互连中的高电流密度和通过焦耳热产生的热点：①采用宽导线以获得大电流，例如通过在金属堆叠中使用较高的一层，以及②避免相邻导线同时携带大电流。

TM 可以通过降低热梯度而得到缓解。这些梯度产生于外部加热或冷却以及电路元件的内部加热，特别是晶体管。降低晶体管的功率消耗是这里的一个选择。

经验丰富的版图设计师通常将额外的导线和通孔作为热导体（所谓的热导线和热通孔），而不管它们的载流能力如何。这些额外的导线和通孔可以显著提高热导率并减少热点和梯度。整个芯片的良好导热性总是有益的，而上述低功耗也降低了温度梯度。

另一个选择是沿着较小的温度梯度布线，例如，主要沿着等温线（如果可行的话），直到离开含有大温度梯度的区域，然后才将导线引离热点（见第 6 章中的图 6.30 左图）。

SM 可以通过在金属堆叠中加入额外的辅助特征来解决，以使材料分布归一化并产生均匀的热膨胀系数（CTE）。然而，这些特征可能并不总是符合用于减轻 TM 的热导线和通孔，因为后者倾向于在一个地方积累金属。

使用低硬度的"软"电介质是另一个有希望的 SM 抑制措施，因为它能使互连的热膨胀不受阻碍。因此，几乎没有机械应力被引入导线中。完全"放松"的导线几乎不会出现 SM。在物理设计中，可以通过使用尽可能少的可用互连材料（比电介质"更硬"）或在其他机械应力的导线周围引入密度较低的区域来进一步改善导线的电介质环境的"柔软度"。然而，这与 EM 损伤的应对措施相矛盾，因为 SM 经常被用来对抗 EM，以增加导线的寿命 [25]。

三维电路，即具有多个有源层的 3D-IC，在减少 SM 和 TM 方面需要特别注意。这些电路中的硅通孔（TSV）是相当大的障碍物 [13]，其中添加了与体衬底不同的材料。这会由于不同的 CTE 而导致不匹配。因此，电路的制造和使用（即其热负载）在 TSV 位置周围引入了机械应力。TSV 附近的导线尤其受到 SM 的影响。

作为预防措施，在 TSV 周围创建了禁止区。它们不仅可以避免导线中的 SM，还可以最大限度地减少有源器件中与应力有关的移动性变化 [11, 19]。3D-IC 中的 TM 可以通过引入上述热通孔（这里称为热 TSV）来进一步缓解，以降低热梯度。

参 考 文 献

1. R.J. Baker, *CMOS—Circuit Design, Layout, and Simulation*, 3rd edn. (Wiley, 2010). ISBN 978-0-470-88132-3
2. J.R. Black, Electromigration—a brief survey and some recent results. *IEEE Trans. Electron. Dev.* **16**(4), 338–347 (1969). https://doi.org/10.1109/T-ED.1969.16754
3. S. Bigalke, J. Lienig, FLUTE-EM: electromigration-optimized net topology considering currents and mechanical stress, in *Proceedings of 26th IFIP/IEEE International Conference on Very Large Scale Integration (VLSI-SoC)*. https://doi.org/10.1109/VLSI-SoC.2018.8644965
4. S. Bigalke, J. Lienig, G. Jerke et al., The need and opportunities of electromigration-aware integrated circuit design, in *Proceedings of the IEEE/ACM International Conference on Computer-Aided Design (ICCAD)* (2018). https://doi.org/10.1145/3240765.3265971
5. S. Chatterjee, V. Sukharev, F.N. Najm, Power grid electromigration checking using physics-based models, *IEEE Trans. Comput. Aided Design Integ. Circuits Syst.* **37**(7), 317–1330 (2017). https://doi.org/10.1109/TCAD.2017.2666723
6. H. Gossner, ESD protection for the deep sub-micron regime—a challenge for design methodology, in *Proceedings of the International Conference on VLSI Design (VLSID)* (2004), pp. 809–818. https://doi.org/10.1109/ICVD.2004.1261032
7. A. Hastings, *The Art of Analog Layout*, 2nd edn (Pearson, 2005). ISBN 978-0131464100
8. A. Heryanto, K.L. Pey, Y. Lim et al., Study of stress migration and electromigration interaction in copper/low-k interconnects, in *IEEE International Reliability Physics Symposium (IRPS)* (2010), pp. 586–590. https://doi.org/10.1109/IRPS.2010.5488767
9. G. Jerke, J. Lienig, Hierarchical current-density verification in arbitrarily shaped metallization patterns of analog circuits, *IEEE Trans. CAD Integ. Circuits Syst.* **23**(1), 80–90 (2004). https://doi.org/10.1109/TCAD.2003.819899
10. G. Jerke, J. Lienig, J. Scheible, Reliability-driven layout decompaction for electromigration failure avoidance in complex mixed-signal IC designs, in *Proceedings of the Design Automation Conference (DAC)* (2004), pp. 181–184. https://doi.org/10.1145/996566.996618
11. J. Knechtel, I.L. Markov, J. Lienig, Assembling 2-D blocks into 3-D chips, *IEEE Trans. Comput. Aided Design Integ. Circuits Syst.* **31**(2), 228–241 (2012). https://doi.org/10.1109/TCAD.2011.2174640
12. M.A. Korhonen, P. Borgesen, K.N. Tu et al., Stress evolution due to electromigration in confined metal lines. *J. App. Phys.* **73**(8), 3790–3799 (1993). https://doi.org/10.1063/1.354073
13. J. Knechtel, E.F.Y. Young, J. Lienig, Planning massive interconnects in 3D chips, *IEEE Trans. Comput. Aided Design Integ. Circuits Syst.* **34**(11), 1808–1821 (2015). https://doi.org/10.1109/TCAD.2015.2432141
14. J. Lienig, H. Bruemmer, *Fundamentals of Electronic Systems Design* (Springer, 2017). ISBN 978-3-319-55839-4. https://doi.org/10.1007/978-3-319-55840-0
15. J. Lienig, Introduction to electromigration-aware physical design, in *Proceedings of the International Symposium on Physical Design (ISPD)* (ACM, 2006), pp. 39–46. https://doi.org/10.1145/1123008.1123017
16. J. Lienig, Electromigration and its impact on physical design in future technologies, in *Proceedings of International Symposium on Physical Design (ISPD)* (ACM, 2013), pp. 33–40. https://doi.org/10.1145/2451916.2451925
17. J. Lienig, G. Jerke, Current-driven wire planning for electromigration avoidance in analog circuits, in *Proceedings of the ASP-DAC* (2003), pp. 783–788. https://doi.org/10.1109/ASPDAC.2003.1195125
18. C.-C. Lin, W.-H. Liu, Y.-L. Li, Skillfully diminishing antenna effect in layer assignment stage, in *International Symposium on VLSI Design, Automation and Test (VLSI-DAT)* (2014), pp. 1–4. https://doi.org/10.1109/VLSI-DAT.2014.6834859
19. J. Lienig, M. Thiele, *Fundamentals of Electromigration-Aware Integrated Circuit Design* (Springer, 2018). ISBN 978-3-319-73557-3. https://doi.org/10.1007/978-3-319-73558-0
20. Z. Moudallal, V. Sukharev, F.N. Najm, Power grid fixing for electromigration-induced voltage failures, in *Proceedings of the 2019 IEEE/ACM International Conference on Computer-Aided Design (ICCAD)* (2019), pp. 1–8. https://doi.org/10.1109/ICCAD45719.2019.8942141
21. B. Razavi, *Design of Analog CMOS Integrated Circuits*, 2nd edn. (McGraw-Hill, 2015). ISBN 987-0-07252493-2

22. S.M. Sze, K.K. Ng, *Physics of Semiconductor Devices and Technology* (Wiley, 2007). ISBN 978-0-471-14323-9

23. C. Saint, J. Saint, *IC Mask Design, Essential Layout Techniques* (McGraw-Hill Education, 2002). ISBN 978-0-07-138996-9

24. O. Semenov, H. Sarbishaei, M. Sachdev, *ESD Protection Device and Circuit Design for Advanced CMOS Technologies* (Springer, 2008). ISBN 978-1-4020-8300-6. https://doi.org/10.1007/978-1-4020-8301-3

25. C. Thompson, Using line-length effects to optimize circuit-level reliability, in *15th International Symposium on the Physical and Failure Analysis of Integrated Circuits (IPFA)* (2008), pp. 1–4. https://doi.org/10.1109/IPFA.2008.4588155

26. A. Todri, M. Marek-Sadowska, Reliability analysis and optimization of power-gated ICs, *IEEE Trans. Very Large Scale Integration (VLSI)Syst.***19**, 457–468 (2011). https://doi.org/10.1109/TVLSI.2009.2036267

27. https://www.xfab.com/home/. Accessed Jan 1 2020